아이의 진짜 마음도 모르고 혼내고 말았다

아이의 진짜 마음도 모르고

서툰 말과 떼 속에 가려진 0-7세 행동 신호 읽는 법

혼내고 말았다

모나 델라후크 지음 | 서은경 옮김

Brain-Body
Parenting

웅진 지식하우스

훈육이 필요한 아이는
이 세상에 단 한 명도 없다

나는 수화기 너머로 재닌의 목소리를 듣자마자 그녀가 잔뜩 흥분해서 제정신이 아니라는 걸 알았다. 재닌은 네 살 된 아들 줄리언 때문에 평정심을 잃은 상태였다. 평소처럼 장을 보러 외출했을 뿐인데 아이는 별안간 통제 불능 상태가 되었고, 급기야 마트 계산대 앞에서 한바탕 난리가 벌어지는 바람에 그녀는 분노하고 당황했다.

　다음 날 아침 재닌은 나를 찾아와 어제의 불편한 감정을 숨기지 않고 그 사건을 자세히 설명했다. 사실 그녀는 아이를 아주 잘 다루는 사람이었다. 초등학교 교사인 그녀는 아이를 낳기 전부터 10년간 1~2학년짜리 어린 학생들을 가르쳐왔고, 우수 교사상도 여러 번 받았다. 그녀의 아들 줄리언에 대해 말하자면, 생후 11개월에 벌써 걸음마를 하고 첫 번째 생일을 맞을 즈음엔 몇 마디 말도 할 정도로 발달이 빠른 아이였다. 하지만 감정을 조절하고 지시에 따르기를 힘들어할 때가 있었다. 착하게 행동하면 상을 주겠다고 구슬려도 통하지 않을 때가 많았다.

그날 두 사람이 계산대 줄에서 차례를 기다리고 있을 때 줄리언이 갑자기 진열대로 손을 뻗어 초코바를 꺼냈다.

"다시 제자리에 갖다 놓으렴!" 재닌은 간청하다시피 말했다.

줄리언이 이를 거부하자 재닌은 교사의 본능에 따라 교실에서 효과를 본 방식을 시도했다. 먼저 아들의 관심을 다른 데로 돌리려고 했다. 그것도 효과가 없자 이번에는 아들에게 초코바를 제자리에 돌려놓지 않으면 더 이상 칭찬 스티커를 주지 않겠다고 딱 잘라 말했다. 그러면서 재닌은 침착한 모습을 잃지 않으려고 애를 썼다.

하지만 줄리언은 좀처럼 초코바를 내려놓지 않았다. 오히려 엄마의 말이 계속될수록 점점 더 떼를 쓰기 시작하더니, 급기야 소리를 지르며 초코바를 내던졌다. 미처 말릴 새도 없이 던져진 초코바는 힘껏 날아가 계산원의 얼굴을 정통으로 맞히고 말았다.

"줄리언! 넌 정말 나쁜 아이야!"

재닌은 비명에 가까운 소리를 질렀다. 재빨리 계산원에게 사과한 후 쇼핑 카트를 내버려둔 채 시끄럽게 울어대는 아들을 들쳐 안고 주차장으로 달려갔다. 그녀는 아들을 카시트에 거칠게 앉힌 후 울음을 터뜨렸다.

"난 내가 뭘 하고 있는지도 몰랐어요." 다음 날 재닌은 내게 솔직히 털어놨다. "그저 죄책감만 들어요." 자기가 아는 한 아들은 나쁜 아이가 아닌데도 그녀는 아들에게 "나쁜 아이"라고 비난했다. 아들은 차분한 순간에는 사랑스럽고 순하며 예절 바른 아이였다.

온갖 노력을 했음에도 재닌은 왜 아들을 진정시키지 못했을까? 상황은 왜 그렇게 갑자기 끔찍하게 나빠졌을까? 그때 그녀는 달리 무엇을 할 수 있었을까? 아이를 키워본 사람이라면 누구나 이와 같은 상황을 숱하게 경험했을 것이다.

나는 아동심리학자로 30년 이상 일하면서 재닌 같은 부모들을 무수히 만났다. 그들은 상냥하고 인정 많고 통찰력 있으며 자녀가 건강하게 잘 자라기를 간절히 바랐다. 하지만 뜻대로 되지 않는 현실 앞에서 자신들이 무엇을 놓치고 있는지 알고 싶어 했다. 나를 찾아온 부모들은 모두 한결같이 이렇게 물었다.

"좋다는 육아법은 다 시도해봤어요. 그런데 우리 아이는 왜 나아지지 않는 걸까요?"

이 책을 집어 든 당신도 같은 질문을 하고 싶을지 모른다. 우리 딸은 왜 내 말을 듣지 않을까요? 내 아들의 행동은 왜 그렇게 예측 불가일까요? 입은 또 왜 그렇게 짧을까요? 내 딸은 왜 아직도 통잠을 자지 못할까요? 어떻게 하면 적절한 한계를 가르쳐줄 수 있을까요? 내가 아이에게 너무 많은 걸 기대하는 걸까요?

　그리고 그날 아침 재닌이 내게 물었던 질문도 할 것이다. 재닌뿐만 아니라, 30년간 수없이 많은 부모에게서 들었던 질문이다.

　"그러면 안 된다는 걸 알면서도, 왜 나는 아이에게 버럭 화를 낼까요?"

　대부분의 부모에게는 마음속 깊이 바라는 소망이 있다. 아이가 호기심과 도전 의식이 가득한 어린이로 성장하기를, 자신의 일을 스스로 해내고 성취감을 맛볼 줄 아는 자립심 강한 사람이 되기를, 그리하여 행복을 찾아 이루어낼 줄 아는 멋진 어른이 되기를 말이다. 하지만 어떻게 해야 그렇게 키울 수 있을까? 요즘에는 다양한 매체의 발달로 그 어느 때보다도 많은 육아 지침이 쏟아지고 있다. 어떤 육아법이 가장 좋을까? 아이의 문제 행동을 가장 효과적으로 해결할 방법은 무엇일까? 아이에게 타임아웃(잠시 거리를 두고 스스로 생각할 시간을 갖게 하는 방법)을 하게 할까? 말로 설득해볼까? 적당히 무시할까? 잠시 멈추고 하나, 둘, 셋까지 세어볼까? 그 밖에 또 뭐가 있을까?

　모든 부모는 자녀에게 가장 좋은 방식으로 육아를 하고 싶어 한다. 하지만 상담했던 많은 부모가 그게 무엇인지 몰라 혼란스러워했다. 당연한 일이다. 선택할 수 있는 육아법이 너무 많은데 누구의 지혜를 믿을 수 있겠는가? 나는 30여 년간 수많은 가족을 만나 상담한 결과, **모든 아이에게 성공적으로 적용시킬 수 있는 육아법은 없다**는 사실을 깨달았다. 가장 중요한 건 규칙이 아니라 아이다. **다른 사람의 육아법을 잘 따르려고 애쓸 게 아니라, 나의 육아 방식이 아이에게 어떤 영향을 끼칠지 아는 것이 결정적으로 중요하다.** 아이가 자신이 처한 상황을 어떻게 받아들이고 있는지, 그 마음을 들여다볼 수 있는 통찰력을 갖추면 육아와 관련한 다양한 문제 상황에서 아이에게 꼭 맞는 효과적인 답을 찾을 수 있다.

하지만 문제는 많은 이들이 아이 자체가 아니라 겉으로 드러나는 아이의 문제 행동을 교정하는 데만 지나치게 주목한다는 것이다. 아이가 왜 그렇게 행동하는지 그 근본적인 이유를 이해하지 못하는 한 문제 상황은 결코 건강하게 해결될 수 없다. 아니, 애초에 부모가 문제 행동이라고 여기는 그 상황 자체가 실은 전혀 문제가 아닌 경우가 대부분이다.

이 책은 아이의 행동을 교정하는 방법이 아닌, 아이의 행동을 관찰하는 방법을 알려줄 것이다. 아이의 행동과 신체 상태를 관찰하여, 아이의 뇌와 신체가 주고받는 신경 신호를 읽어내는 방법을 배우게 될 것이다. 이 방법은 특히 아직 자신의 감정과 생각을 정확히 말로 표현해낼 수 없는 7세 이전 아이들을 대할 때 유용하다. 그럼으로써 우리는 아이 내면의 실체, '진짜 마음'을 들여다볼 수 있는 열쇠를 얻게 될 것이다.

　대부분의 육아서는 아이가 문제 행동을 일으키면, 아이의 생각에 호소해 행동을 바꾸도록 유도할 것을 제안한다. '하향식top-down' 접근법이다. 말하기, 설득하기, 유인책 제공하기, 보상하기 등이 이에 해당한다. 이러한 접근법은 부모에게 주로 두 가지 선택지를 제시한다. 아이를 말로 설득하거나 훈육하는 방법이다. 이런 방법들은 아이의 인지(사고) 능력은 인정하는 반면, 아이의 신경계 전체, 다시 말해 '뇌와 신체의 상호작용'에 대한 설명은 등한시한다.

　그러나 생각해보자. 우리의 행동 중 상당 부분은 인지 능력 바깥에서 비롯된다. 이미 성인이 된 부모라 해도 예외가 아니다. 하지 말아야 한다고 생각하면서도 무의식중에 반복하는 나쁜 습관은 물론이고, 무서울 때, 당황할 때, 억울하고 화가 날 때 우리가 어떤 태도와 행동을 보이는지 떠올려보자. 이것들은 의식적 행동이 아니라 우리의 뇌와 신체가 긴밀하게 주고받는 신경계 피드백에 의해 벌어지는 반사적인 반응에 가깝다. 따라서 아이의 행동을 근본적으로 이해하기 위해서는 먼저 아이의 뇌와 신체 사이에서 벌어지는 일을 이해해야 한다.

　이 책의 내용은 심리학과 신경과학에 바탕을 둔 것이지만, 임상심리학자이자 엄마인 내가 직접 경험한 결과물이기도 하다. 심리학 전공 대학원생 시절, 나는 다양한 심리 증상을 분류하고 진단하는 법을 배우는 데 주력했다. 엄마가 되자 나는 대학원에서 배운 하향식 접근법, 즉 아이를 설득하여 마음을 움직이게 하는 그 방법이 항상 효과적이지는 않다는 걸 알았다. 그런 방법으로는 몇 시간씩 울어대는 막내딸을 달랠 수도 없었고, 다섯 살짜리 둘째 딸에게 디즈니랜드는 무서운 곳이 아니라고 자신감을 심어주는 데도 별 소용이 없었다. 그래서 나는 심리학자로 일한 지 10년 차가 되었을 때, 지금까지의 심리학적 지식만 가지고는 해답을 찾을 수 없다는 결론에 이르렀다.

나는 처음부터 다시 시작하기로 했다. 먼저 유아 정신 건강을 전문으로 다루는 교육 프로그램에 등록했다. 3년간 아기와 유아를 주제로 공부와 연구에 집중했다. 그리고 소아청소년과 의사, 언어치료사, 교육자, 심리학자 등 여러 분야의 전문가로 구성된 팀에서 일하면서 아이마다 다른 신체적 차이가 성장에 어떤 영향을 주는지, 아이의 신체를 기반으로 세상을 해석하는 것이 아동 발달과 초기 관계 형성에 어떤 영향을 주는지도 알게 되었다.

내가 이전에 받았던 심리학 훈련은 아이의 생각을 요구하는 하향식 접근법 중심이었다. 하지만 아직 사고력이 충분히 발달하지 않은 유아들의 의사소통은 그들의 신체를 통해서만 이루어진다. 이 같은

'상향식bottom-up' 접근법에 대해 알게 되자 비로소 각 발달 단계에 있는 아이들을 제대로 이해할 수 있었다.

내가 공부를 다시 시작했던 때는 1990년대로, 이 무렵 과학자들은 인간의 뇌에 관한 새로운 정보를 폭발적으로 알아내고 있었다. 당시 나는 운 좋게도 아이의 초기 발달 학문 분야를 개척한 두 명의 선구자인 정신과 의사 스탠리 그린스펀Stanley Greenspan과 심리학자 세레나 위더Serena Wieder와 함께 연구할 수 있었다. 위더는 발달 지연 유아에게 조기 개입할 때 아이의 뇌와 신체를 모두 고려하여 진행하는 임상 모델을 처음으로 고안했다. 두 사람은 아이에게 말로 설명하고 설득하거나 유인책을 제공하는 방식을 시도하기 전에 먼저 아이 마음을 가라앉히고 신체를 조절하게 하는 것이 필수라고 강조했다.

그들은 아이가 스스로 자신의 감정과 신체를 조절하기 위해서는 반드시 필요한 전제가 있다고 했다. 그것은 바로 아이와 부모가 건강한 애착 관계에 있어야 한다는 것이다. 즉, **아이는 부모로부터 애정과 안전감을 충분히 느끼고 있어야만 문제 상황에서 스스로 마음을 가라앉힐 수 있다**는 것이다. 기존 심리학 훈련에서 하향식 접근법이 자주 실패한 이유가 거기 있었다. 그 훈련에서는 신체가 보내는 피드백의 근본적인 역할, 그리고 그것이 관계에 끼치는 심오한 영향, 그 결과로 관계가 아이의 행동에 어떻게 영향을 끼치는지를 간과했다.

이러한 관계의 핵심 역할에 관한 내용은 당시 새롭게 떠오르던 관계 신경과학relational neuroscience 분야에서 지지와 인정을 받았다. 정신과 의사 대니얼 J. 시겔Daniel J. Siegel은 대인관계 경험이 뇌 발달에 끼치는 영향을 연구하는 대인관계 신경생물학interpersonal neurobiology이라는 분야를 창시했다. 또 다른 정신과 의사 브루스 페리Bruce Perry는 '신경 순차 치료 모델'을 만들었는데, 이 모델은 앞서 말한 그린스펀과 위더의 주장과도 일맥상통한다. 즉, **아이의 학습 능력과 성장에는 감정과 신체를 조절하는 능력이 필수이며, 이 같은 조절 능력을 갖추는 데는 인간관계의 영향이 매우 크다**는 것이다.

신경과학자 스티븐 포지스Stephen Porges가 내놓은 획기적인 연구 결과는 나를 가장 크게 변화시켰다. 1994년 그가 처음 소개한 '다미주신경 이론polyvagal theory'은 인간이 살아가면서 다양한 환경에 어떻게, 왜 반응하는지를 인류 진화의 관점에서 명쾌하게 설명했다. 포지스의 연구 덕분에 뇌와 신체를 연결하는 훌륭한 정보 고속도로인 자율신경계가 인간 생리, 감정, 행동에 어떤 영향을 주는지 새롭게 알게 되었다.

이 책의 핵심 메시지는 이러한 신경과학 연구 결과들의 연장선상에 있다. 즉, 아이의 신체가 조절되면 건강한 관계와 애정 어린 상호작용이 가능하고, 그 결과 아이는 추론하고 개념화하며 생각할 수 있는 기반을 마련할 수 있어 인생의 어려운 문제를 융통성 있게 처리하게 된다는 내용이다. 이처럼 뇌와 신체가 양방향으로 서로 소통한다는 것을 알게 되면, 아이가 극심하게 떼쓰는 행동은 없애야 할 것이 아니라 '아이가 자신이 원하는 것이 무엇인지 알리려는 행동'이라고 이해할 수 있다. 이 책을 통해 뇌와 신체의 상호작용이 아이의 행동을 이해하는 새로운 토대가 되기를, 기쁨이 넘치며 회복탄력성이 뛰어난 아이로 키우기 위한 새로운 육아 로드맵을 저마다 만들어나갈 수 있기를 바란다.

각 장에는 육아에 실제 활용할 수 있도록 신경과학의 주요 내용을 쉽게 풀어 썼다. 신경과학 연구는 하루가 다르게 발전하고 있으므로 새로 업데이트되는 내용에 계속 주목하자. 책 뒤편에는 이 책의 주요 과학 개념을 정의해놓은 용어 해설을 실었다. 과학은 실험실이나 학술지에만 갇혀 있어서는 안 된다. 우리는 과학을 실생활로 끌어들여야 한다. 그래야 과학을 이용하여 고통을 줄이고 관계를 개선하며 일상생활에서 육아 관련 결정에 도움을 받을 수 있다.

아이의 뇌가 신체와 따로 작동하지 않는다는 사실을 인식하면 우리가 선택할 수 있는 새로운 육아 방식이 많아진다. 육아 관련 의사 결정을 더 현명하게 내릴 수 있고, 아이의 개별 특성에 맞춘 새로운 로드맵을 얻을 수 있다. 나는 20년 이상 이 신념을 바탕으로 부모들이 자주 발생하는 육아 문제의 본질을 이해하고 해결하도록 도왔다.

이제 우리는 '신경계' 관점에서 아이의 행동, 태도, 움직임을 관찰하면서, 아이의 행동 원인이 되는 생리학적 특징을 알아볼 것이다. 결함을 찾는 대신, 아이 마음의 단서를 찾아내기 위해 몸이 보내는 신호에 귀 기울일 것이다. 줄리언이 마트에서 한바탕 난리를 피운 다음 날, 엄마인 재닌에게 내가 말해준 것이 바로 이 내용이었다. 재닌의 말에 따르면, 그동안 소아과 의사는 재닌에게 아들이 화가 나면 통제 불능이 되는 것은 아이가 기질적으로 '고집이 세기' 때문이라며, '나쁜 행동'을 그만두고 말을 잘 듣게 하려면 보상과 결과 제시 방법을 쓰라고 권고해왔다. 정신 건강과 교육 분야에 종사하는 대다수 동료들은 지금도 이와 비슷한 방법을 정말 많이 추천하고 있다.

그러나 나는 재닌에게 전혀 다른 방향의 조언을 들려주었다. 줄리언이 떼를 쓰고 말을 듣지 않은 것은 어떤 '의도'가 있어서가 아니라, 그저 스트레스에 반응한 것뿐이라고. 그런 상황에서 해결책은 아이를 훈육하거나 유인책을 제시하는 게 아니라, 아이 스스로 자신의 신경계를 진정시키는 걸 도와주는 자기만의 육아법을 만드는 것이다. 그것이 바로 내가 재닌에게 알려준 육아의 기본 틀이다. 아이를 따뜻하게 연민하고, 뇌와 신체를 전체적으로 바라보면서 아이를 이해하는 것. 이제부터 이 책에서 설명할 바로 그 육아법이다.

"다 좋아요, 하지만 그런 것까지 공부하려면 일이 너무 많을 것 같아요"라고 말할 수도 있다. 내 목표는 부모의 육아 부담을 더 늘리자는 게 아니라 덜어주려는 것이다. 스트레스와 걱정거리, 할 일을 더 늘리자는 게 결코 아니다. 오히려 그 반대다.

부모만큼 아이를 잘 아는 사람은 없다. 이 책을 통해 알게 될 육아 도구와 관점은 아이와의 관계를 자연스럽고 훌륭하게 만들어가는 데 도움이 될 것이다. 우리의 목적은 아이를 변화시키는 게 아니라, 끊임없이 변화하는 뇌와 신체를 깊이 존중하여 아이에게 맞춘 유대 관계를 맺도록 부모를 돕는 것이다. 부모가 되는 길은 정말 고되고 험난하다. 나는 힘든 육아 틈틈이 부모 자신을 연민하고 돌보는 방법에 대해서도 이 책에 실었다.

육아는 부모와 아이라는 서로 다른 두 존재가 만나 끊임없이 상호작용하며 서로를 변화시켜나가는 과정이다. 이 책을 통해 '내 아이'라는 이 세상 하나뿐인 존재를 근원적으로 이해할 수 있는 방법을 배울 수 있기를 기대한다.

차례

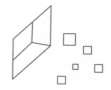

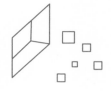

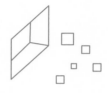

1부

아이의 뇌와
신체 사이에서

벌어지는 일들

Brain–Body
Parenting

1장

아이가 어떤 행동을 하든지,
아이의 몸속에서는 우리 눈에 보이는 것보다
더 많은 일이 벌어진다.

아이의 신경 플랫폼을 이해하다

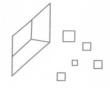

리앤다와 로스 부부가 사무실로 찾아와 딸 제이드에 대해 조언을 구했다. 두 사람은 부모가 될 자격을 확실히 잘 갖춘 듯했다. 리앤다는 소아청소년과 간호사였고 로스는 고등학교 교장이었다. 둘 다 아동발달학을 공부했고 육아서도 많이 읽었다. 큰딸 마리아는 비교적 별 탈 없이 잘 컸고, 작은딸 제이드 역시 아기 때는 잘 웃고 순했다.

문제는 유치원이었다. 제이드는 첫날부터 가지 않겠다고 몸부림을 치며 울었다. 매일 아침 유치원에 데려다줄 때마다 제이드는 아빠에게 자기만 내려두고 가지 말라 애원하며 귀청이 찢어질 듯 소리를 질러댔고, 그 바람에 어쩔 수 없이 선생님이 달려 나와 제이드를 아빠에게서 강제로 떼어놓곤 했다.

아이가 소리치며 발버둥 치는 행동이 매일 계속될수록 제이드의 부모는 점점 더 혼란에 빠졌다. 유치원 등원을 거부하는 딸의 행동은 뭔가 더 심각한 문제가 있다는 신호일까? 시간이 좀 더 지나면 나아질까? 유치원 선생님들의 조언을 믿고 계속 따라야 할까? 선생님들은 제이드가 아무리 저항하더라도 유치원에 내려주고 바로 떠나라고 했으며, 제이드의 행동은 아이들이 크면서 흔히 겪는 과정이라며 안심하라고 조언했다. 아니면 지금까지와 다른 방법을 쓰면 도움이 될까? 하지만 두 사람을 힘들게 한 건 주로 이 질문이었다. 큰딸을 키울 때 효과를 봤던 방식이 제이드에게는 왜 통하지 않을까?

엄마 아빠가 사랑으로 키우고 아이와 솔직하게 대화하며 여러 육아서에서 얻은 조언을 모두 실천했는데도 제이드의 유치원 거부 투쟁은 거의 넉 달 동안 계속되었다. 한눈에 봐도 리앤다와 로스는 아이가 잘 자라기를 바라는 열성적인 부모였지만, 이젠 스트레스로 지쳤고 뭘 더 해야 할지 몰랐다. 어떻게 하면 제이드를 잘 키울 수 있을까?

두 사람이 제이드의 선생님들에게서 들은 말은 일반적인 육아 조언과 비슷했다. 아이 말고 아이의 행동을 관찰하라고 했다. 기존 육아법 대부분은 아이를 전체적으로 보지 않고 아이의 행동에 주목한다. 그리고 특정 행동에 대해 부모들이 어떻게 반응해야 하는지를 주로 다룬다. 그리고 설득하기 혹은 유인책이나 보상, 결과 제시하기처럼 아이가 스스로 생각하게끔 유도하라고 제안한다.

이러한 접근법에는 두 가지 결함이 있다. 첫째, 당신의 아이가 아니라 일반 아동을 기준으로 누구에게나 두루 조언할 법한 해결책을 내놓는다는 것. 둘째, 아이가 일부러 특정 행동을 한다고 추정하는 것. 즉, 아이가 충분히 애쓴다면 자신을 통제할 수 있다고 보는 것이다.

특정 철학에 영향을 받아 다음과 같이 조언하기도 한다.

- 긍정적인 태도를 보여라(아이를 격려하는 데 집중하라).
- 자녀를 지지하되 강한 모습을 보여라(권위를 보여라).
- 자녀가 실패를 더 겪어보게 하라(주위를 맴돌며 간섭하지 마라).
- 부모의 문제를 자녀 탓이라 돌리지 마라(상황을 정확히 인식하라).
- 비판하지 말고 현재의 경험을 반성하라(좀 더 마음에 새기고 잊지 마라).
- 어떤 기분이 드는지 말하도록 자녀를 도와라(아이들에게 감정이 무엇인지 가르쳐라).

이 조언들 모두 도움이 되긴 하지만, 내 아이만의 고유한 특성 혹은 어떤 특정 순간에 아이가 원하는 요구 사항을 설명하지는 못한다. 다시 말해, 가르치는 내용을 아이가 아직 받아들이지 못하면 그 조언이 이론상으로 아무리 훌륭하다 해도 소용없다.

게다가 사람들은 아이들이 계획적이거나 의도적으로 행동을 통제한다고 오해하는 경우가 많다. 얼마 전 나는 유아들이 '울고불고 떼쓰는 행동'을 하지 못하게 하는 비결을 알려준다는 영상을 시청한 적이 있다. 그 동영상은 유튜브에서 조회 수 100만 이상을 달성했다. 그런데 문제가 하나 있었다. 흔히들 생각하는 것과는 달리, 대부분의 유아들은 일부러 막무가내로 떼를 쓰지 않는다. 더 정확히 말하면 떼쓰는 행동은 나이에 상관없이 아이의 뇌와 신체의 연결이 갑자기 큰 어려움에 봉착하거나 취약한 상태라는 신호다.

아이의 모든 행동에는 이유가 있다

좋은 의도로 부모 교육을 하는 교육자나 전문가들은 아이들이 일부러 떼를 쓴다고 조심스레 주장하지만, 그들은 아이들이 충동과 감정, 행동 통제력을 어떻게 발달시키는가에 대해 근본적으로 잘못 알고 있다. 아이들의 자제력과 정서 유연성을 발달시키고, 고유한 기질과 기본적인 유전 정보를 고려해 그 발달을 촉진하려면 인간의 신경계 구성과 작동 원리를 알아야 한다. 이를 통해 아이의 행동을 이해할 맥락을 얻을 수 있다.

내가 소셜미디어에 올린 게시물 중에서 가장 높은 호응을 얻었던 글이 있다. 불만이 가득한 어린 자녀를 둔 부모에게 내가 자주 하는 말이었다. "성년기 초반은 되어야 감정과 행동을 조절할 힘이 충분히 발달합니다. 그런데 왜 우리는 아직 학교에 입학하지도 않은 꼬마들에게 이래라저래라 요구하고, 하라는 대로 하지 못하면 벌을 줄까요?" 이 문장을 200만 명 이상이 읽었다.

그 문장은 왜 그렇게 큰 반향을 불러일으켰을까? 문장에 담긴 단순한 진실을 알면 많은 부모가 자신을 괴롭히는 자책감과 자기비판에서 조금은 자유로워지기 때문일 것이다. 사실 감정과 행동 통제력은 어느 한 순간 만들어지는 것이 아니라, 서로 정보를 주고받는 신체와 뇌로부터 영향을 받으며 계속 발달을 이루어나가는 능력이다. 그 덕분에 우리는 곧 무슨 일이 일어날지, 그것이 안전한 것인지를 끊임없이 예측할 수 있다.

우리 대부분은 아이가 하는 행동의 맥락에 관해서는 전혀 배우지 않는다. 아이의 행동을 관리하려면 무엇을 해야 하는지를 배울 뿐이다. 하지만 좀 더 큰 그림을 봐야 한다. 다름 아닌 인간이 어떤 행동을 하는 데에는 다 이유가 있다는 사실이다. 행동은 빙산의 일각, 그러니까 수면 위로 보이는 약 10퍼센트 정도의 얼음덩어리다. 수면 아래에 잠긴 부분이 훨씬 더 크고, 눈에 보이지 않아도 더 중요하다. 우리가 눈에 보이는 행동에만 반응하면 이렇게 숨은 부분을 간과하게 되고, 행동의 '이유', 즉 무엇이 그런 행동을 하게 하는지 알려줄 귀중한 단서들은 무시하게 된다. 우리는 행동, 특히 아이들이 하는 행동에 지나치게 비판적인 태도를 보이는 게 문화처럼 굳어졌다. 이제 신경과학 분야에서 찾아낸 행동, 감정과 정서 그리고 무엇이 그것들을 촉발하는지에 대한 새롭고 흥미로운 이야기를 시작하겠다.

아이가 어떤 행동을 하든지, 아이의 몸속에서는 우리 눈에 보이는 것보다 더 많은 일이 벌어진다. 우리의 뇌와 신체는 서로 끊임없이 정보를 주고받는다. 뇌는 결코 단독으로 기능하지 않는다! 아이들은 아무 이유 없이 혹은 부모를 힘들게 하려고 말썽을 피우지는 않는다. 그렇게 생각될 때가 있어도 사실이 아니다. 아이들의 행동은 자신의 내면세계, 즉 빙산에서 물에 잠긴 부분을 외부로 나타내는 신호다. **우리는 아이의 신체와 뇌가 어떤 상태인지 알려주는 행동을 중요하게 봐야 한다.** 아이가 세상을 어떻게 경험하는지에 관한 정보를 풍부하게 얻기 위해 아이의 행동을 이해하려고 노력해야 한다.

아무리 설득하고 보상하고 유인책을 제공하더라도 아이 스스로 통제할 수 없는 걸 통제하라고 강요하거나 가르칠 수는 없다. 그렇다면 우리는 무엇을 할 수 있을까? 우려되는 행동을 교정하거나 없애려고 하지 말고, 아이가 내적으로 어떤 경험을 하는지 행동으로 보여주는 단서를 이해해야 한다.

뇌와 신체의 상호작용 시스템, '플랫폼'

특히 행동은 신체와 뇌 사이의 유일한 양방향 의사소통 시스템인 자율신경계 상태를 파악할 수 있는 단서를 제공한다. 뇌와 신체를 연결해주는 것, 즉 신경계는 인간 행동에 영향을 주는 신경 플랫폼 역할을 한다. 아이의 신체와 뇌는 이 신경계를 통해 끊임없이 순환하는 피드백 루프feedback loop 형태로 연결되어 있다. 우리의 신체와 뇌는 항상 같이 작용한다. 다시 말해 아이의 생각이나 감정은 신체 상태와 움직임에 영향을 주고, 아이의 신체 상태와 움직임은 다시 아이의 감정과 생각에 영향을 준다. 지금부터 이렇게 복잡하고 놀라운 시스템을 '플랫폼platform'이라고 부르겠다.

우리는 각자 수용적이었다가 방어적으로 시시각각 계속 바뀌며 세상에 반응한다. 어떤 도전을 공포나 위협으로 느끼면 방어적인 태도를 보인다. 안전하다고 생각되면 수용적인 태도로 바뀐다. 많은 아이를 대상으로 폭넓게 연구한 결과, 나는 아이의 수용성 수준에 영향을 주는 건 아이의 자율신경계, 즉 플랫폼의 상태라는 것을 확인했다. **플랫**

폼이 튼튼하면 아이는 매우 바람직한 행동을 하며 융통성과 사고력, 결정력이 강화된다. 하지만 플랫폼이 취약하면 아이는 점점 더 경계심을 품고 두려움에 떨며 방어적으로 변한다.

아이는 플랫폼이 취약할 때 부모를 혼란스럽게 만들고 힘들게 하는 행동을 한다. 예를 들어 양말 신기를 거부하거나, 채소가 들어간 음식은 입에 대지도 않거나, 동생을 때리거나, TV를 끄자고 하면 리모컨을 던져버린다. 이런 행동 때문에 아이가 사사건건 반항하고 말을 듣지 않으며 무례하게 구는 것처럼 보인다. 한편 의욕을 잃고 축 처져 우리를 무시하는 것처럼 극과 극의 태도를 보일 때도 있다. 다음 장에서 설명할 중요한 요점은 방어하는 듯 보이는 아이의 행동이 알고 보면 자신을 보호하려는 행동일 수도 있다는 점이다.

아이의 취약성이 나타나는 또 다른 사례는 '과잉 각성hypervigilance'이다. 이것은 아이가 다른 사람을 기쁘게 하는 일에 지나치게 집착하는 '과잉 순응'의 형태로 나타나기도 한다. 과잉 순응을 하는 아이는 보상을 받을 때가 많지만, 아이의 플랫폼은 취약하다는 뜻이기도 하다. 취약한 플랫폼을 가진 아이들은 경계심이 높고 걱정이 많으며 성미가 까다로운 경향이 있다. 그뿐 아니라 소리를 지르고 걸핏하면 울고 막무가내로 떼를 쓰고 자리에서 달아나며 갑자기 주먹을 휘두르거나 심지어 대화를 거부하기도 한다. 인간은 항상 의도적으로 행동을 통제하지 않는다. 아이들도 꼭 일부러 그런 행동을 하는 건 아니다. 그보다는 아이가 마음속 깊이 무의식적으로 느낀 불안감이나 위협에서 자신을 보호하려고 하는 행동일 때가 많다.

주목할 만한 사실은, 생존을 위해 에너지가 언제 얼마나 필요할지 예측해 신체 안정성을 유지해주는 과정인 '신항상성allostasis'을 추적하여 아이의 내적 단단함이나 취약함의 수준을 알 수 있다는 것이다. 그렇다고 신항상성이라는 어려운 과학 용어를 기억할 필요는 없다. 신경과학자인 리사 펠드먼 배럿Lisa Feldman Barrett은 에너지와 자원의 균형을 유지하는 이 과정을 '신체 예산'이라고 표현한다. 배럿은 재무 예산에 돈이 들어오고 나가는 과정이 빠짐없이 기록되듯이, 신체도 "수분, 염분, 포도당 같은 자원을 얻고 잃는 과정을 끊임없이 파악한다"라고 설명한다.

우리는 몸의 신진대사 예산이 어떻게 운영되는지 항상 알고 있지는 않지만, 감정과 행동을 비롯하여 **우리가 경험하는 모든 일은 신체 예산에 예금 혹은 인출이 된다.** 누군가가 꼭 안아주고 푹 자고 친구들과 놀고 건강에 좋은 식사를 하면 모두 신체 예산에 예금이 된다. 반면 식사를 건너뛰거나 수분이 부족하거나 숙면하지 못하거나 고립되거나 돌봄을 받지 못할 때면 신체 예산에서 인출이 된다.

이 책 전반에 크고 작은 육아 문제와 관련한 결정을 내리는 데 도움이 되도록 배럿이 만든 **'신체 예산'**이라는 개념을 사용하겠다. 아이와 부모 자신의 신체 예산에 기반하여 개별적인 결정을 내릴 것이다.

부모들은 끊임없이 어려운 문제에 직면한다. 아이가 어떤 문제에 맞닥뜨릴 때, 우리는 아이가 혼자 힘으로 문제를 해결하도록 용기를 북돋워줘야 하는가? 아니면 부모의 아낌없는 지지와 사랑이라는 상호작용으로 아이의 신체 예산에 '예금'을 해주는 것이 더 적절한가?

아이의 플랫폼은 신체 예산을 반영하며, 이런 문제에 현명한 결정을 내리도록 도와준다. 다음 몇 장에 걸쳐 아이의 행동과 그 밖에 다른 신호를 찾아내는 방법을 알아볼 것이다. 그걸 알면 아이가 지금 그리고 앞으로 어떤 자원을 이용할 수 있는지 알아낼 수 있다. 아이들의 언어 신호, 그리고 가장 중요한 비언어 신호를 통해 아이의 신체가 우리에게 무엇을 전달하려는지 파악하면 가능한 일이다.

꼭 전하고 싶은 핵심은 다음과 같다. **양육 관련 최선의 의사 결정은 아이의 행동이나 생각에만 단순히 주목하는 게 아니라, 아이의 신체 그리고 아이마다 서로 다르게 세상을 받아들이고 해석하고 경험하는 방식에 중점을 두어야 한다**는 점이다.

부모의 전략이 아이로 하여금 어떤 행동을 하지 못하게 하는 것이 되어서는 안 된다. 그 대신 아이와 우리 자신의 플랫폼을 강화하는 데 힘써야 한다. 부모가 그때그때 어떻게 접근해갈지에 앞서 다음과 같은 본질적인 질문부터 시작해야 한다.

- 아이의 행동은 지금 무엇이 필요하다고 알려주고 싶은 걸까?
- 아이는 내가 말을 걸어주길 원하는 걸까?
- 아이는 내가 안아주길 바라는 걸까? 아니면 기대어 울고 싶은 걸까?
- 아이에게 내가 정한 한계와 그 결과를 상기시켜야 할까?
- 더 튼튼한 플랫폼을 갖추기 위해 좀 더 기본적인 것이 필요한 걸까?
- 내 아이에게는 말로 설득하는 '하향식'이 맞을까, 아니면 플랫폼부터 먼저 강화하는 '상향식'이 더 맞을까?

아이의 신경 플랫폼을 이해하다

아이들 각자 처한 상황은 모두 다르다. 그런데 대부분의 육아서에서는 이러한 핵심 문제를 제기하지 않는다. 우리가 전달하고 싶은 정보를 아이가 잘 이용하려면 아이의 플랫폼이 견고해야 한다. 그리고 아이에게 유인책을 제시하거나 특정 행동을 무시하거나 벌을 주거나 잔소리만 해서는 튼튼한 플랫폼을 만들어주지 못한다. 아이와 함께 시간을 보내고, 아이마다 다른 요구 사항에 맞춰 사랑을 베풀며 일관성 있게 대해야 부모와의 관계에서 신뢰가 쌓이고 튼튼한 플랫폼을 구축할 수 있다. 이와 동시에 우리가 부모로서 할 일은 아이가 성장하면서 융통성을 더 키우고 회복탄력성이 높은 사람으로 자라도록 도와주는 것임을 명심해야 한다. 부모가 주춧돌처럼 안전감을 준다면 아이에게 요구하는 바를 확대할 수 있고, 아이가 점차 혼자 힘으로 살아가면서 자기 능력을 최대로 발휘하고 새로운 경험에 자신 있게 도전하도록 도와줄 수 있다.

흔히 일어나는 육아 문제에 대해서도 사고방식의 전환이 필요하다. 부모가 행동 혹은 정서 문제라 여기는 건 사실, 아이가 자신의 내면 실체에 적응하는 과정에서 자기도 모르게 발생하는 반응일 때가 많다. 그건 아이의 신체가 스트레스에 대응하는 방식이다. 우리 몸은 변화를 맞닥뜨리면 이에 적응하려는 과정에서 스트레스를 겪는다. 이때 스트레스로 인해 아이는 문제적 행동을 보일 수 있는데, 이것은 아이의 신체와 뇌가 스트레스에 어떻게 반응하는지 보여주는 신호다. 신체 예산이 고갈될수록 아이는 '나쁜' 행동을 보일 수 있는데, 이런 행동은 사실 나쁜 게 아니라 무의식적으로 자신을 보호하려는 행동임을 알아야 한다.

아이가 문제적 행동을 보일 때 부모가 곧바로 짜증을 내거나 혼을 낼 경우, 아이가 왜 그런 행동을 하는지에 대한 진짜 이유는 숨겨지고 만다. 그렇게 되면 아이는 스트레스 상황에 스스로 대처하는 방법을 부모로부터 배우지 못하게 된다. **아이의 행동은 인간이 가진 적응력의 증거다.** 아이의 행동을 '착한 행동' 혹은 '나쁜 행동'으로 구분하지 않는 게 좋다. 아이의 행동은 적응 과정에서 나오며, 부모에게는 놀라울 정도로 유용한 정보를 제공하는 원천이다.

아이의 행동은 아이의 플랫폼 상태 그리고 아이가 부모에게 무엇을 원하는지를 알려주는 귀중한 단서를 제공한다. 징징대는 아이에게 뚝 그치라고 명령하는 대신, 그 칭얼대는 소리가 실은 아이가 진정하려면 좀 더 안심해야 한다는 걸 알려주는 신호라 생각할 수 있어야 한다. 저녁 식사 자리에서 아이가 어떻게든 스트레스를 해소하려고 몸을 이리저리 움직이고 싶어 하는데 아이에게 얌전히 앉아 있으라고 잔소리하는 건 도움이 안 된다. 아이가 축구 연습이나 장난감 로봇에서 나는 시끄러운 소리처럼 그리 위협적으로 보이지 않는 걸 무서워할 때 "하나도 무섭지 않아"라고 딱 잘라 말하는 것은 도움이 되지 않는다. 아이의 두려움이 우리에게 무엇을 말하고 있는지 들어봐야 한다.

아이의 행동은 아이 마음속에서 무슨 일이 일어나는지에 관한 단서를 제공하므로, 이때는 하던 일을 잠시 멈추고 무슨 일이 벌어지는지 깊이 생각해봐야 할 매우 중요한 순간이다. 아이의 신체와 뇌가 인생의 크고 작은 문제에 어떻게 대처하는지 알게 되면, 우리는 아이들이 새로운 경험을 통해 성장하되 그 경험 때문에 움츠러들지 않도록 도와줄 수 있다.

플랫폼은 적절한 도전으로 이끄는 로드맵

부모는 아기들이 성공적으로 젖을 빨거나 처음으로 음식을 삼키거나 첫걸음마를 떼거나 학교에 입학하거나 첫 여름 캠프에 가는 등 아이들이 살아가는 데 필요한 기술을 하나씩 습득하며 잘 자라기를 바란다. 아이들이 낯선 경험과 새로운 상황에 잘 견딜 수 있게 부모는 아이가 자신의 장점을 계발할 도전 과제를 내준다. 이때 기가 꺾이지 않도록 적절한 수준의 도전 과제를 찾아야 한다. 나는 그걸 간단히 '도전 지대'라고 부른다. 아이들은 도전 지대에서 적절한 도움을 받아 장점을 키우고, 새로운 걸 배우며 잠재력을 발휘한다. 그렇다면 도전 지대를 어떻게 찾아내야 할까? 아이의 몸이 보내는 많은 신호를 유심히 관찰하면 찾을 수 있다.

신체 예산이 고갈된 아이는 주로 도전 지대 밖에 머문다. 아이마다 도전 지대를 다르게 정의하는 게 중요하다. 플랫폼에 무리가 올 정도로 과한 도전을 주거나, 반대로 정상적인 도전조차 하지 못하게 부모가 과보호를 하면 아이는 실패를 이겨내는 회복탄력성을 기를 수 없다. 이제부터 아이에게 가장 적합한 도전 지대를 찾아가는 여러 사례를 보여줄 것이다. 그 과정에서 다음과 같은 질문을 다루겠다.

- 이제 막 걷기 시작한 아기가(혹은 아이가 몇 살이든) 막무가내로 떼를 쓰면 어떻게 해야 하나요?
- 형제간에 다투고 경쟁하는 데 어떻게 대처해야 할까요?
- 어떻게 하면 아이가 밤새 깨지 않고 푹 잘 수 있을까요?
- 아이가 말을 듣지 않거나 반항하면 어떻게 해야 하나요?
- 아이가 선생님이나 또래 친구들과 문제가 있으면 어쩌죠?
- 아이에게 설정한 한계가 너무 엄격한지 약한지를 어떻게 아나요?

아이의 도전 지대를 찾아내면 이러한 다양한 질문들에 대해서도 답을 찾을 수 있다. 아이 각자의 뇌-신체 플랫폼에 맞춰 자신 있게 육아 관련 의사 결정을 할 수 있게 된다. 아이는 도전 지대에서 여러 경험을 쌓으면 욕구불만 내성, 즉 욕구불만이 있어도 포기하거나 분노하지 않고 잘 지낼 수 있는 능력이 만들어진다. 욕구불만 내성이 있는 아이는 욕구 충족을 미루고 자기가 원하는 것을 기다리며 방해물이 나타나더라도 차분하게 있을 수 있다.

부모는 아이의 플랫폼을 구축하고 강화하는 데 결정적으로 중요한 역할을 한다. 하지만 그렇다고 해서 부모로서 이미 겪고 있는 스트레스에 더할 필요는 없다. 차차 알게 되겠지만, 플랫폼을 강화하는 건 지금도 절대 늦지 않았다. **부모와 아이 사이에 일어나는 모든 상호작용으로 아이의 수용성과 회복탄력성을 키울 수 있다.** 아이들이 잘 자라게 도울 기회는 언제나 열려 있다. 그리고 우리는 완벽하게 해야 할 필요도 없다. 실수해도 괜찮다. 실수도 학습 과정이기 때문이다. 부모로서

아이의 신경 플랫폼을 이해하다

모든 일을 완벽하게 처리하기는 불가능하다. 그보다 오히려 실수한 걸 인정하고 상황을 바로잡아 그로부터 뭔가를 배워야 한다. 그렇게 하면 우리와 아이들은 한층 더 강하게 성장할 수 있다.

신체가 뇌와 얼마나 밀접하게 연결되어 있는지 더 많이 알수록, 우리는 아이의 신경계 상태야말로 육아 관련 결정을 내릴 때 가장 크게 고려해야 하는 요소라는 것을 깨닫게 된다. 어떤 육아법이든 다음 세 가지 핵심 요소를 고려해야 한다.

1. 아이와 부모의 플랫폼 상태
2. 아이의 발달 능력
3. 아이의 고유한 특성, 즉 아이가 감각을 통해 전달받은 정보와 신체 내부에서 얻은 정보를 처리하는 방법에 영향을 주는 개인차

이 책 전반에 걸쳐 우리는 이 세 가지 요소를 이용하여 아이의 특정 요구에 맞춰 육아 방식을 바꿀 방법을 알아볼 것이다. 리앤다와 로스 부부가 딸이 유치원에 가지 않겠다고 완강하게 거부했을 때 알아낸 방식처럼.

플랫폼을 이해하면 달라지는 것들

제이드가 아빠에게 자기를 유치원에 두고 떠나지 말라고 매일같이 울

며 매달리던 그 무렵, 부모는 처음에는 제이드가 유치원에 가지 않으려고 아침마다 일부러 소동을 벌인다고 생각했다. 나는 두 사람의 생각에 그리 확신이 들지 않았다. 제이드의 선생님과 이야기를 해보자 나는 제이드가 등원하면 거의 매일 처음에는 약 한 시간 동안 의기소침한 듯 행동하고 말이 없지만, 그 후에는 교실에서 친구와 주방 놀이를 한다는 사실을 알았다. 친구와 즐겁게 웃으며 같은 반 친구들에게 장난감 음식을 만들어주는 제이드는 조금 전과 완전히 '다른 아이'라고 선생님이 말했다.

내가 직접 유치원 교실에서 제이드를 관찰하며 시간을 보냈을 때도 제이드의 그런 모습을 확인할 수 있었다. 제이드는 분명 유치원 활동을 좋아했지만, 유치원 등원으로 큰 충격을 받았던 게 분명했다. 제이드가 몸부림을 치거나 도망치려 하거나 아빠에게 매달리거나 비명을 지르는 행동은 유치원에서 아빠와 헤어질 때 제이드의 신체 예산이 큰 비용을 치러야 한다는 사실을 나타냈다. 아무리 오랫동안 아이를 달래거나 칭찬 스티커나 보상 등의 유인책을 제시하더라도 그런 상황을 진정시키지 못할 때가 대부분이었다. 그럴 때는 상황에 따라 아이의 플랫폼이 어떻게 기능하는지 알면 도움이 된다.

여러 번 오랫동안 제이드를 관찰하고 부모의 말을 들어본 후, 나는 제이드의 부모에게 딸의 행동은 유치원에 가지 않으려는 욕구로 인해 나타나는 게 아니라 신체가 겪는 스트레스에 딸의 신경계가 적극적으로 대처하고 있다는 신호로 보자고 제안했다. 우리가 할 일은 단순히 문제 행동을 바꾸는 게 아니며, 그런 행동이 나타나려 할 때의 제이드를 도와주는 것이라고 설명했다. 외부 자극에 방어적이고 취약했던 제이드가 자극을 잘 받아들이고 마음이 단단한 아이로 변하도록 뇌와 신체의 연결 플랫폼을 강화시켜줘야 한다고 말이다. 그 과정에서 문제 행동이 저절로 사라진다면 그건 우리가 제이드의 신체 플랫폼이 정상적으로 기능하도록 도와주었다는 신호일 것이다.

우리는 제이드의 선생님을 만나 그만이 경험할 특별 계획을 세웠다. 먼저 매일 아침 선생님이 제이드를 아빠에게서 억지로 떼어놓는 걸 그만두게 했다. 그 대신 일상적으로 되풀이되던 '냉정한' 분리의 순간을 '따뜻한' 순간으로 바꾸기로 했다. 다른 유치원생들이 우르르 등원할 때 제이드를 혼란 속에 내버려두고 떠나기를 반복하는 대신, 아빠는 15분 먼저 도착해서 교실 밖에 있는 조용한 장소로 아이를 데려갔다. 그곳에서 선생님은 무릎을 굽히고 따뜻한 목소리로 제이드를 맞았다. 선생님은 아빠와 한동안 이야기를 나누며 제이드의 신체 플랫폼이 유치원 등원에 적응되도록 했고, 제이드에게 언제 아빠와 작별 인사를 하고 교실에 들어갈 준비가 될지 알려달라고 했다. 잠시 뒤 선생님은 제이드가 준비되었다는 낌새를 알아챘고, 제이드의 플랫폼을 배려하고 존중했다. 약 일주일 만에 제이드는 아빠에게 자기를 두고 가지 말라고 조르던 행동을 멈췄으며 그건 제이드가 이젠 혼자서 유치원으로 걸어 들어갈 준비가 되었다는 뜻이었다.

유인책 제시나 달래기를 전혀 하지 않았는데도 이 새로운 계획을 실행한 지 3주 만에 제이드는 차에서 내려 유치원으로 바로 등원하겠다고 아빠에게 먼저 말을 꺼냈다. 제이드는 왜 그렇게 달라졌을까? 때를 쓰지 않으면 보상을 주겠다고 단순하게 달래는 대신, 우리는 제이드의 플랫폼부터 먼저 강화해야 한다는 걸 알았기 때문이었다.

딸의 플랫폼을 강화해야 한다는 중요성을 인식하자 제이드의 부모는 이와 비슷한 다른 상황에서도 어떻게 대처해야 할지 알게 되었다. 제이드는 춤추기를 좋아했지만, 지역 주민센터에서 열리는 댄스 수업 시간이 되면 연습실에 들어가자마자 그 자리에 얼어붙고 엄마에게 자기와 함께 수업을 듣자고 졸랐다. 딸에게 힘이 되고 싶었던 엄마는 아이들이 두려움에 대처하게 도와준다고 널리 알려진 방법들을 시도했다. 엄마는 제이드가 느끼는 감정에 이름을 붙여 표현하게 했고, 마음이 차분해지는 생각을 하여 두려움과 맞서 싸울 방법에 관해 이야기를 나눴으며, 엄마는 연습실 문밖에 있겠다고 강조했다. 이런 기법들은 아이의 신체가 뇌와 연결될 만큼 생리학적 기능과 작용이 차분할 때 실행하면 확실히 효과가 있지만, 유치원 등원 시에도 그랬듯이 제이드에게는 아직 통하지 않았다.

문제는 무엇이었을까? 상향식 문제에 대해 하향식 접근법을 너무 빨리 쓴 것이 문제였다. 해결 방법은 무엇일까? 아이의 플랫폼에 집중하는 것이었다! 부모들은 댄스 연습실에 들어갈 수 없고 근처 대기실에서 기다려야 했으므로 엄마는 댄스 강사에게 제이드의 유치원에서 효과를 본 방법을 알려주기로 했다. 강사는 수업 직전에 제이드를 따로 만나 제이드에게 특별 도우미라는 새로운 역할을 맡겼다. 강사와 잠시 교감한 게 전부였지만, 이것은 제이드의 신체 예산에 큰 예금이 되어 제이드는 엄마 없이 강사의 손을 잡고 연습실로 들어갔다. 이렇게 단순하지만 인간 대 인간의 접촉이 이루어지자 제이드의 플랫폼은 한결 강해졌고, 수업에 즐겁게 참여할 수 있었다.

물론 아이마다 다르다. 하지만 아이의 신경계를 잘 알면 부모와 아이 사이의 상호작용을 어떻게 받아들일지, 부모가 아이에게 요구하는 게 무엇인지를 밝히는 데 도움이 된다. 그리고 아이에게 정서적 지지가 필요하다는 걸 최대한 빨리 읽어낼수록 아이는 친구들과 우정을 쌓고, 학습 능력을 향상시키며, 자립심과 회복탄력성을 더 잘 키울 수 있게 된다. 그건 시간이 걸리는 일이며, 아이 주변의 여러 인간관계가 아이를 생물학적으로 어떻게 키웠는지에 따라 영향을 받는다. 부모 말을 잘 들으라고 하기 전에 아이의 플랫폼을 먼저 고려하면 육아를 바라보는 시야를 새로이 넓힐 수 있다.

좀 더 전통적인 기존 육아법에 익숙한 부모들은 뇌와 신체의 상호작용을 고려하는 육아 방식이 아이를 응석받이로 키우거나 자유 방임을 하자는 것인지 의문이 들 수 있다. 자기만의 육아법을 만들라고? 그 말은 아이에 대한 기대치를 낮추거나 길을 미리 터서 아이가 쉽게 통과하게 해준다는 뜻인가? 부모들은 그래도 어느 정도의 기대치는 가져야 하는 게 아닌가? 모두 좋은 질문이다. 그런데 우리의 목표는 아이에게 결과에 신경 쓰지 말고 마음껏 말썽을 피우라고 길을 터주거나 편안하고 익숙한 영역에만 머물게 하자는 것이 아니다. 사실, 우리의 목표는 그것과 정반대다.

모든 부모는 아이들의 회복탄력성과 자립심을 키워주고 싶어 한다. 아이의 신경계가 로드맵 역할을 하게 하면 부모가 언제 뒤로 물러나 아이를 달래주어야 할지, 아이가 마음을 편히 갖도록 언제 계획을 변경할지, 혹은 아이가 어려운 문제를 스스로 헤쳐나가게 하려면 언제가 적절할지를 더 잘 알게 된다. 인간은 어느 수준까지 전력을 다하거나 불편을 감수하지 않고서는 새로운 힘을 기르지 못한다. **성공적인 육아의 비결은 아이가 처한 상황에 맞춰 아이를 지원해야 한다는 것이다.** 그렇지 않고 제이드의 경우에서 봤듯이 아이의 행동만 바꾸려고 하면 아무리 많은 방법을 시도해도 기대에 미치지 못하거나 오히려 역효과만 불러온다.

부모에게도 플랫폼이 있다

우리 모두 신경계가 있다는 사실은 두말할 필요가 없다. 어른들도 마찬가지다. 아이들의 플랫폼은 우리에게 영향을 끼치고, 우리의 플랫폼도 아이들에게 영향을 준다. 차차 알게 되겠지만 육아에 관해서라면 우리 자신의 플랫폼도 매우 중요하다. 5장에서는 우리가 자신을 돌보는 방법, 그리고 아이를 키우며 끊임없이 인출되는 우리 신체 예산의 균형을 유지하기 위해 신체 예산에 예금하는 방법을 소개하겠다. 우리의 부모 세대에는 정서적 요구에 귀를 기울여 자식의 신경계를 튼튼하게 만들어준 분들이 많지 않았을 것이다.

우리 중에는 부모님이 "울지 마, 별거 아냐" 혹은 "다른 애들은 너보다 훨씬 가난하다고" 아니면 "얘야, 뭐가 무섭다고 그래!"라며 우리를 타일렀던 기억을 가진 사람이 많다. 그 선의의 메시지는 의도하지 않은 결과를 가져왔다. 우리 행동의 기저를 이루는 감정 상태가 어떤지 고려하기는커녕, 우리 몸이 보내는 신호와 고통스러운 느낌을 무시해버린 것이다. 지금도 우리의 육아와 교육 문화는 '부정적인' 감정과 행동이 전달하는 깊은 의미를, 그리고 우리 몸이 스트레스에 대해 전달하는 반응을 일반적으로 인정하지 않는다. 시간이 흐르면서 스트레스에 대한 이러한 예상 반응을 무시하고 과소평가하면 장기간 스트레스가 누적돼 건강상 문제가 발생한다. 대표적으로 염증, 고혈압, 심장병, 식이 장애, 불안 장애, 우울증 등이 있다.

나는 가끔 나 자신의 약해진 플랫폼 때문에 고통스러운 육아를 한 기억이 많다. 특히 한 가지 기억이 지금도 생생하다. 그날은 일하면서 평소와 다르게 상당히 많은 스트레스에 시달린 후 수업이 끝난 아이들을 데리러 학교와 유치원에 가는 길이었다. 당시 나는 스트레스 때문에 내 플랫폼 기능이 심하게 저하되었다는 걸 알지 못했다. 유치원에 도착하자 네 살 된 딸아이는 차에 타지 않고 유치원에 남아 친구와 계속 놀겠다고 징징거렸다. 지금 당장 출발해야 한다고 아이하고 실랑이를 벌이는 동안 내 플랫폼은 그만 무너지고 말았다. 갑자기 끓어오르는 감정을 주체하지 못해 아이를 꽉 붙잡고 목이 터질 듯 소리를 질렀다. 그 순간 고개를 들자 한 엄마가 깜짝 놀란 표정으로 날 빤히 쳐다보고 있었다.

굉장히 오래전 일이지만 지금도 그녀가 지은 표정을 기억한다! 나는 일단 차에 탔지만, 뱃속이 뒤틀린 듯 아파왔다. 도대체 무슨 짓을

한 거지? 뒷좌석에 앉은 아이들은 모두 내 눈치를 보느라 말 한마디 없었다. 난 아이들을 겁에 질리게 했다는 후회와 수치심으로 괴로웠다. 도대체 어떤 엄마가, 하물며 심리학자라는 사람이 다른 사람도 아닌 자기 자식들을 겁먹게 할까?

그날 저녁에 나는 딸들에게 사과하며, 아까 일에 대해 어떤 기분이 들었으며 무슨 기억이 나는지 알려달라고 했다. 아이들은 나를 이해한다고는 했지만, 그 일에 관해서는 말하고 싶어 하지 않는 눈치였다. 다음 날 나는 사무실 근처 화실에 갔다. 가끔 이곳에 들러 도자기에 그림을 그려 색칠하곤 했는데, 그러다 보면 마음이 편안해졌다. 그날 나는 정사각형 모양의 컵 받침을 '소중히 다뤄주세요'란 문구와 세 딸의 이름으로 꾸몄다. 화실에 앉아 있는 동안 나는 두 번 다시 그렇게 화를 버럭 내지 않겠다고 맹세했다. 그 후 세월이 많이 흘렀지만, 지금도 침대 탁자 위에 놓인 그 컵 받침을 보면 그때 나의 취약했던 모습과 그날의 다짐이 생각난다. 이 기념물은 아이들과 나 자신을 사랑과 연민으로 대해야 한다는 걸 지금도 잊지 않게 한다.

사실, **사랑과 연민이라는 그 두 가지 강력한 힘은 이 육아법의 핵심이다.** 즉, 아이의 행동 때문에 고심하지 않고 그 행동의 원인과 계기를 이해하는 쪽으로 전환한다는 말은 아이를 단속하지 않고 아이를 깊이 이해하는 것으로 육아의 방향을 바꾼다는 뜻이다. 급한 불부터 끄고 그때그때 상황에 대처하는 방식에서, 하던 일을 잠시 멈추고 아이들의 행동이 그들의 신체와 뇌에 대해 무엇을 알려주는지 궁금증을 품는 방식으로 전환할 수 있다.

행동에서 신경계로 육아의 중심을 바꾸자

요약하자면 아이의 행동에 주목하던 기존의 방식에서 벗어나, 이제 아이와 우리의 신경계를 돌보는 방식으로 육아의 중심을 바꿔야 한다. 아이의 신체 예산과 행동의 원인에 주목하여 아이의 생리와 심리, 즉 플랫폼을 돌봐야 한다. 심리학자인 나는 이젠 겉으로 보이는 행동을 연구하지 않는다. 나는 신경계의 중요성을 지지하며 문제 행동의 기저에 깔린 근본적인 원인을 들여다본다.

인간이 상향식으로 어떻게 성장하는지 잘 알면, 마음과 몸에 대한 올바른 인식을 바탕으로 한 완전히 새로운 육아의 길이 열린다. 아이의 요구는 끊임없이 변한다. 그에 따라 육아 방식을 맞추려고 노력하고, 아이의 본성을 키워줌으로써 튼튼한 플랫폼을 구축해줄 수 있다. 그리하면 우리가 겪는 육아 문제에 대한 맞춤형 해결 방안을 찾을 것이다.

아이의 신경 플랫폼을 강화하는 데 가장 중요한 요소는 인간이 어떻게 자신의 몸과 이 세상이 안전하다고 느끼는지에 대한 숨겨진 원리를 찾아내는 것이다. 그걸 알아내기 위해 2장에서는 어떤 환경이 안전한지 위험한지, 쾌적한지 아니면 생명을 위협하는지 우리의 신경계가 감지하는 과정을 알아보겠다.

내 아이의
회복탄력성을 위한
조언

아이와 부모가 하는 행동은 뇌와 신체를 연결하는 플랫폼의 복잡한 활동이 외부로 드러난 것이다. 아이가 하는 행동을 살펴보고 아이의 플랫폼이 어떤 상태인지를 깊이 생각해보면, 회복탄력성을 길러주기 위한 첫 번째 단서를 발견할 수 있다.

2장

아이가 이 세상에서 안전감과
신뢰감을 쌓도록
도와줄 기회는 매일 찾아온다.

안전감과 사랑에 관한 탐구

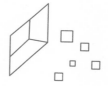

레스터와 헤더 부부가 미국을 가로질러 멀리 이사 오자마자 여덟 살 난 아들이 수면 장애를 겪기 시작했다. 아들 랜디는 전에 살던 집에서 어린 여동생과 방을 같이 쓰다가 이사하면서 드디어 자기 방을 가질 수 있어 아주 신이 났었다. 랜디는 직접 벽지 색을 정했고 슈퍼히어로로 그려진 두꺼운 이불도 골랐다. 하지만 이사 후 얼마 지나지 않아 랜디는 한밤중에 고통스러워하며 잠에서 깨어 부모님 침실로 찾아왔다.

게다가 랜디는 여동생이 빵 부스러기를 흘리면 바로 진공청소기로 카펫을 청소했다. 바닥을 깨끗하게 유지하는 일에 설명하기 힘들 정도로 집착했다. 랜디의 부모는 처음엔 아들에게 청소 습관이 새로 생겼다고 좋아했지만, 아들이 마치 무슨 의식이라도 치르는 것처럼 몇 시간씩 여동생의 장난감을 정리하자 내게 도움을 요청했다.

두 사람은 아들과 그 문제를 함께 이야기해보려고 노력했다. 한밤중의 두려움에 대해 어떤 기분이 드는지 알려달라고도 해보고, 안심하라고 타이르기도 했다. 부부는 랜디의 방에 수면등을 설치했다. 밤에 침대에 계속 누워 있으면 랜디가 좋아하는 아이스크림 가게에 데려가겠다고 어르고 달랬다. 하지만 아무런 효과가 없었다. 행복하게 잘 지내던 아이는 몇 달 만에 부모 옆에서 떨어지지 않으려 했고 성장하기는커녕 오히려 퇴행한 것 같았다.

'설득하기, 한계 정하기, 격려하기'처럼 우리가 평소 쓰는 육아 도구가 잘 통하지 않을 때가 가끔 있다. 그것은 아이의 행동을 유도하는 것이 아이의 의식적인 인식을 넘어선 인간의 기본적인 안전 욕구일 때가 많기 때문이다. 실제로 인간은 태어나는 순간부터 생존 본능으로 내재된, 안전함을 느끼기 위한 탐색을 시작한다.

이미 확인했듯이 플랫폼이 튼튼하면 아이는 협조적이고 다양한 요구에 반응할 가능성이 크다. 하지만 플랫폼이 취약하면 아이가 대처할 수 있는 범위가 좁아지고, 너무 심하게 취약하면 아이는 아주 간단한 일도 하지 못하고 기가 꺾일 수 있다. 랜디에게 일어난 일도 그 때문이다. 가족이 이사한 후 랜디는 엄마 아빠에게 더 의존했다. 자기 방에서 시간을 보내거나 친구를 새로 사귀거나 이사 온 동네를 돌아다닐 기회를 즐기지 못했다.

레스터와 헤더 부부에게 아들의 행동에는 다 그럴 만한 이유가 있으니 함께 해답을 찾아보자며 안심시켰다. 플랫폼은 아이마다 다르게 받아들인 세상 경험에 따라 결정된다. 특히 인생에서 중대한 변화에 직면할 때 어려운 문제를 겪는 일이 많다. 이렇게 일시적으로 퇴행이 발생하면 오히려 아이를 더 많이 이해하는 계기가 될 수 있다. 아이가 안전감을 느끼는 지점이 무엇인지 찾아봄으로써, 살아가면서 아이가 힘든 일을 겪을 때 잘 적응할 수 있게 도울 수 있다.

안전감을 느끼면 아이들은 막 만들어지기 시작한 실행 기능executive functions을 최대한 활용할 수 있다. 승승장구하는 회사 경영진이 사업을 운영하기 위해 처리해야 할 일들을 생각해보라. 그들은 계속 일에 집중하고, 어려운 과제를 처리하며, 자기 관리를 철저히 하고, 변화하는 환경에 유연하게 대처해야 한다. 아이들도 성장을 통해 자립하는 데 필요한 이러한 핵심 기술을 터득하길 부모들은 원한다. 이때 이러한 기술을 체득하는 데 수년, 심지어 수십 년이 걸린다는 사실을 유념해야 한다.

유년기에서 성년기 초반에 접어들 때까지 아이들은 감정과 행동을 통제하고, 생각하고 계획하며, 변화와 환경에 적응하는 능력을 개발하고 강화한다. 먼 곳으로 이사하는 것처럼 힘든 일이 일어나면 일시적으로 문제가 발생하는 일은 흔하다. 레스터와 헤더 부부에게 설명했듯이 아이들이 변화와 스트레스에 어떻게 적응하는지 깊이 생각해보면 아들의 행동이 이해될 것이다.

1장에서 배웠듯이 뇌는 우리가 균형을 유지하도록, 즉 과학 용어로 표현하면 신항상성을 유지하도록 우리의 신체 예산을 끊임없이 감시한다. 우리는 '심장에 뛰어라, 폐에 숨을 쉬어라, 혹은 소화기관에 음식물을 소화하라'고 일일이 명령할 필요가 없다. 신경계는 외부 환경과 신체 장기로부터 유입되는 정보를 끊임없이 추적하여 우리 몸이 건강하고 안전하게 유지되는 데 필요한 조정 작업을 수행해 이런 일들이 이루어지게 한다.

몸은 어떤 현상을 수용할지 방어할지, 협력할지 비협조적인 태도를 보일지를 결정하는 놀라운 감지 시스템을 갖추고 있다. 이 사실을 알면 아이의 반응에 따라 자신만의 육아법을 맞춰가는 데 도움이 된다. 이걸 무시하면 우리는 아이의 현재 능력보다 더 많은 걸 요구할 수도 있다.

먼저 인간이 세상을 어떻게 받아들이고 이해하는지를 알아둘 필요가 있다. 아이가 어떤 상황에 어떻게 반응하는지 알면 꼭 안아주거나 진정시켜 아이의 플랫폼을 강화할 수 있다. 또는 아이가 우리의 요구나 기대를 저버리지 않고 나아가 어려운 문제를 스스로 처리하도록 용기를 북돋울 수 있다. "지금 아이에게 너무 많은 걸 요구하는 걸까?"라고 자문해보면 의사 결정에 도움이 된다. 그 질문에 어떻게 답해야 할지 알려면 뇌와 신체의 위험 감지 및 안전 감지 시스템을 이해해야 한다.

안전 감지에 문제가 생기는 이유

모든 인간은 신경계 깊은 곳에 안전이나 위험을 감지하는 시스템을 가지고 태어난다. 이 숨겨진 감각 덕분에 우리 조상들은 살아남아 수천 년간 존속해왔고, 야생동물의 습격이나 불타오르는 산불을 본능적으로 피했으며 재빠르게 탈출할 수 있었다.

신경과학자 스티븐 포지스는 위험과 안전을 탐지하는 이러한 능력을 '**신경지**neuroception'라고 명명했다. 신경지란 우리가 안전하다는 걸 확실히 하기 위해 신경계가 외부 환경(신체 외부)과 내부 환경(신체 내부), 그리고 다른 사람들과의 관계를 끊임없이 점검하는 방식을 말한다. 신경지는 우리가 안전하지 않으면 본능적으로 신체에 행동을 취하라고 지시한다. 신경지는 뇌가 어떻게 자동으로, 무의식적으로 여러 감각을 느끼고, 그 감각들이 내게 안전한가, 안전하지 않은가를 판단하게 하는지 설명한다.

신경지를 촉발하는 감각 신호는 인식 영역 밖에 존재하지만, 우리는 신경지의 영향을 신체 내부의 느낌(예를 들어 심장 박동 수가 증가하거나 심장이 쿵쿵 뛰는 현상)으로 알 수 있다. 우리는 내수용감각interoception을 통해 몸속 깊은 곳에서 나오는 신호를 느낄 수 있다. 이것을 '**내수용감각 지각력**'이라고 한다. 내수용감각은 시각, 청각, 미각, 촉각, 후각과 같은 '외향적' 감각에 비해 잘 알려지지 않았지만, 사람의 기분에 매우 큰 영향을 미치는 감각이다. 용어가 다소 복잡하다. 지금껏 살면서 '신경지'와 '내수용감각'이라는 말을 들어본 적이 없어도 괜찮다. 이해하기 쉽게 차근차근 설명하겠다.

신경지는 어떻게 작동할까? 뇌과학자 리사 펠드먼 배럿이 말하길, 우리의 뇌는 기본적으로 번개처럼 빠르게 예측하는 기계다. 우리가 미처 인식하지 못하지만 뇌는 체내 장기와 수많은 정보를 주고받는다. 다음에 할 일을 신체에 지시하기 위해 홍수처럼 밀려 들어오는 여러 감각 정보를 과거의 모든 경험과 비교하여 끊임없이 평가한다.

배럿은 "뇌는 끊임없이 예측한다. 뇌의 핵심 임무는 생명을 유지하고 건강하게 살도록 신체의 에너지가 언제 얼마나 필요할지 예측하는 것이다"라고 주장한다. 이것은 나를 향해 질주해 오는 자동차 소리를 들을 때 자신도 모르게 몸이 먼저 휙 움직여 그 자리를 피할 때 일어나는 일과 같다. 차를 피하려는 행동을 의식적으로 미리 계획하지 않았다. 뇌가 그렇게 한 것이다. 갑자기 몸을 피하느라 신체 예산은 비용을 치렀지만, 목숨을 구할 수 있었다.

뇌가 신체 내부와 외부에서 보내오는 정보를 어떻게 이해하는지는 부모뿐만 아니라 아이의 감정과 행동을 이해하는 데 매우 중요하며, 아이의 상대적 수용성과 접근성을 파악하는 데도 도움이 된다. 안전감과 신뢰가 인간 성장에 중심 역할을 한다는 사상을 뒷받침하는 신경과학적 근거도 제공한다. 그리고 아이가 세상을 어떻게 인지하는지, 또 그 정보를 바탕으로 부모와 아이 사이의 상호작용을 어떻게 조정해야 할지 부모들이 알아내도록 도움을 준다.

뒤에서 끊임없이 작동하며 우리의 안전을 위해 어떤 행동을 하게 하거나 못하게 하도록 고안된 컴퓨터 프로그램이 신경지라고 생각해 보자. 나는 '안전 감지 시스템'이라는 용어를 좀 더 과학적인 용어인 '신경지'와 같이 사용하겠다. 안전 감지 시스템은 주로 신체 내부, 외부 환경 혹은 타인에게서 우리가 느끼는 감각이 안전한지 혹은 위험한지를 판단한다. 위험이 감지되면 신체가 해야 할 일을 신속하고 효율적으로 알려준다.

과연 그건 어떻게 이루어질까? 우리는 감각기관을 통해 느끼고 보고 듣고 냄새를 맡고 맛을 보고 만져봄으로써 세상을 해석한다. 내수용감각을 통해 느낀 통증이나 극심한 배고픔 등의 내부 감각, 시끄러운 소리나 좋은 냄새처럼 우리가 처한 환경, 그리고 다른 사람들의 외모 혹은 그들이 우리에게 하는 말처럼 타인이 보내온 신호를 포함해 이 세상을 안전 감지 시스템, 즉 신경지의 감지를 거쳐 받아들인다. 그 과정을 알아두는 건 아이의 감정과 행동을 이해하는 핵심이다. 아이가 감각 정보를 어떻게 받아들이는지는 6장에서 자세히 다룰 것이다. 여기서는 우리가 어려운 과제로 인식하는 걸 아이도 똑같이 어려워하거나 위협적인 과제로 여기지 않을 수도 있다는 점을 알아둔다. 그 이유는 개인차, 과거 경험의 영향, 유전 정보, 체질 그리고 인간의 폭넓고 다양한 경험 때문이다.

신경지는 사람마다 다르다. 우리는 각자 다른 뇌-신체 피드백 시스템을 갖고 있어서 같은 감각일지라도 서로 다르게 느낀다. 어떤 사람은 두통이 시작될 기미가 보이면 불안해하며 타이레놀을 복용하지만, 다른 사람은 그 정도의 두통에 아무렇지 않을 수 있다. 어떤 특정 환경이나 감각을 예민하고 고통스럽게 받아들이는 사람이 있는가 하면, 같은 상황이라도 무던하게 넘기는 사람도 있다.

이런 현상은 아이들에게도 발생한다. 어떤 아이는 안전 감지 시스템이 시끄러운 소리를 불쾌하다거나 무섭다거나 위협적이라 해석해 특정 종류의 영화 시청을 거부한다. 반면, 다른 아이는 자신의 안전 감지 시스템이 큰 소리를 재미있고 안전하다고 판단해 그 영화를 보겠다고 조른다. 다시 말해 안전감을 느끼는지 여부, 그리고 몸의 잠재의식에 깔린 감지 시스템으로 인해 어떤 행동을 하는지 결정하는 건 객관적인 상황이 아니라 자신의 안전 감지 시스템에 달려 있는 것이다.

자녀가 '갑자기' 문제 행동을 하는 것 같다고 내게 고민을 털어놓는 부모들이 많다. 하지만 신경지 관점에서 보면 그 생각에 얼마나 오류가 많은지 알 수 있다. 아이들은 부모에게 잘 보이지 않더라도, 심지어 자기 눈에 보이지 않더라도 늘 무엇인가에 반응하고 있다. 신경지 이론은 크고 작은 사건에 부정적이거나 긍정적인 반응을 보이는 아이의 이면에 숨겨진 '이유'를 설명해주며, 아무런 이유 없이 '갑자기' 행동하는 일은 거의 없다는 사실을 알려준다.

예를 들어 멀리서 들리는 헬리콥터 소리를 불쾌하다고 인식해 아이는 울음을 터뜨린다. 신경지 과정을 통해 그 소리를 위협으로 인식한 것이다. 그걸 알지 못하는 부모는 갑자기 우는 아이 때문에 당황한다. 나중에야 부모도 헬리콥터 소리를 듣고 아이가 그 소리 때문에 불안해한다는 걸 알아차린다. 아이를 달래고 몇 분 뒤 아이의 몸은 부모가 주는 안전 신호를 모두 받아들인다. 아이는 다시 뛰어다니며 미소 짓고 원래 상태로 회복한다. 신경지 과정을 통해 이제는 안전하다고 인식한 것이다.

그때그때 생기는 육아 관련 수많은 문제에 대처해야 할 때 신경지를 알아두면 유용하다. 아이는 문제 상황을 말로 설명하지 못할 때가 많지만, 아이가 헬리콥터 소리에 반응한 것처럼 부모는 아이의 몸에 나타나는 고통의 신호를 알아볼 수 있다. 이는 아이가 어떤 위협 신호를 경험하는지, 그 원인은 무엇인지 그리고 아이는 왜 취약하다고 느끼는지를 잘 생각해보는 데서 시작한다.

나는 레스터와 헤더 부부에게 아들 랜디가 밤에 혼자 잠을 못 자고 청소에 강박적으로 집착하는 등 이상 행동을 하는 것은 사실 아들의 안전 시스템이 제대로 작동하고 있으며, 위협을 감지해 자신이 더 안전하다고 느끼는 방식으로 반응하는 것이라고 설명하며 두 사람을 안심시켰다.

우리가 할 일은 자신도 모르게 사로잡힌 불안감을 랜디가 자각하여 자기 힘으로 다루고 말로 표현하도록 도와주는 것이다. 이렇게 하면 우리는 랜디가 스트레스 관리 도구를 보강하도록 도와주고, 청소와 정리 말고도 기분을 나아지게 할 방법을 알려줄 수 있다. 가장 중요한 것은 랜디가 자기 몸에 도움이 필요하다는 사실을 인식하고, 불편사항을 말로 표현하며, 힘이 들 때 엄마 아빠에게 좀 더 직접적인 유대관계를 맺는 법을 배우게 하는 것이다. 그건 우리 모두가 지녀야 할 가장 유용한 도구이기도 하다.

우리는 태어날 때부터, 심지어 태아일 때부터 각자 독특한 방식으로 세상을 경험한다. 안전과 위협에 대해서도 서로 다르게 감지한다. 예를 들어, 내 아이 중 하나는 조산아였고 아주 어렸을 때부터 주위 상황에 위협이 감지될 것 같으면 즉시 예민하게 반응했다. 아이의 시스템은 엄마의 자궁 밖에서 접한 바깥세상의 빛, 소리, 냄새와 움직임을 받아들일 준비가 잘되어 있지 않았다. 그래서 딸이 아직 갓난아기였을 때 아이의 안전 시스템은 방에 불을 켜놓는다거나 내가 활기차게 말을 거는 등 일상 경험에서도 위협을 감지했다. 딸의 몸과 뇌는 주변 환경에서 유입되는 자극을 잘 감당하지 못해 걸핏하면 울음을 터뜨렸다.

딸의 몸은 바깥세상의 여러 경험에 적응하는 걸 힘들어했지만, 남편과 나는 나중에야 우리 부부가 열의가 넘쳐 한참 이른 시기에 아이를 지나치게 움직이게 했고 끊임없이 소리를 들려줬으며 다양한 신체 자극을 줘서 의도치 않게 아이를 울렸다는 걸 알았다. 우리는 딸의 시스템에 예금해준다고 생각했지만, 사실 우리가 모르는 사이에 인출하고 있었던 것이다! 좋은 의도로 했던 상호작용이 오히려 딸의 신경계에 자주 고통을 안겨줬다는 사실을 꿈에도 몰랐다.

내 딸은 감각 과민반응, 즉 일상생활에서 흔하게 느끼는 감각에도 과도하게 반응하는 증상이 있었다. 아이의 안전 감지 시스템은 누가 봐도 안전한 환경에서도 위협을 감지하곤 했다. 그 결과, 아이를 다른 곳으로 데려가거나 큰 목소리로 혹은 너무 빠르게, 아니면 아이 바로 옆에서 노래를 불러준다거나 말을 걸 때처럼 전혀 위험해 보이지 않는 상황에서도 아이는 과장된 반응을 보였다. 그 당시 나는 내 목소리가 아이의 몸에 고통을 유발할 수 있다는 사실을 깨닫지 못했다.

신체적으로 안전한데도 아이의 신경계는 왜 위협으로 잘못 감지했을까? 여러 가지 이유가 있다. 유전이나 체질적으로 아이가 감각 경험에 과민반응하는 예민한 성향을 갖고 태어났을 수도 있다. 과거 경험도 아이들에게 영향을 준다. 과거의 경험에 비추어보아 앞으로 이와 유사한 상황에서 무슨 일이 일어날지 예측하는 것이다.

출산 예정일보다 빨리 태어난 내 딸이 바로 그 경우였다. 태어나자마자 조산아 치료를 받아야 했던 무의식적인 기억과 함께 유전적 특징이 겹쳐 예민하게 반응하는 아이가 되었다. 이때의 기억은 아이가 감각을 어떻게 해석하고 신체가 아이를 어떻게 보호하려 하는지에 대해 중요한 역할을 담당했다. 이것은 신체의 생존 본능 때문에 일어나는 일이다. 아이가 어렸을 때 몸에 칼을 대거나 고통스러운 치료를 받거나 환경에서 오는 과도한 스트레스 혹은 상실이나 분리 경험을 하면 아이의 뇌는 더 자주 위험이나 위협을 감지하여 시스템에 스트레스를 줄 수 있다.

어린아이들이 소아청소년과 진료실에 들어서면 예방주사 바늘이 준 고통을 기억하고 울음을 터뜨리는 걸 볼 수 있다. 어린 시절의 경험은 자기도 모르는 사이에 신체에 각인되어, 이후 안전 감지 시스템이 처음에 위협적이라고 지정한 걸 신경계에 다시 알려주는 상황이 오면 그때의 기억이 되살아난다. 아이들이 이런 경험을 하지 않도록 늘 막아줄 수는 없다. 하지만 부모는 아이들의 반응을 단서 삼아 아이들에게 정신적 힘이 되어줄 수는 있다.

안전 감지 시스템은 어른들에게도 당연히 같은 방식으로 작동한다. 내 딸들이 어렸을 때 나는 너무 피곤하고 극도록 긴장하면 사소한 일도 참지 못하고 버럭 짜증을 냈다. 세 아이를 키우랴, 심리학자로 일하랴 내 신체 예산이 끊임없이 인출되는 바람에 항상 잔액 부족이었다. 나는 아침에 외출 준비가 늦어지거나 아이를 잃어버릴까 봐 걱정되는 공공장소에서 아이들에게 고래고래 소리를 지르며 명령했다. 일단 신체 예산에 적자가 발생하면, 나중에 후회할 말을 줄줄이 쏟아내며 내가 가진 내부 자원이 부족한 걸 아이들 탓으로 돌렸다.

"빨리해! 너 때문에 우리가 다 늦잖아!" (전달하고 싶었던 메시지: 꾸물대지마.)

수면 부족과 스트레스에 시달리고, 여러 일을 동시에 처리해야 하며, 내 삶과 아이들의 삶까지 신경 써야 했기 때문에 나는 권위적이고 통제하는 엄마로 변할 때가 많았다. 그 모습은 내 신경계가 안전하다고 느끼고 편안할 때 아이들을 대하던 모습과는 확연히 달랐다.

나는 내 육아 방식을 자주 후회했다. 마음이 좀 진정되면 아까 왜 자제력을 잃고 아이들에게 화를 퍼부었는지 생각해봤다. 그건 내가 아이들을 사랑하지 않아서가 아니었다. 정신없이 바쁘게 돌아가는 내 삶이 가져온 고통을 몰랐기 때문이었다. 그전에 나는 신항상성, 즉 신체 예산이란 말을 들어본 적이 전혀 없었지만, 그게 실제 존재한다는 증거가 바로 거기에 있었다. 나는 회복하고 재충전할 때 필요한 수면, 영양 혹은 혼자만의 시간이 부족해지면 아이들에게 화를 냈다.

아이의 플랫폼을 약하게 만드는 스트레스

아이의 안전 시스템이 위협을 감지하면 내부, 외부 환경을 계속 확인하면서 다시 안전감을 느끼도록 행동에 돌입하라는 지시가 몸에 내려진다. 우리는 그 결과에 따른 아이의 행동을 본다. 가족이 먼 곳으로 이사한 후 랜디가 그랬듯이, 아이는 어떤 과제를 하는 걸 거부하거나 저항하기도 하고 새로운 환경 적응에 어려움을 겪기도 한다. 밤에 혼자 잠자는 것처럼 예전에 아무런 문제 없이 잘하던 일들도 갑자기 불쾌하거나 위협적인 일로 받아들인다. 아이의 신경계가 신체 예산을 유지하는 걸 힘들어할 때 우리가 '부정적인' 행동으로 여기는 현상이 나타나기 시작한다. 그 행동은 때리기, 도망가기, 물건 던지기처럼 더 심각한 반응으로 악화할 수 있다.

스트레스가 플랫폼을 약화시킨다는 것은 분명한 사실이다. 하지만 모든 스트레스가 나쁜 건 아니다. 사실, 학습하고 성장하는 데는 반드시 변화가 수반되므로 스트레스 없이는 발전을 이루기 어렵다. 앞 장에서 확인했듯이 뇌와 신체가 삶의 도전과 변화에 대응하는 과정에는 스트레스가 따르기 마련이라는 내용을 떠올려보라. 그것이 바로 새로운 것을 배우는 방식이다.

예측할 수 있고 적정하며 통제된 스트레스는 아이의 회복탄력성을 키워준다. 유치원 교실을 떠올려보자. 그곳에선 아이들이 부모와 떨어지는 데서 오는 가벼운 스트레스가 새로운 걸 배우고 친구들을 사귀는 신기한 경험과 조화를 이룬다. 이것은 대부분 아이들의 도전 지대 안에서 벌어지며, 이렇게 견딜 만하고 적당하며 예측 가능한 '좋은' 스트레스 덕분에 아이들은 계속해서 학습할 수 있다. 시간이 흐르는 동안 가능성을 최대한 발휘하고 주눅 들지 않는 법을 배우면서 회복탄력성이 길러진다.

스트레스를 견딜 수 있고 예측할 수 있으면 아이들이 성장하고 새로운 장점을 키우는 데 도움이 된다. 하지만 스트레스가 예측하기 어렵고 극심하며 오래 지속되면 회복탄력성이 위협받고, 스트레스 반응이 활성화되면서 생긴 후유증으로 고통받기 시작한다.

몸과 마음을 신경 써서 돌보면 신체와 정신 건강을 유지할 수 있다. 하지만 부모나 아이가 스트레스를 너무 자주 받거나 스트레스가 심하거나 오래 계속되면 신체 예산이 부족해질 수 있다. 스트레스가 매일, 매년 계속 쌓이면 '생체 적응 부하'라고 알려진 누적된 영향이 우리에게 피해를 줄 수 있다. 시간이 지남에 따라 스트레스가 신체에 주는 피해는 점점 악화하여 고혈압, 심장병, 비만, 제2형 당뇨병, 우울증, 불안 등 다양한 질병의 원인이 될 수 있다. 다음 장에서는 신체 예산이 균형을 잘 이루도록 부모가 아이와 우리 자신의 신체 예산을 예금으로 채울 수 있는 여러 방법을 알아보겠다. 그중에서 가장 중요한 방법이 충분한 수면이다. 잠을 푹 자면 스트레스 정도나 나이를 불문하고 성공적으로 살아가는 기반이 된다.

오랫동안 극단적인 문제 행동을 보였거나 정서적인 어려움을 겪은 아이들은 스트레스 부하를 처리하는 데 도움이 필요할 수 있다. 아이는 단 한 번의 사건만으로 고통에 시달리는 일은 거의 없다. 주로 빙산의 일각 아래에 있는 여러 요인, 말하자면 아이가 최근에 겪었던 일, 수면 부족, 아이의 신체 상태, 그리고 당신이 모르는 사이에 겪은 아이의 스트레스 등이 혼재되어 발생한다. 우리 눈에 보이는 행동은 아이 혹은 우리 자신의 누적된 스트레스 부하를 나타낸다.

안전 감지 시스템은 똑같은 경험에 대해 어떤 때는 아이가 통제가 어려울 만큼 화를 내지만, 다른 때는 왜 고분고분한지 그 이유를 알려준다. 당시 경험이 아이에게 끼치는 영향, 그리고 아이가 안전하다거나 위협적이라고 받아들이는 누적된 경험에 기반한 아이의 신체 예산이 다르기 때문이다.

위협과 안전을 감지하는 방식은 사람마다 다르다. 같은 경험이라도 어떤 사람에게는 스트레스나 위협이 되지만, 다른 사람에게는 안전하다고 받아들여질 수 있다. 감각을 통해 세상으로부터 정보를 받아들이는 방법, 과거의 모든 경험과 신체 예산을 비롯하여 무수히 많은 요인에 따라 각자의 방식으로 우리는 세상에 반응한다. 그것이 바로 아이마다 고유한 반응에 맞춰 각자만의 육아 방식을 만드는 일이 중요한 이유다. 부모와 아이 모두 안전 감지 방식이 사람에 따라 얼마나 다른지 설명하기 위해 다음 두 가족이 어려운 상황에 각각 어떻게 대처했는지 알아보자. 그다음 랜디의 이야기로 돌아가 먼 곳으로 이사한 후 가족이 랜디를 어떻게 도와주었는지 알아보겠다.

서로 다른 방식으로 대처한 두 가족

파커의 이야기

파커가 태어나고 나서 몇 달 뒤 의사들은 파커에게 심장 질환이 있으며 좀 더 성장한 후 교정 수술을 받아야 한다고 진단했다. 파커가 세 살이 되자 소아청소년과 의사들은 파커의 부모에게 심장 수술을 앞두고 파커와 부모가 어떤 마음가짐으로 준비해야 할지 나와 상담해보라고 제안했다.

첫 만남 때 아이 없이 파커의 부모만 만났다. 파커의 부모는 아이에게 심장 질환이 있다는 진단이 두 사람에게 얼마나 큰 충격이었는지 내게 자세히 말했다. 하지만 두 사람은 끈끈한 가족애와 신이 앞길을 인도하실 거라는 확고한 종교적 믿음에 대해 고백했다.

많은 부모에게 이런 상황은 스트레스나 트라우마를 초래했겠지만, 파커의 부모는 그렇게 인식하지 않았다. 두 사람은 분명 두려워하고 충격받았지만, 가족과 친구, 의사, 종교 그리고 서로에게서 도움과 위로를 많이 받았다. 두 사람은 아들의 수술과 회복 기간에 대비하여 그들 자신과 아들의 기운을 북돋울 방법을 찾은 듯했다. 두 사람이 집에서 촬영한 동영상을 보니 어린 남자아이가 자기를 끔찍이 아끼는 부모님과 함께 뒷마당에서 신나게 놀고 있었다. 이후 우리는 파커에게 수술을 받아야 한다는 걸 어떻게 전달해야 할지를 논의하기 위해 몇 차례 더 만났다.

수술이 성공적으로 끝나고 3개월 뒤 파커의 부모는 아들을 데리고 나를 찾아왔다. 행복하고 명랑하며 부모님과 잘 교감하는 파커는 환하게 미소를 지으며 엄마의 가방에서 무엇인가 꺼냈다. 표지에 '파커의 영웅 여행'이라고 새겨진 화려한 사진 앨범이었다. 파커는 자기가 좋아하는 슈퍼히어로가 그려진 가운을 입고 병원에 있는 자기 사진을 기꺼이 보여주었다. 페이지를 넘기며 사진들을 보여주고 그때 있었던 일을 설명하는 파커의 모습에는 스스로에 대한 자랑스러움이 엿보였다. 파커는 자기가 받은 수술을 충격적인 경험이 아니라 모험으로 기억하는 게 분명했다. 파커의 부모도 아들에게 닥친 상황을 감당할 수 없는 위협으로 판단하지 않았으므로 아들도 위협이라 생각하지 않은 건 놀랄 일이 아니었다.

정확히 말하면 파커의 부모는 아들의 상황을 받아들였다. 아들의 수술은 스트레스가 심한 큰 사건이었지만, 파커의 가족은 그 심각성을 대충 얼버무리고 넘어가지 않았다. 파커는 두렵고 고통스러운 순간을 많이 겪었지만, 파커의 부모는 항상 그에게 든든한 버팀목이 되어 그런 강렬한 감정을 다스리도록 도왔고, 아들에게 웃어주고 안아주고 위로하며 안전하다는 신호를 줘서 잘 극복하도록 했다. 부모가 지지해준 덕분에 파커는 자신의 반응을 조절했으며 앞으로 전개될 상황도 충분히 감당할 수 있다고 생각하게 되었다. 파커의 천진난만한 태도와 자랑스럽게 들고 있는 사진첩이 바로 그 증거였다. 여러 사람에게서 굳건한 지원을 받은 파커의 부모는 많은 가족에게 트라우마가 되었을지도 모를 그 일을 내면의 힘을 키우는 경험으로 받아들였다. 나는 파커의 가족이 회복탄력성을 갖추는 데 필요한 요구 사항을 이미 모두 충족했다고 알려주었다.

라나의 이야기

라나 역시 치료받아야 할 아이였다. 라나가 두 살 때 엄마인 그레타는 딸을 씻기던 중 사타구니에서 혹을 발견했다. 그레타의 안전 감지 시스템이 위협을 감지하자 그녀는 속이 울렁거렸다. 그레타는 몇 초 만에 자기가 생각할 수 있는 가장 불길한 병인 암을 떠올렸다.

이후 밝혀지긴 했지만, 라나는 그렇게 심각한 병에 걸린 게 아니었다. 의사들은 서혜부 탈장이라고 진단했다. 그건 외래 수술로 쉽게 치료할 수 있었다. 그런데 라나의 수술을 담당할 소아 외과의는 라나의 수술 전 진료에서 그레타가 너무 괴로워하는 모습을 본 데다 정기적으로 하는 채혈 과정에서 그레타가 그만 기절하고 말았다는 내용이 담긴 보고서를 읽자 그레타의 정신적 고통이 걱정되어 내게 라나의 가족과 상담해달라고 의뢰했다. 전문 의료진이 제공하는 정보를 믿을 수 있는데도 엄마의 안전 감지 시스템은 딸의 비교적 가벼운 질환을 심각한 위협으로 인식했다.

간단한 수술로 라나의 탈장은 교정되었고, 빠르게 회복했다. 나는 몇 주 후 어린이집 놀이터에서 라나를 관찰했다. 라나는 아이들과 함께 즐겁게 놀았다. 반면 그레타는 계속 고통스러워했고, 라나에게 무슨 일이 또 생길까 봐 걱정했다. 상담이 진행되는 몇 달 동안 나는 라나의 상황이 유발한 강렬한 감정과 두려움을 그레타가 이해하도록 했다. 처음에는 알아내기 힘들었지만, 마침내 나는 어린 시절 그레타가 사랑하던 이모를 암으로 잃었다는 사실을 알아냈다. 그 기억 때문에 그레타는 의료 문제에 직면하면 쉽게 두려움에 빠지고 연약해지는 성향이 생긴 것이었다. 시간이 흐르면서 그레타는 라나의 건강과 행복에 관련된 감정 관리에서 자신이 과거에 겪었던 경험 때문에 신경계가 위협을 더 민감하게 감지하는 쪽으로 변했다는 걸 깨달았다.

이 두 가족의 사례가 보여주듯이 스트레스가 각자에게 미치는 영향은 우리가 살면서 겪는 사건들을 신경계가 어떻게 해석하느냐에 따라 결정되는 것이지, 반드시 그 사건 자체에 의해서 결정되는 게 아니라는 것을 알 수 있다. 만일 우리의 안전 감각이 사건에 의해서만 좌지우지된다면, 논리적으로 파커의 부모와 파커는 스트레스를 더 많이 겪고 라나의 엄마는 덜 시달렸어야 맞다. 파커가 받은 수술이 훨씬 더 위험했기 때문이다. 하지만 실제는 그 반대였다. 인간의 안전 감각은 우리의 과거와 현재 경험의 영향을 받는다.

이것이 바로 아이들의 반응을 아무 생각 없이 판단하지 말고, 아이와 우리 자신에게 연민을 갖되 비판하지 않으며, 경험이 어떤 영향을 끼치는지 잊지 말아야 하는 이유다. 아이들이 어떤 경험에 부정적으로 강하게 반응하면 우리는 아이들이 겪고 있는 위협의 원인을 해결하여 튼튼한 플랫폼을 다시 갖추도록 도와야 한다.

아이에게 안전감을 주는 2단계 방식

아이가 자신의 플랫폼이 불안에 처했다는 걸 알려주는 행동을 보일 때, 안심할 수 있도록 도와주는 2단계 방식이 있다. 첫 번째 단계는 아이를 자극하는 위협 신호를 없애거나 줄이는 것이며(만약 그게 가능한 일이고 그 상황에 적절하다면), 두 번째 단계는 아이가 스트레스에 대응하는 데 효과가 있는 안전 신호를 주는 것이다.

아이가 혼자 힘으로 문제를 해결할 수 있도록 지켜보는 게 바람직할 때가 있다. 하지만 아이를 위해 위협 신호를 찾아내 처리하거나 해결하는 걸 도와주는 게 유익할 때도 있다. 아이의 안전 욕구를 성공적으로 충족시켜준 몇 가지 사례를 들여다보자.

사례 1 유모차를 타고 산책하던 한 살짜리 아이가 갑자기 울음을 터뜨린다. 아이가 어딘가 고통스럽다는 뜻이라는 걸 엄마도 알아챘다. 단순히 피곤하다거나 까다롭게 구는 게 아니다. 조금 전 밥도 먹었고, 기저귀도 갈아주었다. 엄마는 아이가 왜 우는지 알고 싶다. 아이의 안전 감지기가 왜 울린 걸까? 더 자세히 들여다보면 아이가 엄마 쪽으로 고개를 돌렸다는 걸 알 수 있다. 하지만 유모차의 햇빛 가리개에 가려 아이 눈에 엄마가 보이지 않는다. 아이는 엄마가 보이지 않아 불안한 마음을 울음을 터뜨리는 행동으로 보여준 것이다. 엄마는 유모차 옆에 무릎을 꿇고 앉아 미소를 지으며 부드러운 목소리로 아이를 안심시킨다. "아가야, 엄마는 바로 여기 있어. 이제 괜찮아!" 아이는 곧 미소를 짓는다. 햇빛 가리개를 걷어 올리자 아이는 수시로 엄마를 올려다보며 환한 미소를 짓는다.

1. 위협 신호를 없애라: 엄마는 햇빛 가리개를 걷어 아이가 엄마를 볼 수 있게 하여 불확실성을 줄였다. 아기들과 유아들이 안전하다고 느끼는 주된 방식은 사랑하는 사람을 바라보는 것이다.

2. 안전 신호를 주어라: 엄마는 아이에게 미소를 짓고 목소리를 들려주어

안심시킨다. 그리고 안전 신호를 추가하기 위해 가끔 따뜻하게 말을 걸어준다. 이런 행동들은 아이의 몸이 안전하다는 걸 다시 인식하도록 도와주는 신호들이다.

사례 2 다섯 살 된 아들이 새 유치원 교복을 입다가 몇 분도 안 되어 소리를 지르며 짜증 내기 시작한다. 아들은 새 교복이 너무 싫고 유치원도 가기 싫다며 화를 낸다. 아들이 까끌까끌한 의복 재질을 아주 싫어한다는 걸 잘 아는 엄마는 아들이 불편해 보인다며 그대로 인정해주고 아들의 반응을 기다린다. 아들은 정말 불편하다며 울음을 터뜨린다. 엄마는 아들에게 해결 방안이 있는지 물어보고 문제 해결 과정에 참여시킨다. 아들은 자기가 좋아하는 낡은 티셔츠를 입고 유치원에 가고 싶다고 말한다. 이건 선택지가 될 수 없다는 걸 아는 엄마는 다른 엄마에게서 얻은 중고 교복을 상자에 담아 차고에 둔 사실을 기억해낸다. 그리고 아들에게 예전에 다른 아이가 입고 다녀서 재질이 더 부드러워진 교복을 입겠는지 물어본다. 중고 교복을 입자 아들의 몸에 긴장이 풀린 게 확연히 눈에 띈다. 아들은 잔뜩 신이 나서 개학 날까지 몇 번 더 '밤잠'을 자면 되는지 묻는다.

1. **위협 신호를 없애라:** 새 옷이 몸에 닿는 느낌을 정말 싫어하는 아들의 반응에 주목하여, 엄마는 아이의 신체 반응을 진지하게 받아들였다. 그리고 이에 대한 해결책을 찾는 데 아이도 참여하게 한다.
2. **안전 신호를 주어라:** 성급히 판단하지 말고 침착하게 아이가 부정적인

경험을 갑자기 행동으로 나타낸 걸 인정한다. 엄마는 이것이 상향식 반응이며, 아이가 일부러 까다롭게 구는 게 아니라는 걸 안다. 아이에게 따뜻한 어조로 말하며 공감한다는 표정을 짓고, 아이 옆에서 합리적인 선택권을 제공하여 안전하다는 신호를 추가한다.

사례 3　열 살 된 딸이 갑자기 말이 없어지고 방에 틀어박혀 나오지 않는다. 며칠 뒤 딸은 학교에서 또래들 몇 명이 자기를 괴롭힌다고 털어놓는다. 엄마는 딸에게 솔직히 말해줘서 고맙다고 하고 문제 해결을 위해 의견을 말해보라고 한다. 딸은 선생님께 이메일을 보내거나 선생님과 엄마가 만나서 해결책을 의논할 수 있는지 묻는다. 그리고 딸은 엄마에게 주말에 친한 친구 몇 명을 초대해 재미있게 놀 수 있게 준비해달라고 부탁한다.

1. 위협 신호를 없애라: 딸에게 뭔가 고민이 있다는 걸 감지하자 아이에게 시간과 공간을 주고 그것에 관해 편안히 이야기할 수 있게 한다. 아이의 말을 수용하는 어조로 대화하면 아이는 부모와 함께 적극적으로 대처하기 위해 문제를 명확히 하고 해결책을 생각해낸다.

2. 안전 신호를 주어라: 엄마는 딸에게 믿을 수 있는 아주 친한 친구들이 있다는 걸 안다. 인간은 자기를 사랑해주는 사람들과 함께 있으면 가장 안전하다고 느낀다. 아이는 친구들의 지지를 바라므로 부모가 기꺼이 아이의 친구들을 주말에 초대하면 강력한 안전 신호가 아이의 신경계에 추가된다.

모든 것은 안전감에서 비롯된다

경험은 아이들에게 정서적으로 어떤 영향을 미칠까? 거기에 관심을 기울이면 아이들의 정서 범위를 확장하고 스트레스 상황을 견디는 힘을 기르도록 부모가 도와줄 수 있다. 부모 생각에 아이들의 반응이 어떠해야 한다고 무작정 추정하는 대신, 살면서 겪는 여러 사건에 대해 아이마다 다르게 해석한다는 걸 이해하면 아이들의 플랫폼을 강화할 수 있다. 그리고 아이가 부정적으로 보이는 반응과 행동을 하는 건 아이의 의지가 아니라 신경계가 원인일 때가 많다는 걸 연민 어린 마음으로 이해할 수 있다. 몸부림치며 우는 아이가 일부러 까다롭게 구는 게 아니라 사실은 스트레스에 반응하고 있다는 걸 알게 된다. 이렇게 생각을 조금 바꾸면 자신이나 아이들에게 큰 소리로 "그 애들은 과민 반응하는 거야", "잊어버리라니까!", "끝까지 해보라고!"처럼 비판적인 말을 쏟아내지 않을 수 있다.

또한 감정 표현 방식을 보고 아이를 판단하지 않도록 주의해야 한다. 밖으로 드러나는 표현은 내면의 감정을 정확하게 반영하지 못할 수도 있다. 예를 들어 심각한 상황에서도 아이는 부모가 보기에 '부적절하게' 웃을 수 있다. 이와 유사하게 얼굴을 찌푸린 아이는 화가 났거나 불만이 있거나 집중하는 중이거나 혹은 다른 감정이나 감각을 느끼는 것일 수도 있다. 아이의 행동을 보고 우리가 내리는 해석이 정확하지 않을 수 있다. 아이의 표현을 보고 아이의 근본적인 욕구를 충족해주지 않는 반응을 보일 수도 있다. 그러므로 아이의 신경계가 상황을 어떻게 인식하는지 파악하는 일이 매우 중요하다.

여기서 핵심은 아이의 신체가 이 세상을 어떻게 경험하느냐에 따라 반응하는 방식이 무척 광범위하고 가변적이라는 것이다. 아이들의 반응이 적절하다거나 부적절하다고 판단하기보다는, 아이의 다루기 힘든 행동이 알고 보면 부모의 너그러운 표정, 부드럽게 배려하는 목소리나 포옹처럼 부모와 자식 간의 유대감을 채워주는 예금이 필요하다는 신호라는 것을 알아챈다. 혹은 타임아웃, 잔소리나 처벌 등의 인출을 원치 않는다는 신호로도 볼 수 있다. 이것은 우리 문화가 주로 '좋은 행동'과 '나쁜 행동', '고분고분한 행동'과 '반항하는 행동'으로 편 가르기 하는 방식과 배치된다. 그것은 우리가 행동을 보고 판단하는 방식을 뒤엎는 패러다임 전환이다.

아이가 이 세상에서 안전감과 신뢰감을 쌓도록 도와줄 기회는 매일 찾아온다. 우리가 부모로서 할 수 있는 가장 강력한 일 중 하나는 아이의 감정과 무의식적인 반응이 의미 있다고 인정하는 것이다. 그런데 이런 방식으로 성장하지 못한 사람들이 많다. 우리 부모 세대는 좋은 의도였겠지만, 그분들 생각에 우리가 별것 아닌 걸 가지고 무서워하면 "뭐가 무섭다고 그래!"라고 핀잔을 주었다.

그들과 달리 우리는 아이에게 너의 고통을 이해하며, 확실히 안전하다고 알려줄 수 있다. "이 일 때문에 힘들구나. 난 너와 함께 있어. 넌 혼자가 아니란다"라고 말해준다. 아이를 판단하지 않고 힘들어한다는 걸 알고 있으니 도와주겠다는 뜻을 알릴 수 있다.

안전감이 들게 하는 또 다른 방법은 가족의 생활 방식을 예측 가능하고 융통성 있게 만들어나가는 것이다. 다음에 무엇을 기대해야 할지 미리 아는 것만큼 뇌와 신체가 안전하다고 느끼는 것은 없다. 인간은 일정하게 반복되는 패턴을 좋아하며, 살아가면서 앞일을 예측하고 그 예측이 들어맞는 패턴이 반복될 때 안전하다고 느낀다. 이런 패턴이 반복되면 사람들을 불안하게 하는 불확실성이 사라지기 때문이다.

최근에 갑자기 계획을 바꿨을 때 아이가 보인 반응을 떠올려보자. 부정적인 반응이었다면 그건 아이가 기대하던 패턴이 바뀌는 바람에 스트레스를 겪었을 거라는 뜻이다. 아이는 잠자기 전의 수면 의식이나 부모가 동화책을 읽어주는 시간처럼 일상 속에서 단순하게 반복되는 일들을 통해 안전감을 느낀다. 그 외에도 다정하게 이야기를 나누는 일, 그저 곁에 꼭 붙어 있어주는 일 등 아이가 진정되고 의지할 수 있는 일이라면 어떤 것이든 튼튼한 뇌-신체 플랫폼을 구축하는 데 도움이 된다. 식사 시간을 이용하면 별도로 시간을 할애하지 않고도 예측 가능성을 높일 수 있다. 식사 시간에 편안하고 즐거운 분위기에서 가족과 대화를 나누며 예측 가능성을 높이면 스트레스를 해소할 수 있다.

물론 인생이란 항상 예측할 수 없으며, 우리도 그렇게 되길 원치 않을 것이다. 인간은 도전과 변화에 대응하여 회복탄력성을 키우기 때문이다. 우리는 예측 가능성과 융통성을 동시에 갖출 수 있다. 예측 가능한 삶에 도전적인 과제가 등장하고, 부모가 그 갑작스러운 변화를 감당할 수 있다는 걸 아이에게 보여주면 아이도 회복탄력성이라는 가르침을 얻는다.

랜디의 가족

먼 곳으로 이사를 온 랜디에게 가장 힘든 점은 일상에서 예측 가능했던 일들이 점점 사라지는 것이었다. 아이는 전에는 잠을 잘 잤지만, 이제는 거의 매일 저녁때부터 자기를 안심시켜달라고 요구했다. 예전에는 어디서나 잘 적응하는 아이였지만, 이제는 시간 날 때마다 진공청소기로 청소하고 여동생의 장난감을 똑바르게 줄 맞춰 정리하는 게 버릇이 되었다. 이러한 통제 추구 행동은 아이가 느끼는 안전 감각에 문제가 생겨서일 때가 많다.

익숙했던 모든 걸 뒤로하고 멀리 이사하자 랜디의 신체 예산에 큰 피해가 발생한 것이다. 아이가 보이는 행동은 점점 줄어드는 자원을 어떻게든 확보하려 애쓰는 신체와 뇌 상태를 나타낸다. 나는 랜디에게 가장 시급한 것은 부모가 아이의 취약한 플랫폼을 강화하도록 도와주는 일이란 걸 알았다. 먼저, 신체 반응이 알려주는 정보와 치료 계획을 확보하기 위해 나는 랜디의 부모에게 아이가 한밤중에 잠에서 깨면 아이의 몸에 스트레스 징후가 보이는지 자세히 관찰해달라고 했다. 부모 중 한 사람이 랜디의 등이나 가슴에 손을 얹어 심장이 터질 듯 두근두근 뛰는지, 혹은 손을 부드럽게 잡아 손바닥이 땀으로 축축하게 젖어 있는지 알아보는 것이다. 아니나 다를까, 랜디의 부모는 랜디에게서 두 가지 모두 관찰할 수 있었다. 랜디의 몸은 스트레스로 지쳐 있었고 균형을 되찾기 위해 평상시보다 많은 일을 하고 있었다.

나는 레스터와 헤더 부부에게 랜디의 이상 행동은 이사 후 적응 과정에서 생기는 것으로 볼 수 있다고 설명했다. 인간은 정해진 일과대로 사는 것을 좋아한다. 그런데 멀리 이사하는 바람에 예측할 수 있고 익숙했던 환경과 활동을 잃게 되자 랜디의 플랫폼은 랜디에게 안전을 찾아내라고 강요하고 있었던 것이다. 친한 친구들, 옛날 집과 다니던 학교, 살던 동네에서 멀리 떨어졌으므로 랜디가 하는 행동은 안전 감지 시스템이 불안에 맞서 대응한다는 증거였다. 인간은 사회적 동물이다. 사랑이 넘치고 상대방을 배려하는 부모와 아이의 유대 관계를 통해 아이들이 안전하다고 느끼도록 도와줄 수 있다고 나는 랜디의 부모에게 설명했다.

안전을 원하는 랜디의 신경계는 한밤중에도 엄마 아빠와 가까이 있으려고 했다. 아이들이 위협을 느끼면 자기들이 사랑하는 사람들, 애착 대상을 찾아가는 현상은 사실 건전하고 바람직하다. 불안할 때 안전감을 찾기 위해 인간이 가장 효과적으로 사용하는 방법은 신뢰하는 사람들과의 관계와 그들이 주는 위로에서 마음의 안식을 찾는 것이다. 하지만 모두가 제대로 잠을 못 이루는 밤은 당연히 누구에게도 득이 되지 않으므로 우리는 더 좋은 해결책을 찾아야 했다.

랜디가 진공청소기를 밀고 다니며 집 안을 청소하고 다닌 것은 다 그럴 만한 이유가 있었다. 아이들은 자신이 통제할 수 없다고 느끼면 자기 삶에서 통제할 수 있는 간단한 부분을 찾아 통제하려 할 때가 많다. 바닥에 떨어진 흙먼지 알갱이들이 청소기 흡입구로 빨려 들어가 사라지는 모습은 랜디가 만족할 만큼 충분히 예측 가능한 일이었다. 그렇게 하면 아이에게 일시적으로 안전 신호가 전해졌고, 아이가 고통을 느끼지 않고 무엇인가에 집중할 수 있었다. 랜디가 청소하는 건 자기 몸에 안전 신호가 필요하다는 요구에 응답하는 것이기도 했으며, 랜디에게 도움이 더 필요하다는 또 다른 신호였다.

아들이 안전을 추구한다는 걸 이해하자 레스터와 헤더 부부는 랜디에게 더 공감하고 연민하는 마음을 가졌다. 반면 걱정은 줄어들었다. 두 사람은 아들의 행동을 안전을 추구하는 무의식적인 행위라고 보게 되었다. 앞서 말한 '아이에게 안전감을 주는 2단계 방식'을 이용하여 우리는 랜디가 안전 감지 시스템을 진정시키는 걸 도와줄 계획을 함께 세웠다.

1. 위협 신호를 없애라: 레스터와 헤더 부부는 인내심을 갖고 랜디와 오랫동안 이야기를 나누며, 랜디가 겪은 모든 변화에 공감했다. 그리고 전에 살던 집에서 무엇이 가장 그리운지 물어보았다. 랜디는 친구들과 선생님이 보고 싶고, 여동생과 같이 쓰던 방도 그립다고 대답했다. 랜디는 자기만의 방이 있는 게 아주 좋지는 않다고 부끄러워하며 인정했다. 밤에 혼자누워 있으면 무서운 기분이 든다고 했다.

2. 안전 신호를 주어라: 랜디는 자신을 이해하고 싶어 하는 부모의 솔직한 열의를 알게 되자 마음을 열고 많은 이야기를 했다. 한 상담에서 나는 아이에게 새로 이사한 집에서 어떻게 하면 진짜 '내 집에 온 것 같은' 느낌이 들겠느냐고 질문했다. 마침내 랜디는 여동생과 방을 다시 같이 써도 되느냐고 물었다. 부모님과 여동생이 흔쾌히 승낙하자 랜디의 얼굴은 환해졌고, 한껏 신이 난 랜디는 남는 방을 놀이방으로 쓰겠다고 했다.

나는 랜디의 가족이 잠들기 전 규칙적으로 한 시간 정도씩 책을 읽거나 차분하게 다른 활동을 하면서 몸과 마음을 진정시키고 함께 시간을 더 많이 보낼 것도 제안했다. 그렇게 변화를 준 지 채 일주일도 안 되어 다시 랜디는 밤에 한 번도 깨지 않고 푹 잤다. 모두가 큰 승리를 거두었다! 게다가 랜디는 축구 리그에 들어가 금방 친구를 사귀기 시작했다. 몇 달 뒤 랜디는 자기만의 방을 다시 가질 수 있는지 물었다. 안전 신호 증가는 랜디가 긴장을 풀고 독립심을 키우는 데 효과가 있었다.

랜디의 부모가 깨달았듯이, 안전에 대한 인간의 근본적인 요구를 이해할 때 또 다른 중요한 장점은 아이의 행동을 판단하고 걱정하는 일이 줄어든다는 사실이다. 아이의 '의도'를 탓하는 대신 우리는 아이의 행동이 뇌-신체 관점에서 얼마나 의미가 있는지 깨닫게 된다. 우리는 자신을 반성하고 감정을 더 깊이 이해하게 된다. 아이의 행동을 판단하거나 치료받아야 할 질환으로 취급하지 않고 보호가 필요한 반응으로 여기기 시작한다. 종국에는 아이가 자기 자신을 가혹하게 비판하는 대신, 신체 반응을 존중하는 강한 자의식을 가질 수 있다.

관계에서 오는 '안전'이라는 관점으로 아이의 행동을 보고, 신체의 위험감지 시스템이 어떻게 작동하는지 이해하면 우리는 아이를 새로운 눈으로 바라볼 수 있다. 우리는 아이 혹은 우리의 행동이 수용적인 행동에서 방어적으로 바뀌거나, 안정되고 쾌활했던 행동 양상이 까다로워지거나 갑자기 과다해지거나 통제 불능 상태로 바뀔 때 그 이유에 대해 많은 걸 알 수 있다. 이렇게 알게 된 정보는 아이의 행동 그 이상으로 무엇이 그런 행동을 촉발하는지 알아보는 일에 신경과 노력을 집중하게 한다. 안전이라는 과점에서 바라보면, 아이의 행동에 연민과 공감을 느끼게 된다. 이렇게 절실하게 느끼는 안전감은 모든 인간의 정신 건강을 위한 기본 요소다.

다음 장에서 우리는 아이의 계속 변하는 행동이 아이의 신경계에서 무엇을 의미하는지 자세히 분석하는 법을 배울 것이다. 곧 알게 되겠지만 신경계에는 아이들이 뇌와 신체에서 안전과 희망을 얼마나 많이 느끼는지 혹은 느끼지 못하는지에 따라 행동에 영향을 주는 경로가 있다. 이제 안전이 신체 예산 균형과 어떤 관련이 있는지 알게 되었으니, 아이를 키우며 의사 결정을 할 때 아이의 행동과 비언어적 신호를 읽어내어 정보를 수집하는 방법을 더 많이 알아보자.

내 아이의
회복탄력성을 위한
조언

아이들의 행동과 감정은 자신이 감지한 안전, 도전, 위협을 반영한다는 걸 명심하라. 인간은 사랑받고 안전하다고 느낄 필요가 있다. 우리가 아이들에게 줄 수 있는 가장 큰 선물은 이 두 가지 근본적인 요구 사항을 충족시키는 것이다. 그러면 앞으로 오랫동안 회복탄력성의 기본 토대를 형성하는 데 도움이 될 것이다.

3장

아이의 행동을
자세히 관찰하기만 해도
많은 것을 배울 수 있다.

아이의 마음을 보여주는 3가지 행동 신호

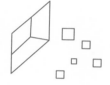

대부분 부모가 그렇듯이, 나도 아이들이 좀처럼 말을 듣지 않거나 동생을 떠미는 등 공격적인 행동을 하면 곤혹스러울 때가 많았다. 아이는 왜 그런 행동을 했을까? 훈육해야 할까? 그렇게 행동하면 어떤 결과가 생길지 확실히 말해줘야 할까? 상대하지 말고 저절로 나아질 때까지 기다릴까? 심리학자로서 나는 여러 학설과 서로 다른 접근 방식을 많이 알았지만, 오히려 그 때문에 더 혼란스러웠다.

마침내 나는 신체와 뇌가 상호작용하여 아이들의 행동 반응을 만들어낸다는 것을 알고 나서 양육 관련 결정을 확실히 할 수 있었다. 나는 더 이상 아이가 나를 힘들게 하는 순간을 모욕으로 여기지 않게 되었고, 아이가 가끔 감정이 폭발하거나 화를 내면 아이에 대한 정보를 얻을 수 있는 기회라고 여겼다. 인간의 행동이 얼마나 적응을 잘하는지 이해하자 육아를 잘할 수 있다는 자신감이 더 커졌다.

이번 장에서는 자율신경계의 세 가지 주요 '경로'를 알아보고, 그 경로들을 이용해 육아 방향을 바르게 세우는 비결을 살펴보겠다. 아이들의 대표적인 행동 문제인 변화를 거부하는 투쟁부터 들여다보자. 아이들은 자기가 좋아서 하는 활동을 하다가 부모가 시키는 일로 전환해야 할 때 힘들어하는 경우가 많다. 하지만 그런 전환을 수월하게 할 수 있는 방법이 있다.

루카스가 열한 살이 되었을 때 부모님은 아이의 행동이 변했다는 걸 알아차렸다. 문제 행동을 거의 일으키지 않는 똑똑한 학생이었던 루카스가 갑자기 저녁 식사 자리에 불러도 오기를 거부했다. 그전까지 방과 후 활동이 끝나면 아빠가 주로 루카스를 집으로 데려왔다. 숙제를 마친 후 가족이 함께 쓰는 컴퓨터로 30분 동안 게임을 하다가 식사 시간이 되면 가끔은 아쉬워하며 게임을 끝내곤 했다.

그러던 어느 날 루카스가 갑자기 적대감을 보였다. 밥 먹으러 오라고 부르자 아이는 거부했고, 소리 지르고 욕하며 방에서 뛰쳐나갔다. 당황한 부모는 루카스에게 왜 그러느냐고 물어봤지만 이유를 들을 수 없었다. 부모는 루카스가 말을 듣게 하려고 행동 차트를 만들었고 루카스가 시간 관리를 더 잘하면 보상을 주기로 약속했다. 그러나 그것 역시 도움이 되지 않았다. 부모는 루카스가 태도를 바꾸지 않으면 '게임 금지'라는 특단의 조치를 취하겠다고 경고했지만, 아이의 극단적인 반응은 계속되었고 조금도 수그러들지 않았다. 마침내 루카스의 가족은 내게 도움을 요청했다.

루카스의 저항은 부모를 힘들게 했지만, 부모의 육아 결정을 이끌어줄 유용한 통찰력을 제공하기에 딱 알맞은 행동이었다. 이번 장에서 우리는 귀중한 단서를 얻으려면 아이들의 몸과 행동, 그리고 신경계를 어떻게 이해해야 하는지 살펴보겠다. 아이가 크고 작은 어려움에 맞설 수 있도록 어떻게 하면 아이의 플랫폼을 최적화할 수 있는지도 알아보 겠다.

아이의 행동은 신경계 상태의 핵심 단서

아이의 행동을 자세히 관찰하기만 해도 많은 것을 배울 수 있다. 앞서 확인한 바와 같이 우리의 신경계는 상당히 많은 정보를 쉴 새 없이 파악하고 처리한다. 아이의 뇌와 신체는 끊임없이 내부, 외부 환경과 타인과의 상호작용을 읽고, 그렇게 파악한 정보에 따라 행동에 돌입한다. 더 간단히 말하면, 우리는 항상 듣고 보고 움직이고 냄새를 맡고 맛을 보고 만지며 몸속 깊은 곳에서 전달되는 감각을 받아들인다. 앞 장에서 우리는 신체의 내부 감각인 내수용감각에 대해 배웠다. 이를 통해 신체는 몸 안팎으로 우리가 느끼고 행동하는 방식을 결정하는 이 놀랍고도 시끌벅적한 상황을 매일 파악하고 있다.

하루 종일 경험하는 일반적인 느낌을 정동affect이라고 하는데, 이것은 감정이 아니다. 정동에는 두 가지 주요 특징이 있다. 바로 유쾌하거나 불쾌한 느낌(유인성valence')과 평온하거나 동요하는 정도('흥분도arousal')다. 사람의 느낌은 '항상 유인성과 흥분도의 조합'이다. 우리는 아이가 얼마나 동요하고 있거나 평온한지, 그리고 유쾌하거나 불쾌한 느낌이 연속되는 중에 동요하거나 평온한지 관찰하는 과정에서 귀중한 정보를 얻는다. 저녁 식사 때 음식을 식탁에 내던지며 우는 아기는 높은 흥분도와 불쾌감, 즉 심한 고통을 경험하고 있다. 다른 때라면 이 아기는 긍정적이고 유쾌한 유인성과 높은 수준의 흥분도 상태에서 활기차고 기분 좋게 거실에서 춤추며 돌아다닐 수도 있다.

행동은 또한 아이의 신체 예산 균형 상태를 잘 보여준다. 아이가 어릴 때 우리가 해야 할 가장 중요한 과제 중 하나는 아이에게 사랑을 충분히 베푸는 상호작용을 하여 아이의 신체 예산이 균형을 이루도록 도와주는 일이다. 아이가 왜 어떤 행동을 보이는지, 아이의 신체에 무엇이 필요한지 그 행동으로 알 수 있을까 하여 우리는 아이를 예리하게 관찰하고자 한다. 그렇다면 아이가 어떤 경험을 했을 때 그 비용을 어떻게 산정할까? 아이의 신경계 상태가 어떤지 추측하고, 평온하기 위해 얼마나 많은 에너지를 소비하는지 알아내기 위해 아이를 관찰해보자.

아주 쉬운 신경계 입문

인간의 몸에는 몇 가지 '신경계'가 있다. 중추신경계는 뇌와 척수로 구성되어 있다. 또한 말초신경계가 있으며, 여기에는 골격근의 움직임에 관여하는 체성신경계와 자율신경계가 포함된다.

자율신경계는 우리 몸이 항상성恒常性(생명체가 여러 가지 환경 변화에 대응하여 생명현상이 제대로 일어날 수 있도록 일정한 상태를 유지하는 성질)을 유지하도록 혈관과 땀샘 같은 장기와 장기 기능을 자동으로 조절한다. 자율신경계는 그 이름에서도 암시하듯 무의식적으로 기능하며 우리 의지대로 통제되지 않는다. 우리가 안전과 위협을 인식하면 그에 따라 반응하며 읽어낸 정보에 따라 어떤 행동을 할지 지시한다. 마지막으로 자율신경계는 교감신경과 부교감신경으로 나뉘며, 이들은 우리 장기에 서로 다른 영향을 준다. 이 장에서는 자율신경계에 집중하겠다. 자율신경계는 아이와 부모의 뇌-신체 경험에 따라 맞춤형 육아 방식을 만들기 위한 로드맵에 필요한 정보를 제공한다.

우리는 어떤 행동을 '좋은 행동' 혹은 '나쁜 행동', 아이들을 '품행이 바른 아이' 혹은 '버릇없는 아이', '예의 바른 아이' 혹은 '무례한 아이'로 구분해서 보는 일에 익숙하다. 물론 아이들은 이렇게 둘 중 하나로 규정할 수 없는 훨씬 더 복잡한 존재다. 아이들의 모든 행동은 반드시 의도적이거나 자발적이지 않다. 우리가 아이나 배우자에게 갑자기 폭발하듯 화를 낸 적이 있다면 그 말을 이해할 것이다. 하지만 우리 자신이나 아이가 왜 자제력을 잃었는지 생각해본 적이 있는가? 이미 논의했듯이 만일 주변 환경을 통제할 수 있고 안전하다고 느낄 때라면 하지 않을 방식으로 사람들을 움직이고 행동하게 하는, 즉 뇌와 신체가 고도의 도전이나 위협을 감지할 때 그런 일이 일어난다. 일부러 하는 나쁜 행동과 자율신경계의 급작스러운 변화로 인한 행동의 차이를 인식하는 것이 중요하다. 이 점을 알아두면 아이의 플랫폼에 따라 우리가 어떻게 반응해야 할지 결정하는 데 도움이 된다.

행동에 영향을 주는 뇌-신체 경로

다미주신경 이론에 따르면 우리 몸은 안전을 유지하기 위해 자율신경계의 두 가지인 교감신경과 부교감신경에 속한 세 경로를 통해 우리가 매 순간 겪는 경험에 반응한다. 두 경로, 즉 등쪽 미주신경 경로와 배쪽 미주신경 경로는 부교감신경에서 찾아볼 수 있다. 세 번째 경로는 교감신경계로 불린다. 각 경로는 본능에 따라, 즉 무의식적으로 우리가 어느 때든 감지하는 위협이나 안전 정도에 따라 우리 몸의 내부 반응과 행동을 지시한다. 경로마다 수용성과 접근성 범위가 다르며, 개방성에서 방어성에 이르는 범위도 다르다. 아이의 요구 사항에 적절하게 지지하고 반응하려면 이 세 가지 경로 그리고 부모와 아이가 어느 순간에 어떤 경로에 있는지 잘 알아둬야 한다. 이 과학 용어들을 외워야 하는지 걱정은 하지 마라! 핵심 개념을 쉽게 기억할 수 있게 다음 페이지부터는 간단한 명칭을 쓰겠다.

모든 인간은 어른이든 아이든 이 경로들을 가지고 있으므로 아이뿐 아니라 자신의 반응을 조사하는 데도 유용하게 쓰인다. 우리가 부모로서 쓸 수 있는 가장 중요한 도구는 관찰력이다. 우리는 아이 행동의 속뜻을 생각해보기도 전에 행동하는 일이 많다. 그 행동이 무슨 의미이며 어떤 단서를 주는가에 대해서는 깊이 생각하지 않고 행동을 관리하거나 바로잡는 데에만 집중한다. 판단을 내리지 않는 관찰자 입장이 되면 아이의 행동을 새롭게 인식하고 양육 관련 의사 결정을 충동적으로 내리는 일을 멈출 수 있다. 충동적으로 의사 결정을 하면 결과가 좋지 않을 때가 많다.

예를 들어 우리는 아이들이 얼마나 빠르고 급하게 몸을 움직이거나 말을 하는지 관찰할 수 있고, 아이들의 말투, 근육 움직임, 심장과 폐의 활동, 몸짓과 행동을 바탕으로 추론할 수도 있다. 이것들은 육아 방향을 잡기 위해 우리가 알아내고 모을 수 있는 매우 중요한 신호다. 특정한 양상을 보이는 아이의 행동, 즉 아이의 생리 기능 상태(난 이것을 '플랫폼'이라고 했다)에 대한 단서를 알려주는 행동을 찾아서 신빙성 있는 추측을 할 수 있다.

이제 우리는 자신을 보호해주는 세 가지 주요 자율 경로, 그리고 그 정보를 활용하여 육아 관련 결정을 내리는 방법에 대해 알아보자. 우리는 신체 움직임 속도, 표정과 몸짓, 목소리의 톤처럼 사람에서 관찰되는 것을 이용하여 자율신경계 상태를 추론할 수 있다. 모든 아이는 고유한 존재이며 우리는 아이들 각자의 신경계 상태를 알려주는 신호를 발견해야 한다. 간단히 말해 아이와 자신을 새로운 방식으로 속속들이 알아야 한다.

가까운 미래에는 핏빗Fitbit이나 스마트워치가 심장 박동 수를 측정하듯 자율신경계의 생리 활동을 측정하는 기술도 나올 것이다. 연구진들은 자율신경계가 활성화되었음을 알려주는 심장 박동 간격 변화(심박변이도)와 땀 때문에 발생하는 피부 전도도 변화를 포착하는 웨어러블 센서를 개발했다. 이 기기를 최초로 제작한 엠파티카Empatica라는 회사는 이미 임상 검증을 끝내고 FDA 승인도 받았다. 이 기기는 뇌전증 환자와 보호자들에게 중요한 통찰력을 제공한다.

하지만 아이를 잘 양육하는 방법을 알기 위해 복잡한 기술이 필요한 건 분명 아니다. 우리는 아이와 상호작용하며 옆에서 주의 깊게 관찰만 하면 된다. 세 가지 경로를 색상별로 구분하여 좀 더 자세히 살펴보자. 먼저 녹색 경로부터 시작하겠다.

녹색 경로

부교감신경계의 배쪽 미주신경 경로부터 시작하자. 다미주신경 이론은 이것을 사회적 관계 시스템이라고 설명한다. 간단히 '녹색 경로'라고 부르겠다. 이 경로에 있으면 사람들은 안전함과 다른 사람들과 어울리고 있다고 생각하며 주변 세상과 연결되어 있다고 느낀다. 신체가 안전을 인식할 때면 우리는 녹색 경로에 있다.

이 녹색 경로는 신체가 평온을 유지하도록 도와주며 다른 사람들과 쉽게 연결되도록 해준다. 녹색 경로에 있으면 사람들에게 연결되고 싶고, 의사소통하고 싶다는 신호를 보낸다. 이 녹색 경로는 아이가 학습 능력을 키우며 성장하게 하고 우리가 아이를 가장 잘 키울 수 있게 한다. 이 경로는 기뻐하고 즐겁게 놀며 생각하고 행동을 계획할 능력을 키워주며, 또 어느 정도 성장하면 감정과 행동을 통제할 능력도 갖추게 하기 때문이다.

녹색 경로에 있을 때 우리 행동은 신경계 상태를 알려준다. 녹색 경로는 상당히 풍부한 신체 예산을 반영하며, 우리와 아이들이 긍정적인 방식으로 함께 가장 잘 지내게 하는 수용성을 나타낸다. 물론 여기서 설명하는 단어와 행동은 일반 지침이며 임상 연구를 하며 관찰한 내용이다. 여기 소개된 단어와 행동 하나하나에 신경 쓰기보다는, 아이의 신경계 활성화 정도를 더 잘 알아내고 확실하게 추측하도록 함께 모여 있는 설명을 전체적으로 유의해서 봐야 한다.

녹색 경로에 있는 사람의 심리적 특징

안전함과 안정감을 느낀다 / 평온하다 / 마음이 편안하다 / 행복하다 / 기뻐한다 / 협조적이다 / 쾌활하다 / 세심하다 / 주의 깊다 / 민첩하다 / 집중을 잘한다 / 수용적이다 / 개방적이다 / 침착하다 / 열중하고 있다

녹색 경로에 있는 사람의 신체적 특징

- 집중을 잘한다.
- 이를 악물거나 주먹을 꽉 쥐지 않고 편안한 자세를 취한다.
- 호흡이 고르고 심장이 규칙적으로 뛴다.
- 목소리 톤이 단조롭지 않고 다양하다.
- 신체 반응이 적절하고 균형 잡혀 있다(몸동작이 너무 빠르거나 너무 느리지 않다).
- 미소를 짓고 얼굴 근육은 중립적이며 힘이 들어가 있지 않다.
- 눈동자는 초롱초롱하거나 반짝반짝 빛난다.
- 킥킥 웃거나 다른 방식으로 즐겁다는 표현을 한다.

아이들은 녹색 경로에 있으면 부모와 주변 환경을 잘 받아들인다. 안전하다고 느끼며 개방적이고 여유가 있다. 놀이를 즐기고 새로운 걸 시도하며 배우는 걸 기꺼이 받아들인다. 아이가 안전 지대comfort zone를 벗어나 잠재력을 발휘하도록 격려하고 싶다면 아이의 플랫폼이 최대한 수용적일 때가 가장 좋다.

부모인 우리가 녹색 경로에 있으면 직감을 믿고 아이를 인내심으로 대할 가능성이 크다. 감정을 더 잘 조절할 수 있으며 걱정에 휩싸이거나 미칠듯한 불안에 시달리거나 심장이 빠르게 뛰는 일 없이 충분히 생각하고 결정을 내릴 수 있다. 좀 더 희망에 차서 즐겁고 여유 있게 긍정적으로 살아가며, 아이와 주변 사람들에게 힘이 되어줄 수 있다. 다른 사람들과 더 자주 어울리고(만일 우리가 원한다면) 함께 있고 싶어 한다. 단 개개인의 차이를 이해하는 것이 중요하다는 점을 기억하라.

녹색 경로에 있으면 안전과 기쁨을 느낀다

아이에 맞춰 따뜻하게 조율하고 섬세하게 육아하면 아이의 플랫폼을 완전히 다시 구축할 수 있다. 그 혜택은 아이의 어린 시절과 그 이후로도 계속된다. 아이들은 이 녹색 경로에 있으면 안전하다고 느끼며, 자신이 좋아하는, 즉 소통하며 즐겁게 노는 활동을 한다.

갓난아기가 부모와 눈을 맞추거나, 이제 막 걸음마를 뗀 한 살배기 아기가 엄마의 응원을 기대하며 바라보고 있다고 상상해보라. 자기가 그린 그림을 자랑스럽게 보여주는 천진난만한 어린아이의 모습을 떠올려보라. 함께 산책하다가 학교에서 있었던 문제를 먼저 엄마에게 솔직하게 말해주는 여덟 살짜리 아이의 모습도 그려보라. 이 모든 일은 아이가 안전하다고 느끼고 녹색 경로에 있어서 아이의 사회적 관계를 뒷받침해줄 때 비로소 가능하다.

소아정신과 의사인 스탠리 그린스펀은 즐거운 놀이에 열중하는 아이들과 어른들은 "눈빛이 환하게 반짝인다gleam in the eye"라고 묘사했다. 나이에 상관없이 아이의 눈이 그렇게 반짝일 때, 아이의 얼굴에 침착한 표정이나 미소가 보일 때, 아이의 몸동작이 너무 빠르거나 느리지 않고 즐겁게 놀 준비가 되었을 때 우리는 아이가 녹색 경로에 있다는 걸 알 수 있다. 아이의 눈이 그렇게 환히 반짝이면 함께하는 부모도 똑같이 반짝일 것이다. 이렇게 녹색 경로에 있으면 기쁨과 안전을 느끼고 따뜻한 유대 관계를 경험한다.

부모가 할 일

아이와 함께 나눴던 가장 편안하고 즐겁고 기쁜 순간을 떠올려보라. 그 기억 속에서 떠오른 느낌에 주목하라. 어떤 활동이나 상황이 부모 혹은 아이의 눈을 환히 빛나게 하거나 유대감을 더 편히 느끼게 하는가? 그런 순간이 있었는지 기억해본다.

적색 경로

어느 누구도 녹색 경로에만 머무를 수는 없다. 인간은 반응하고 본능에 따르는 생명체이다. 인생은 끊임없는 변화와 예측할 수 없고 계속 대응해야 할 장애물과 도전으로 가득 차 있다. 따라서 녹색 경로는 '좋은 경로', 나머지는 '나쁜 경로'로 간주하는 건 별로 도움이 되지 않는다. 모든 경로는 다른 경로로 조정된다. 적색(매우 활성화된) 경로와 청색(움직이지 않는) 경로와 관련된 에너지 지출이 신체 예산에 더 크게 부담이 되더라도 우리는 온종일 어려운 문제와 도전에 직면하는 과정에서 각 경로를 여러 차례 순환하며 경험한다. 아이들이 녹색 경로가 주는 차분한 안정감으로 돌아갈 길을 찾는 데 우리가 언제 도와줘야 할지, 그리고 뒤로 물러나 아이들이 스스로 찾게 하는 건 언제가 더 좋을지를 우리가 결정한다는 사실이 중요하다. 그것은 균형을 잡아가는 절차다. 하지만 어떻게, 언제 도와줄지 그 공식을 이야기하기 전에 그 절차에 관해 조금 더 알아보겠다.

그 절차의 목표는 조절된 신경계를 갖추는 것이다. 신경계가 조절되면 우리는 녹색 경로가 주는 안전과 유대감에서 언제 분리되었는지 알아낼 수 있고 자율신경계의 다른 두 경로에 있다가 다시 녹색 경로로 되돌아올 방법을 찾을 수 있다.

위험! 적색 경로 진입! 도망쳐!

안전 감지 시스템이 너무 힘든 도전이나 위협을 감지하면 본능에 따라 무의식적으로 평온한 녹색 경로에서 좀 더 방어적인 적색 경로로 이동한다. 뇌과학 분야에서 사용하는 용어인 생물 행동 반응biobehavioral reaction은 감지된 위협으로부터 우리 자신을 보호하도록 서둘러 행동하라고 다그친다. 행동한다는 것은 거의 항상 어떤 움직임을 말한다. 입은 물론 몸 전체를 움직이는 것까지 포함한다. 움직임의 몇 가지 예를 들면, 화가 나서 정신없이 고래고래 소리치거나, 사람을 때리거나, 거칠게 밀거나 심지어 도망치는 행동도 포함한다. 위협을 감지한 사람은 안전하다고 느끼기 위해 신체 내부가 활성화되어 움직이고 싶다는 욕구를 강하게 느낀다.

안전 감지 시스템이 위협을 감지하면 우리는 녹색 경로에서 벗어난다. 그 과정에서 행동과 감정 통제를 하지 못할 수 있다. 우리는 무의식적으로 교감신경계라는 적색 경로로 들어서서 '투쟁 혹은 도피 행동fight-or-flight behaviors'을 일으킨다. 비디오 게임을 그만하고 저녁을 먹으라는 부모의 말에 불만으로 가득 차 큰소리로 욕을 퍼붓고 쿵쾅거리며 방을 나가버린 루카스의 행동이 투쟁 혹은 도피 행동의 한 예다.

적색 경로에 있는 사람의 심리적 특징

화가 나 있다 / 공격적이다 / 적대적이다 / 파괴적이다 / 말을 듣지 않는다 / 반항한다 / 버릇이 나쁘다 / 울고불고 떼를 쓴다 / 지나치게 활동적이다

/ 따지기 좋아한다 / 압박감을 느낀다

적색 경로에 있는 사람의 신체적 특징

- 집중력이 강하지만, 집중할 수 있는 범위가 좁거나 집중 시간이 짧고 주의가 계속 산만하다.
- 달아나거나 계속 몸을 움직이거나 전보다 더 자주 움직이려 하고 그 자리에서 빠져나오려 한다.
- 빠르고 불규칙하거나 충동적으로 움직인다.
- 때리고 공격하고 발로 차고 침을 뱉고 점프하거나 물건을 던진다.
- 호흡이 얕거나 가빠지거나 불규칙한 패턴을 보인다.
- 심장 박동이 빨라진다.
- 목소리가 고음이거나 크고 적대적이고 거칠거나 날카롭다. 웃음을 참지 못한다.
- 두 눈을 꼭 감거나 크게 뜬다.
- 긴장해서 얼굴 근육이나 턱이 굳어 있다.
- 표정이 다양해지거나 억지 미소를 짓는다.

적색 경로에 있는 아이는 설득이나 요청 사항을 잘 받아들이지 않으며 행동이 통제되지 않는 특징이 있다. 심하지 않다면 아이가 중간 정도의 어려움을 겪으며 야단법석을 피우거나 징징거리거나 불평불만을 늘어놓거나 지시를 따르기를 거부하는 수준에서 그칠 수 있다. 좀 더 극단적인 예를 들면 아이는 울고불고 떼쓰거나 다른 아이나 어른을 때리고 도망칠 수도 있다. 눈 깜짝할 사이에 녹색 경로에서 적색 경로로 바뀌기도 하므로 기분과 행동 변화가 굉장히 빠르게 진행될 수 있다.

육아의 어려움은 대부분 적색 경로에서 일어난다. 갑자기 촉발되어 '참지 못하고 버럭 화내는', 즉 돌아서면 후회할 행동과 말을 할 때가 바로 적색 경로에 있을 때다. 적색 경로에 있으면 우리도 모르는 사이에 가혹하거나 상대방을 무시하거나 상처 주는 말이 튀어나오며 아이를 심하게 훈육해야 한다고 생각할 수도 있다. 평소 같지 않은 행동이나 말을 하고 온몸에 열이 확 오르거나 심장이 갑자기 빨리 뛰거나 손바닥이 땀으로 젖거나 뱃속이 뒤틀리는 것 같은 신체 증상이 나타날 수도 있다. 뇌과학자인 베셀 반 데어 콜크Bessel van der Kolk는 저서 『몸은 기록한다』에서 그 현상을 이렇게 간략히 설명했다. "우리는 몸과 마음으로 스트레스를 동시에 느낀다."

적색 경로는 한마디로 인간이 맹수에게 잡아먹히려 할 때 맞붙어 싸우거나 재빨리 도망쳐 위험한 상황에서 탈출하도록 도와주는 '가동화mobilization' 경로다. '투쟁 혹은 도피fight or flight'라는 말은 여기서 나왔다. 안전 감지 시스템이 우리에게 위협에 대처해야 한다는 신호를 보내면 이 경로가 우리 몸을 장악한다. 안전 감지 시스템의 작동 여부는 사람마다 서로 다른 반응에 달려 있으므로, 루카스가 그랬던 것처럼 아이들은 누가 봐도 안전한 상황에서 투쟁 혹은 도피 행동을 보일 때도 있다. 앞 장에서 소개한 랜디처럼 가족이 이사한 뒤 갑자기 자기 방에서 혼자 잠들기 힘들어했던 경우도 여기에 해당한다. 랜디는 마음속으로는 안전하다는 걸 알지만, 랜디의 안전 센서는 그 현실을 받아들이는 데 시간이 걸렸다. 아이를 지지하는 방법을 알아내는 지표는 반드시 어떤 상황에 대한 객관적인 평가가 아니라, 아이의 몸이 반응하는 방식과 그 상황이 아이의 신체 예산에 요구하는 대가다.

부모가 할 일

부모나 아이가, 아니면 둘 다 적색 경로에 있었을 때를 떠올려보라. 그때 아이의 몸과 표정이 어떻게 보였는지 상기해보자. 그 상황에 대처하려 애쓰는 동안 몸에는 어떤 느낌이 들었는지 기억해보라. 너무 오랫동안 생각하지 말고 그때 몸에 어떤 느낌이 들었는지 기억해낼 정도로만 하되 아이나 자기 자신을 비판하지는 마라. 몸의 반응을 관찰하는 일은 아이가 다시 녹색 경로로 돌아가도록 도와주는 데 꼭 필요하며, 적색 경로로 들어섰던 순간을 다시 떠올리는 건 이런 감각과 감정이 표면화될 때 무엇을 해야 하는지 알려주는 첫걸음이다.

우리는 모두 적색 경로에서 생각하고 행동하거나 말할 때가 있다. 인간이라면 누구나 겪는 일이다. 무엇인가에 촉발되어 감정이나 행동을 통제할 수 없는 상황에 어쩔 수 없이 빠지기도 한다. 이런 상태를 벗어나는 비결은 무슨 일이 벌어지는지 연민 어린 마음으로 인식하고 녹색 경로를 향해 가능한 한 빨리 현실적으로 경로를 수정하는 것이다.

적색 경로에서의 행동은 '나쁜' 행동이 아니다

적색 경로에 들어온 아이는 행동을 효과적으로 조절하거나 통제하지 못한다. 그러나 이때도 아이의 신체와 뇌는 아이를 보호하고 있다. 그에 따른 행동은 우리에게 부정적으로 보일 수 있지만, 이 관점에서 보면 그 행동 역시 아이 자신을 보호하려는 것이다.

이 사실을 이해하면 아이의 파괴적인 행동을 다르게 인식하는 데 도움이 된다. 우리는 아이가 적색 경로에서 보이는 행동을 '나쁜 행동'으로 여기는 대신, 사실은 아이의 취약성을 나타내며 고의적이거나 무례하다기보다는 본능에 따라 움직임으로써 자신을 보호하려는 행동이라고 생각할 수 있어야 한다. 이것은 1장에서 설명했던 자신을 보호하는 상향식 행동이다.

아이가 적색 경로에 해당하는 행동을 하면 우리는 육아 방식을 조정해야 한다. 적색 경로에 들어선 아이들은 매우 동요하고 있으므로 제대로 생각하거나 행동할 수 없다. 그러므로 적색 경로에 있는 아이를 체벌하면 오히려 역효과를 낳는다. 적색 경로에 있는 아이는 외부 자극을 수용하지 않고, 자신을 방어하는 데 급급하며, 신체 예산의 자원을 빠르게 소비한다. 적색 경로에 있으면 많은 자원을 소모하기는 하지만, 목적 달성에는 분명한 도움이 된다. 이때의 '목적'이란, 흔히 생각하는 것처럼 어떤 상황에서 벗어나거나 무엇인가를 얻어내려는 게 아니다. 그 목적은 안전하게 살아가고 생존하는 것이다. 체벌하면 아이는 적색 경로로 더 깊이 들어갈 뿐이다. 혹은 세 번째 경로로 진입할 수도 있으며 이 내용은 뒷부분에서 다시 설명하겠다.

다시 말하지만, 아이의 안전 감지 시스템을 작동시키는 계기는 반드시 아이의 환경에 닥친 진짜 위험만은 아니다. 아이의 신경계는 해롭지 않은 것을 위협으로 인식할 때도 있다. 루카스 사례에서 봤듯이 하던 일을 그만두고 저녁 먹자는 말처럼 아주 타당한 요구를 위협으로 간주하기도 한다. 객관적으로 아무리 안전하더라도 아이의 몸은 말이나 논리가 도저히 통하지 않는 활성화 상태로 변할 수 있다.

이런 반응에는 생리학적인 이유가 있다. 적색 경로에 들어서면 아이들은 사람 목소리를 잘 구별하지 못한다. 적색 경로에서는 교감신경계가 최고조로 활성화되면서 사람 목소리의 뉘앙스를 잘 알아듣지 못하고, 낮은 주파수와 고압적인 소리를 더 잘 듣게 된다. 아이들이나 어른들이 극도로 활성화된 상태가 되면 다른 사람의 말을 듣지 않는 것 같은 때가 많은데, 바로 이 때문이다. 사람 목소리를 알아듣고 파악하는 능력이 제대로 기능하지 못하는 것이다.

심지어 이렇게 촉발된 상태에서 타인의 표정마저 잘못 읽기 쉽다. 아이는 적색 경로에 있으면 무표정한 얼굴을 화난 얼굴로 받아들여 안전 감지 시스템이 방어적인 태도를 활성화할 수 있다. 그것이 바로 루카스가 적색 경로에 들어서자 부모가 말로 설득하거나 대화 자체가 불가능했던 이유다. 루카스는 논리적으로 판단하거나 말을 듣지 않고 뛰쳐나갈 태세였다.

적색 경로의 행동 특징을 설명하는 단어 리스트를 다시 한번 살펴보라. 틀림없이 그중에서 많은 단어는 아이가 일부러 저지르는 '못된 행동'으로 해석될 것이다. 부모들은 아이가 의식적으로 자기 행동을 조절하여 행동했다는 생각이 들면 대부분은 따끔하게 혼내거나 그렇게 하지 말라고 가르치려는 경향이 있다. 우리는 본능에 따라 최대한 빨리 아이의 문제 행동을 교정하고 싶어 한다. 아이가 버릇없이 행동하기를 원하지 않으며 아이를 잘 키우고 싶어 한다.

친척의 생일 파티에 갔을 때 일이다. 긴장을 풀고 쉬고 있는데 갑자기 세 살배기 내 딸이 다섯 살 된 사촌의 어깨를 깨물었다. 내 아이의 적색 경로 행동을 처음으로 목격한 순간이었다. 깜짝 놀라 당황한 나는 자리에서 벌떡 일어나 딸에게 하지 말라고 소리를 질러 아이를 울려버렸다. 다른 아이를 깨물면 안 된다는 걸 딸아이는 분명 잘 알 텐데 왜 그랬는지 알지 못한 나는 크게 당혹했다.

그때 내가 깨닫지 못했던 건 딸아이와 내가 차례로 적색 경로에 들어왔다는 사실이었다. 딸이 다른 아이를 깨문 건 일부러 그런 게 아니라 딸의 안전 감지 시스템이 위협을 감지하여 자연스럽게 나온 행동이었다. 그 당시 나는 딸의 신경계가 이런 행동을 무의식적으로 '선택'했다는 걸 알지 못했다. 그건 미리 마음먹었던 나쁜 행동이 아니라 자기도 모르게 나온 스트레스 반응이었다. 내가 당시 몰랐던 건 딸의 몸이 환경 변화, 특정 소리와 음량에 심하게 과민반응하는 경향이 있다는 사실이었다. 따라서 처음으로 참석한 시끌벅적한 생일 파티에서 딸은 그만 움츠러들어 녹색 경로를 벗어나 적색 경로에 이르렀던 것이다.

그 결과는 어땠을까? 딸의 몸은 자기와 가장 가까이 있던 걸 공격했고, 하필이면 죄 없는 사촌이었다. 딸이 사촌을 깨무는 것을 보자 나

역시 적색 경로로 들어섰다. 뇌-신체 연결 개념을 그 당시에 알았더라면 나는 딸에게 소리를 질러 창피를 줌으로써 딸의 안전 감지 시스템이 더 큰 위협을 감지하게 하지는 않았을 것이다. 우린 둘 다 제정신이 아니었다.

적색 경로의 대부분 행동이 알고 보면 고의적인 불복종이 아니라 아이의 취약성 그리고 아이가 자신을 보호하려는 투쟁 혹은 도피 반응이다. 도움의 필요성을 알리는 신호라는 사실을 이해하면 우리에게 도움이 되는 육아 전략의 새로운 영역으로 진입할 수 있다.

청색 경로

적색 경로는 몸의 움직임과 관련이 있지만, 배쪽 미주신경 경로, 즉 청색 경로는 그와 반대다. 사람은 도저히 감당할 수 없으면 세상과의 연결과 만남을 끊어버리고 에너지를 보존한다. 우리는 어떤 사람이 청색 경로에 있으면 그 사람이 다른 이들과의 접촉과 활동에 참여하기를 거부하는 모습을 직접 보고 듣고 느낄 수 있다. 루카스는 청색 경로로 들어설 때가 가끔 있었다. 기분이 '멍하다고' 부모님에게 말한 뒤 침대에 몇 시간씩 누워 있곤 했으며 가족과 친밀하게 지내는 걸 거부했고 왜 그러냐는 질문에는 대답하고 싶지 않다고 했다.

청색 경로에 있는 사람의 심리적 특징

슬프다 / 느리다 / 무표정하다 / 거리를 둔다 / 내향적이다 / 쌀쌀맞다 / 냉랭하다 / 멍하다 / 무관심하다 / 자리를 피한다 / 절망적이다

청색 경로에 있는 사람의 신체적 특징

• 움직임이 굼뜨고 잘 움직이지 않는다.
• 자세가 구부정하며 아무 목적 없이 돌아다닌다.
• 겉으로 보면 졸린 것 같거나 마음이 붕 뜬 것처럼 보인다.
• 주변 탐색이나 놀이를 거의 하지 않으며, 호기심도 보이지 않는다.
• 심장 박동과 호흡이 느리다.
• 억양이 거의 없이 단조로운 목소리로 말하거나 차갑고 힘없이 슬픈 어조로 말한다.
• 힘없는 눈으로 아래만 내려다보거나 다른 사람들과 눈을 맞추려 하지 않는다.
• 무표정하고 웃지 않는다.

가끔 세상과 단절된 것 같거나 일이 손에 잡히지 않는 순간이 있다. 아이도 때때로 타당한 이유로 혼자 조용히 재충전하고 싶어 할 때가 있다. 우리는 이런 행동을 충분히 예상할 수 있다. 이미 앞에서 봤듯이 이 행동은 아이의 변화하는 플랫폼에 따라 변하며, 고독을 즐기려는 우리의 욕구는 각자 다르기 때문이다. 경로들은 모두 변화하므로 대부분은 가끔 청색 경로에 있더라도 계속 거기에 머물지는 않는다. 하지만

청색 경로의 극단에 내몰린 사람의 신경계는 매우 높은 수준의 위협을 감지하므로 에너지를 필사적으로 보존한다. 이 경로에 있는 아이들과 어른들은 공허함에 시달리고 우울하며 절망하거나 상실감에 빠져들고 신체 예산에 많은 예금을 필요로 한다.

하지만 청색 경로에 있는 아이는 매우 독립적이거나 침착하게 보이기도 하므로 사람들이 이 경로를 스트레스와 항상 연관 짓지는 않는다. 사실, 아이는 청색 경로에 있어도 녹색 경로에 있는 듯이 보이기도 한다. 침착한 아이와 청색 경로에 있는 아이의 차이를 구별하는 가장 기본적인 방법은 아이가 부모와 유대 관계를 맺으며 자신의 세계를 탐색하고 놀이를 즐기는지를 확인하는 것이다.

사람들은 대부분 기분이 가라앉거나 어떻게 해야 할지 잠시 막막할 때가 가끔 있지만, 아이가 너무 오랫동안 단절된 상태로 지내며 그렇게 자신만의 세계에 갇혀버린 듯하면 걱정해야 한다. 이것은 아이가 위안을 얻고 사람들과의 관계에서 의지할 곳을 찾기 위해 자기를 더 지지해달라는 신호다.

부모가 청색 경로에 있으면 공허해지거나 인간관계가 단절되거나 혼란스럽거나 일이 손에 잡히지 않거나 생각 혹은 행동할 수 없거나 심지어 몸이 마비된 듯한 느낌을 받을 수 있다. 그건 다른 사람들과 다시 연결되도록 빨리 뭔가를 해야 한다는 신호다. 신체 예산에서 인출이 상당히 많이 이루어졌다는 신호이기도 하다. 우리 아이들은 부모가 정상적으로 생각할 수 있는 정신 상태와 자기들의 요구 사항에 반응할 수 있는 신체를 갖추기를 원한다. 부모 혹은 아이가 한 번에 몇 주 혹은 몇 달씩 주변과 단절되거나 절망하거나 자포자기해 지낸다면, 인간이 가진 가장 중요한 동력원인 가까운 이들과 서로 연결될 방법을 찾도록 전문가의 도움을 구한다.

부모가 할 일

부모 혹은 아이가 주변과 단절된 느낌, 즉 '울적한' 기분이 들었던 때를 떠올려보라. 그때 느꼈던 기분이나 마음속 생각을 기억하는가? 이 고통을 의식적으로 기억해내는 건 심적으로 힘들 수 있지만, 아주 잠시만이라도 그렇게 하면 무엇을 찾아야 하는지 알아내는 데 도움이 된다. 인간이라면 누구나 이렇게 느낄 수 있지만, 다행히 사람들 대부분에게 그 느낌은 오래가지 않는다.

예를 들어 루카스는 자기만의 세계에 오랫동안 칩거하는 일은 드물었다. 루카스의 플랫폼은 쥐죽은 듯 가만히 있기보다는 주로 소리를 지르고 자기 방으로 뛰어 들어가는 행동을 택했다. 부모들은 아이의 적색 경로 행동에 대처하기 힘들어하지만, 아이는 좌절한 상태여도 다른 사람들과 관계는 유지한다.

청색 경로 행동은 자포자기하는 쪽에 가깝다. 언젠가 적색 경로에 들어선 아이가 '화를 버럭' 내는 모습을 보게 된다면 아이의 신경계가 스트레스에 강력하게 반응하는 방식을 보고 차라리 놀라워하는 게 도움이 될 수도 있다. 파괴적인 행동을 '나쁜 행동'으로 보는 대신, 우리는 그 행동을 통해 아이의 신경계가 스트레스에 적극적으로 반응하고 대처하면서 많은 에너지를 소비하고 있다는 걸 알 수 있다는 사실에 감사해야 한다.

혼합된 경로

자율신경계의 세 가지 상태를 설명하는 데 뚜렷한 색상 경로가 도움이 되지만, 실제로는 그보다 더 복잡하다. 일부 연구진은 다양한 경로가 어떻게 뒤섞이거나 겹치는지 주의 깊게 연구하고 있다. 예를 들어 명상할 때는 청색 경로와 녹색 경로가 혼합되어 있다. 명상하는 사람은 상대적으로 몸을 움직이지 않아도 안전하다고 느낀다. 따라서 명상은 두려움 없는 정지 상태의 한 예다. 연구에 따르면 이렇게 고요하고 안전한 상태가 건강에 좋으며 신체 스트레스를 줄여준다. 안전 경로에 존재하는 정서적 고요함의 형태는 마음 챙김mindfulness, 기도와 요가 등으로 다양하게 나타난다.

놀이 역시 녹색과 적색 경로가 같이 작용하는 혼합 상태일 가능성이 크다. 8장에서는 놀이가 어떻게 뇌를 운동하게 하고 아이들의 정서적 어려움을 해결하도록 도와주는지 설명한다.

겉으로는 조용하거나 잔뜩 굳어 보이는 아이가 사실 몸속에서는 심장 박동이 증가하고 적색 경로에 있을 때 작동하는 여러 특징이 활성화될 수도 있다. 나는 학교에서 다양한 수준의 불안과 과잉 각성을 보이는 아이들에게서 이런 상태를 많이 관찰했다. 그 아이들은 겉으로 보기엔 '착한' 학생으로 보일 수 있지만, 아이들의 내면은 상당히 활성화되어 있고 불안정하다. 그 아이들의 플랫폼 역시 겉으로는 괜찮아 보여도 취약하다. 그런 아이들은 집에서만 파괴적인 행동을 보일 수도 있어 부모는 아이가 학교에서 '모범생 같은' 행동을 한다는 교사의 말을 듣고 당혹해하기도 한다.

가끔은 아이가 학교에서 자신의 몸이 안전하다고 느끼지 않는다는 걸 부모는 알아도 교사들이 그걸 알고 놀랄 때가 있다. 이렇게 과잉 각성한 '혼합된' 경로에 있는 아이들은 매우 고분고분하게 행동하므로 사람들은 쉽게 눈치채지 못한다. '품행이 바른 아이' 혹은 '말을 잘 듣는 아이'는 녹색 경로에 있으며 안전하다고 느낀다고 섣불리 판단해서는 안 된다. 아이가 위협을 감지하고 있지만 그 위협에 대해 말하거나 보여주지 못할 수도 있다. 내면에서 어려움을 겪고 있어도 우리는 그걸 알아채지 못한다. 그러므로 아이의 얼굴과 목소리 톤, 자세 그리고 놀이 욕구 등 전체적으로 자세히 살펴야 한다. 편하게 대화하며 아이가 몸속으로 느끼는 감각을 부모에게 자연스럽게 알려주도록 충분히 안전하다고 느끼게 해주는 것이 좋다.

서로 뒤섞인 자율 경로들의 복잡하고 미묘한 차이까지 알 필요는 없지만, 그런 조합이 가능하다는 걸 알아두기만 해도 아이에게 무엇이 필요한지 더 잘 이해할 수 있다. 학자들이 앞으로 더 많이 밝혀내겠지만, 지금 시점에서 중요한 건 아이의 스트레스 유발 요인이 무엇인지를 알아두는 것이다. 적색 경로와 청색 경로, 혹은 그 두 가지가 혼합된 경로에 아이가 들어섰다는 확실한 지표를 확인하면, 아이가 더 나은 도전 지대를 찾기 위해 우리가 옆에서 도와주고 지지해주기를 바란다는 신호로 해석한다. 스트레스 대처에 필요한 유연성과 역량을 키울 수 있게 아이는 부모가 정신적으로 더 많은 힘이 되어주고 안정감을 주거나 자신의 환경을 조금 바꿔주기를 원할 수도 있다.

모든 경로에 대비하라

'부정적인' 행동이란 아이의 생리적 현상이 몸으로 나타나는 것이라고 재정의하면 아이에게 더 많은 연민을 느낄 수 있다. 또한 힘든 상황에 대처하느라 좌절한 상태에서 다시 안전감을 느끼기 위해 아이와 부모가 무엇을 해야 할지 제대로 인식할 수 있다. 뇌가 주로 하는 일이 신체 예산 유지이며 생존하기 위해 운영되는 이 과정이 모든 경로의 기반이 된다는 걸 알면 그 경로들을 찬찬히 살펴볼 수 있다. 하지만 적색 경로와 청색 경로는 신체 예산이 치러야 하는 대가가 너무 크기 때문에 우리는 아이들이 그 두 가지 경로에 너무 오랫동안 머물지 않게 신경 써야 한다.

인간의 신경계, 즉 아이들과 우리 자신의 신경계는 유동적이면서도 역동적이다. 녹색 경로에 있을 때 우리는 인생에서 최상의 '결과'를 만들어낼 가능성이 크긴 하지만, 신경계들은 여러 경로를 지나며 순환한다. 이 경로들이 모두 신경계 안에서 한 가지 목적을 수행한다는 걸 알면 우리가 왜 부모로서 가끔 후회할 행동을 하거나 죄책감을 느낄 말을 꺼내는지 이해하는 데 도움이 된다.

우리는 본능에 이끌려 옳다고 생각되지 않는 방향으로 향할 때가 있다. 만약 어떤 목적이 있어서라기보다 그저 반발하고 있다는 생각이 들면 자기 연민의 마음을 가져라. 그러고 나서 자신의 행동 그 이상으로 무엇이 폭발적으로 반응하는 계기가 되었는지 찾아보라. 5장에서 그 계기에 대해 차근차근 알아보겠다.

부모의 죄책감은 상당히 파괴적일 수 있고 우리 자신을 나쁘게 생각하는 건 더 좋은 부모가 되거나 신체 예산을 두둑하게 채우는 데 전혀 도움이 되지 않는다. 뇌-신체 연결을 충분히 이해하여 죄책감을 줄이고 육아 과정에서 맞닥뜨리는 힘든 상황에 만반의 대비 태세를 갖출 힘을 얻기를 바란다.

실천하기

아침에 잠에서 깨면 어떤 색상 경로에 있는가? 불안하고 스트레스를 받고 있는가(적색 경로)? 사람들과의 관계가 단절된 느낌인가(청색 경로)? 기분이 꽤 좋고 오늘 하루를 힘차게 시작할 준비가 되었는가(녹색 경로)? 자신이 어떤 상태인지 판단하지 말고 관찰하라. 판단하지 않고 신경계 상태를 인지하는 것이 첫 번째 단계이다. 그렇게 하면 다음에 할 일을 계획하는 데 도움이 된다. 자신의 신체에 무엇이 필요한가? 그 필요를 충족할 실질적인 방법은 무엇인가?

신체 예산을 알려주는 색상 경로 활용법
———

색상 경로를 활용해 우리는 아이들이 받는 스트레스 규모를 파악하고 아이에게 적합한 최적의 도전 지대를 찾아내도록 도와줄 수 있다. 아이들과 상호작용하여 사랑을 베풀면 자신의 신경계에서 아이들의 신경계로 예금이 된다. 이것은 많은 스트레스에 시달리고 적색 신경계,

청색 신경계에 그동안 너무 자주 혹은 오랫동안 머물렀던 아이들을 도와준다.

아이의 신체 예산이 고갈되고 있다면 훈육이나 가르침이 필요한 게 아니라 도움이 필요하다는 신호다. 그럴 때 아이에게 새로 도전해보라고 하거나 새로운 걸 배우라고 요구하는 것은 좋지 않다. 어떤 것을 하든 아이의 신진대사는 큰 비용을 치를 것이다.

가능하다면 우리는 아이들이 방어적이고 적대적이며 그 자리에서 벗어나려는 적색 경로 혹은 사람들과 단절된 곳에 혼자 있으려 하는 청색 경로 대신, 녹색 경로에서 깨어 있는 시간 대부분을 보내길 원한다. 아이가 적색 경로나 청색 경로, 혹은 그 두 가지가 혼합된 경로에 너무 오래 있으면 우리는 아이에게 개입하여 아이와 유대감을 쌓고 버팀목이 되어줌으로써 아이가 안전한 녹색 경로로 가능한 한 빨리 돌아가도록 도와줄 수 있다. 아이가 각 색상 경로별로 얼마나 오래 있는지 표로 작성해두면 도움이 된다.

앞서 이야기한 각 색상 경로별 특징을 간략히 요약하면 다음과 같다.

- **녹색 경로:** 차분하다 / 민첩하다 / 협조적이다
- **적색 경로:** 몸을 움직인다 / 호전적이다 / 도망친다
- **청색 경로:** 사람들과 단절되어 있다 / 접촉을 피한다 / 의사소통하지 않는다 / 아무것도 하지 않기로 작정했을 수도 있다
- **적색·청색 혼합 경로:** 과잉 각성 증상을 보인다 / 불안하다 / 겉으로는 침착해 보이지만 속으로는 활성화되어 있고 불안정하다

• 그 외 혼합 경로: 아이를 관찰하여 추론할 수 있다

아이가 어떤 색상 경로에 있는지 결정하는 것 외에도, 우리는 아이의 뇌와 신체가 요구 사항들을 어떻게 처리하는지 자세히 알려주는 세 가지 요소를 측정하여 아이가 얼마나 자주, 강하게, 그리고 오랫동안 스트레스 상태에 있는지 표로 나타낼 수 있다.

왜 그렇게 해야 할까? 아이가 머물렀던 색상 경로의 강도, 빈도, 지속 기간 모두 아이의 고통 수준을 측정하는 데 필요한 주요 사항이기 때문이다. 이를 파악하면 아이를 도울 방법을 찾을 수 있다. 짜증 내며 징징 우는 아이와 데굴데굴 구르며 떼쓰는 아이의 차이를 잘 생각해 보라. 아이의 신경계가 겪는 고통이 얼마나 주관적인지는 아이에 따라 다르다. 징징 우는 어린아이는 적색 경로에 완전히 들어오지는 않고 어쩌면 연한 적색 경로에 들어섰을 수 있다. 짜증 내는 어린아이의 몸은 타격을 받아 피곤해졌지만 견디는 중일 수도 있다. 아이는 심한 고통에 빠진 상태가 아니다. 하지만 그 아이 혹은 그런 비슷한 문제를 안고 있는 어떤 아이든 일단 자제력을 잃고 얼굴이 빨개진 채 소리를 지르고 땅에 엎드리는 등 전혀 달랠 수 없는 상태라면 그건 더 높은 수준의 고통이며 아이의 신체 예산은 더 큰 비용을 치러야 한다.

부모가 할 일

어떤 활동 또는 상황이 다른 경로를 촉발했는지, 언제 발생했는지, 얼마나 지속했는지, 얼마나 강렬했는지를 추적하기 위해 아이의 행동 패턴을 살

펴본다. 이렇게 하면 아이에게 맞춰 적정한 수준으로 지원하는 방법을 찾아낼 수 있고, 아이의 내면에서 무슨 일이 벌어지는지 알아내는 데도 많은 도움을 받을 수 있다. 아이가 거쳐간 색상 경로와 고통의 수준을 측정해보는 주간 기록표를 만들어보자. 그때 부모의 색상 경로와 고통은 어땠는지도 함께 기록하자.

- 날짜/요일:
- 시작 시각:
- 종료 시각:
- 무슨 일이 일어났는가?
- 아이는 무슨 색 경로에 있었는가?
- 아이가 느끼는 고통은 1에서 5까지 중에서 어느 수준이었는가? (1은 가벼운 고통, 5는 극심한 고통)
- 당신은 무슨 색 경로에 있었는가?
- 당신이 느끼는 고통은 1에서 5까지 중에서 어느 수준이었는가?

아이가 각 경로에 머무는 시간은 나이와 발달 단계에 따라 달라진다. 어린아이들은 신체 예산 조절을 부모에게 완전히 의존하므로 당연히 적색 경로에 있는 시간이 더 많고 수면 시간도 더 길다. 걷기 시작한 유아들은 발달 단계가 서로 천지 차이다. 더 상세한 지침을 수립하려면 생리학적인 연구가 수반되어야 하지만, 5세 이상 어린아이들은 정황상 깨어 있는 시간의 최대 약 30퍼센트 정도가 적색, 청색 혹은 그 두 가지가 혼합된 경로를 거치리라 예상된다.

버릇없는 행동 vs. 플랫폼이 취약할 때 행동

아이의 행동을 신경계 경로라는 개념으로 바라보면 아이가 일부러 저지르는 버릇없는 행동과 플랫폼이 취약해 도움이 필요하다고 알리는 행동 사이의 차이를 알아볼 수 있다. 우리 문화에서는 일반적으로 아이의 행동을 '좋은 행동' 혹은 '나쁜 행동', '말을 잘 듣는 행동' 혹은 '말을 듣지 않는 행동'으로 이분화하여 해석한다. 이렇게 제한된 관점으로만 보면 아이를 통제하거나 벌주는 것 말고는 할 수 있는 선택의 여지가 거의 없다.

문제는 아이에게 벌을 주거나 통제하면 아이는 안전하다고 느낄 수 없다는 점이다. 신경계 깊은 곳에서 발생하는 스트레스성 행동과 고의적인 나쁜 행동을 구분할 수 있으면 우리는 아이들에게 좀 더 연민을 갖고 따뜻하게 대할 수 있다. 그 차이를 알면 아이의 나쁜 행동을 해결하는 데 도움이 될 새로운 육아 방법을 이용할 수 있다.

아이가 한계를 시험하거나, 아장아장 걷는 아기가 전기 콘센트를 만지려는 것처럼 위험한 행동을 하거나, 교칙을 위반하여 휴대전화를 몰래 갖고 등교하는 것처럼 일부러 나쁜 행동을 하거나 행동 교정이 필요할 때는 애정을 갖되 아이에게 허용되는 행동 한계를 명확히 알려줘야 한다. 아이들에게 가장 중요한 선생님은 부모이기 때문이다. 하지만 아이가 적색 경로 혹은 청색 경로에 있을 때 하는 행동을 보이면 아이의 플랫폼이 취약한 상태임을 알아채야 한다. 우리는 아이와 유대 관계를 강화하고 벌을 주지 않음으로써 아이가 다시 녹색 경로로 돌아가도록 하는 일을 최우선으로 한다.

이렇게 뇌-신체 연결의 관점으로 아이의 행동을 세심하게 살핌으로써 아이를 언제 안정시켜야 하고 또 기다려줘야 하는지, 아이에게 언제 가르침이 필요하고 방향 전환을 해야 하는지, 그리고 아이가 안전하다는 느낌과 부모에 대한 신뢰로 다시 연결되기를 언제 요구해야 하는지 알아낼 수 있다.

녹색 경로로 돌아가는 3단계 체크인

한때는 나도 다른 부모들처럼 아이에게 잠시 방으로 들어가 스스로 생각할 시간을 갖게 하는 '타임아웃' 방법을 많이 썼다. 지금도 많은 부모들이 아이들을 훈육하기 위해 타임아웃을 자주 활용한다. 하지만 신경계와 관계 신경과학을 공부하고 나자 타임아웃은 아이와 부모의 플랫폼을 최적의 상태로 만들어주지 않으며, 아이가 적색이나 청색 경로를 벗어나 녹색 경로로 진입하는 데도 도움이 되지 않는다는 사실을 깨달았다.

타임아웃은 근본 원인보다는 겉으로 드러나는 행동 교정을 목표로 한다. 그 방법은 방금 잘못된 행동을 해서 기분이 좋지 않거나 불안해하는 아이를 잠시 혼자 둠으로써, 분리된 상태에서 부모의 가르침을 다시 한번 생각해보고 뭔가를 깨우치리라고 가정한다. 하지만 앞서 설명했듯이 아이의 플랫폼 상태에 따라 그 가정은 맞을 수도 틀릴 수도 있다.

그러면 이제 타임아웃의 대안인 '**체크인**check-in'에 대해 알아보자.

체크인의 3단계

1. 나의 색상 경로를 확인하라(내 기분은 어떤가).

2. 아이의 색상 경로를 확인하라(아이의 기분은 어떤가).

3. 아이에게 맞춘 따뜻한 공감 전략을 실행하라.

아이가 마음의 평온을 찾도록 도와주는 데 핵심 역할을 하는 것은 부모 혹은 아이를 돌보는 어른이다. 그러므로 우리 자신부터 체크인하는 일부터 시작된다. 부모가 아이와 의사소통할 때 아이는 먼저 비언어적인 면에서 안전이나 위협을 감지하므로, 우리는 이렇게 자기 자신부터 체크인한다. 처음에는 말하는 방식이 말하는 내용보다 더 중요하다. 통제 불능의 아이와 소통하려 애쓰는 통제 불능의 어른이 엄청난 불행을 몰고 온다는 걸 대부분 잘 알고 있다. 그러니 먼저 자신의 수용성이나 취약성 정도를 나타내는 색상 경로가 무엇인지부터 체크인한다. 우리가 먼저 조율하면 아이의 욕구불만 내성과 도전 지대를 구축하는 데 도움이 되므로 체크인은 유용한 과정이다. 타임아웃 방법을 쓸 때 아이는 자신의 행동이나 감정을 다른 사람들이 참을 수 없어 하므로 그들과 함께 지내려면 당장 그만해야 한다는 것을 배운다. 체크인을 하면 우리는 '조절 장애 아동'이라는 문제의 핵심으로 파고들 수 있다.

1단계: 나의 색상 경로를 확인하라

먼저 자신의 색상 경로를 확인하라. 비판하거나 부끄러워하지 말고 세 가지 색상 경로 중 어디에 해당하는지 살펴본다. 자신이 처한 색상 경로는 당신의 신체 예산과 그 순간 아이에게 줘야 할 것(또는 주지 못하는 것)을 알려주는 지표이다. 당신은 침착한가? 불안한가? 아니면 그 둘 사이 어디쯤인가? 어떤 느낌인지 판단하지 말고 몸이 이미 알고 있는 걸 인지하라.

우리는 녹색 경로에 있으면 안전하다고 느끼고 안심하며 온몸으로도 느낄 수 있다. 그것이 바로 우리가 녹색 경로부터 시작하는 이유다. 평화롭고 안전하다는 기분을 표정, 목소리 톤과 행동으로 다른 사람들에게 알려준다. 녹색 경로에 있으면 분노를 표출하거나 사람들과의 관계를 단절하지 않고 아이에게 적절한 반응을 할 수 있다.

그렇다고 해서 꼭 녹색 경로에 있어야 하는 건 아니다. 우리의 목표는 완벽을 추구하는 것이 아니라 제대로 인식하는 것이다.

검토하기
당신은 녹색, 적색이나 청색 경로를 경험하고 있는가? 녹색 경로에 있으면 자신감에 차 있고 자상한 부모가 될 준비가 되었다는 생각이 든다. 지금 그렇게 생각된다면 두 번째 단계로 이동하라.

그렇게 생각하지 않는다면 아마 당신은 촉발되어 잔뜩 흥분하거나 얼굴은 새빨개지고, 스트레스로 인해 심장이 두근두근하거나 온갖 생각이 떠오르며, 손바닥은 땀으로 젖고 호흡은 빨라지거나 얕아지고 아이에게 부정적인 말이나 행동을 보일 수도 있다. 지금 당신의 몸은 스트레스에 반응하고 있다. 어떤 느낌인지 말해보자. 청색 경로에 들어선 듯한가? 청색 경로에 들어왔다는 신호로는 세상과 단절되고 기운이 없고 뭘 해야 할지 모르거나 몸이 굳어버린 느낌이다. 그래도 괜찮다. 어떤 느낌인지 말해보라. 어쩌면 당신은 여러 경로의 징후를 한꺼번에 느낄지도 모른다. 중요한 건 당신이 아이를 양육할 만큼 충분히 자신을 통제하고 있는지를 결정하는 일이다. 통제하지 못하고 있어도 괜찮다. 이젠 하던 일을 멈추고 관찰할 시간이다.

잠시 멈추고 숨을 한번 크게 쉬고 아이가 안전한지 확인한 후 이 질문을 깊이 생각해보라. "지금 내게 필요한 건 무엇일까?" 제한된 상황에서 통제력을 되찾고 녹색 경로로 돌아갈 방법을 찾아내며 아이와 긍정적으로 상호작용하려면 무엇을 해야 하는지 알아내라. 5장에서 우리는 다시 집중하고 통제력을 되찾고 나중에 후회할 일을 방지하거나 이미 후회하는 일에서 벗어나게 도와줄 여러 가지 도구와 기술에 대해 다룰 것이다.

우선 지금은 많은 사람이 쉽고 빠르게 실천할 수 있는 방법 중 하나인 숨을 깊이 들이마시고 가능하면 좀 더 길게 내쉬는 것을 알려주겠다. 그게 도움이 된다면 몇 번 더 반복하라. 하지만 이 방법이 모든 사람에게 효과가 있지는 않다. 우리는 모두 서로 다르기 때문이다. 매 순간 자기 자신을 돌봐야 한다. 만약 가능하다면 뒤로 좀 물러나는 건 어떨까? 당신은 잠시 혼자만의 시간을 보낸 후 돌아오겠다고 아이에게 알려줄 수도 있다. 아이가 안전한지 확인한 다음 잠깐 다른 공간에서 마음의 평정을 찾아라. 아이와 다시 생산적인 상호작용이 가능할 만큼 회복하기 위해 물을 한 모금 마시고 양치질하거나 다른 방에서 1~2분 정도 머물다 올 수도 있다.

부모가 할 일

혼자만의 시간을 보낼 때 무엇을 하면 더 평온한지 생각해보고 글로 적어본다. 특정 종류의 호흡법인가? 자신의 감정을 인지하고, 그것에 이름을 붙이는 일인가? 심장 부근에 손을 올리거나 발가락에 힘을 주는 것처럼 어떤 동작인가? 마음을 달래주는 글귀를 읽는 일인가?

2단계: 아이의 색상 경로를 확인하라

다음으로 아이의 신경계 색상 경로를 확인하라. 아이가 녹색 경로에 있으면 분명 아이와 소통을 통해 많은 일을 함께 해결할 수 있다. 이 방법은 아이가 좀 더 나이가 많고 말로 의사소통할 수 있으면 효과가 좋다. 다음 장에서 우리는 아이의 나이와 발달 능력에 따라 무엇을 해야 하는지 알아보겠다.

예전처럼 타임아웃 방법을 쓸 순간이 찾아왔다면 아마도 아이는 녹색 경로에 있지 않을 것이다. 소리를 지르고 불안해하며 남을 때리거나 한시라도 가만히 있지 못하는 아이들은 적색 경로에 있는가? 주변인과의 관계가 단절되고 의욕이 없거나 소통하려 해도 반응하지 않는 아이들은 청색 경로에 있는가? 아니면 징징대고 애원하면서도 바짝 경계하고 불안해 보이는 아이들은 그 두 가지 경로가 혼합된 경로에 있는가? 이런 행동 중에서 어느 하나만 보여도 아이는 취약한 상태이며, 아이를 가르치거나 결과를 제시하기보다는 아이의 플랫폼부터 먼저 튼튼히 구축해야 한다. 아이가 녹색 경로로 돌아가도록 도와줄 방법을 찾기 위해 다음 단계로 나아가자.

3단계: 아이에게 맞춘 따뜻한 공감 전략을 실행하라

체크인의 세 번째 단계는 녹색 경로로 돌아가기 위해 아이와 세심하게 조율해 현재 아이의 색상 경로에 반응하는 것이다. 아이가 적색이나 청색 경로, 혹은 그 두 가지가 뒤섞인 경로에 있을 때 우리가 가장 먼저 할 일은 아이의 고통을 비판하지 말고 바라보는 것이다. 사람은 자기가 겪는 힘든 일이 다른 사람에게 사랑으로 받아들여지고 혼자가 아니라고 느낄 때 기분이 나아진다. 아이를 연민하며 함께 있어주기만 해도 아이의 신경계는 진정된다.

그다음으로 아이의 신경계가 당신에게 전달하는 게 무엇인지 파악하라. 이렇게 하면 우리는 '**공동 조절**co-regulation'이라는 과정을 통해 아이와 물리적으로, 정신적으로, 감정적으로 함께 있는 것이다. 공동 조절이란 기본적으로 지금 아이의 필요에 따라 신체 예산에 예금한다는 뜻이다. 다음 장에서 이 과정을 자세히 설명하겠다. 이 세 번째 단계는 우리가 다음으로 할 일을 대략 알려준다.

그다음 할 일은 아이가 준비되었다면 말로 설득하는 일이다. 때로는 아이가 판단하도록 아이를 달래야 할 수도 있다. 아이가 자기 힘으로 어려운 일을 처리할 수 있다고 믿고 단호한 태도를 보일 때도 있다. 이 모든 것은 상황과 그 순간 아이가 처한 경로, 그리고 2부에서 설명할 다른 요소에 따라 달라진다. 3부 '혼내지 않고 함께하는 문제 해결'에서는 우리가 1부에서 알게 된 사실을 신생아기, 유아기, 학령기 아이들에게 적용할 예정이다. 내 아이에게 가장 적합한 방식을 알아낼 수 있을 것이다.

아이의 행동 교정을 다룬다기보다는 아이의 플랫폼을 돌보는 것, 이것이 바로 뇌-신체 육아의 핵심이다. 아이와 친밀한 관계를 형성하여 아이의 신경계에 특화된 안전 신호를 전달하여 아이의 플랫폼을 돌볼 수 있다. 이렇게 상향식으로 육아를 하면 훈육 위주의 하향식보다 더 자상하고 부드럽게 아이를 대할 뿐 아니라 아이의 플랫폼을 구축하고 지지하는 데에도 도움이 된다. 이렇게 하면 아이가 자신을 방어하고 보호하려는 상태에서 벗어나면서 걱정스러웠던 행동이 자연스럽게 해결될 때가 많다.

깊은 공감으로 아이와 연결되다

이제 게임을 그만하고 저녁 먹자고 하면 감정을 표출했던 루카스의 이야기로 다시 돌아가보자.

루카스의 부모에게 설명했듯이 루카스가 차분하고 조절된 녹색 경로에서 투쟁 혹은 도피 반응을 보이는 적색 경로로 왜 그렇게 급격히 바뀌는지 이유를 찾아내야 했다. 루카스는 어째서 폭발할 듯한 반응을 보이는 걸까? 아이들은 갑자기 행동을 바꾸는 걸 힘들어하므로 하던 일을 그만두고 다른 일로 급작스레 전환해야 할 때 종종 힘겨워한다. 자기가 원하지 않는 새로운 일로 전환해야 할 때 스트레스를 받는 아이들이 있다. 그 결과 아이들은 저항한다. 아이의 몸은 갑작스런 행동 전환에 따른 부정적인 느낌과 감정을 감당해야 한다. 아이는 자신이 상황을 통제하고 싶지만, 누군가에게 통제를 양보해야 할 때 유연성이 부족해지기도 한다. 그 능력은 아이의 정서 발달과 스트레스 수준에 따라 아동기 내내 변화를 거듭한다. 아이는 자신의 몸에 스트레스가 되는 요인에 대처하기 위한 자제력을 깨우치는 데 몇 년씩 걸릴 수 있고 어떤 경우에는 성인기까지 이어진다. 감정 처리에 어려움을 겪는 많은 성인도 이 기나긴 여정을 밟고 있다.

루카스의 부모에게 아이가 행동을 통해 스트레스 신호를 보내고 있다고 말하자 두 사람은 아들에게서 심하게 부정적인 반응이 나올 때 마음의 평정을 유지하기 힘들다고 솔직히 말했다. 이 사실을 인정하자 두 사람은 자신들이 녹색 경로에 있으면 해결책을 내는 데 도움이 되리라는 걸 깨달았다. 그다음 단계인 아이의 색상 경로를 확인하는 일은 쉬웠다. 루카스는 적색 경로로 순식간에 들어서기 때문이었다. 그건 루카스의 신체 예산이 부족해졌으며 루카스는 부모님이 모르는 다른 스트레스를 감당하고 있음을 알려주는 단서였다. 우리에게 정보가 더 필요하다는 신호였다.

루카스의 부모는 아이가 폭발적으로 화를 내는 건 새 학년이 시작된 몇 달 전에 시작되었다고 했다. 그게 중요한 사건이었을 수 있다는 걸 감지한 나는 루카스의 아빠에게 일주일 동안 아이를 방과 후 수업에서 일찍 데려와 서로 편하게 대화해보라고 제안했다.

루카스의 아빠는 시간을 내어 공원에서 아들과 캐치볼을 하고 개를 산책시키면서 아들이 힘든 시간을 보내고 있다는 걸 알았다. 루카스는 방과 후 수업 시간에 한 상급생이 그동안 자기를 괴롭혀왔다고 털어놓았다. 돌이켜 생각해보자 아빠는 루카스가 집에서 그렇게 심하게 저항하는 행동을 보였을 즈음부터 아들이 괴롭힘을 당하기 시작했다는 걸 알았다. 아들이 받는 스트레스가 극심했던 건 물론, 하던 일을 그만두고 다른 일로 전환하기가 매우 힘들었던 것도 당연했다. 루카스의 신체 예산은 학교에서 고갈되었으므로 집에 올 때는 내부 자원이 거의 남아 있지 않았다. 이렇게 새로 알게 된 사실로 만반의 준비가 된 부모와 루카스는 학교장을 만났다. 학교장은 루카스가 처한 상황을 파악하고 루카스에게 안전과 지원을 약속하며 학교 내 괴롭힘을 해결할 계획을 세웠다.

루카스의 심한 스트레스와 위험 신호를 적절히 처리한 뒤, 우리는 루카스가 게임을 마치고 저녁 식사를 하며 부모와 대화하는 시간으로 부드럽게 전환할 힘을 키울 수 있게 도와주기로 했다. 체크인의 세 번째 단계는 세심하게 조율하고 더 안전하다고 느끼기 위해 아이의 신경계에 무엇이 필요한지 인식하며 좀 더 튼튼한 플랫폼을 구축하는 일이다. 폭풍처럼 불어닥치는 아이의 감정에 침착함을 유지하는 어른의 보살핌보다 더 효과적인 방법은 없다.

루카스의 부모는 아이와 그 문제를 논의했으며 해결 방안을 찾는데 아이도 참여하게 했다. 하지만 루카스는 아직 자신의 감정과 행동을 제대로 표현하지 못했다. 루카스의 아빠는 해결책을 생각해냈다. 아빠는 루카스가 비디오 게임을 하는 동안 아이 가까이에 앉아 자기 일을 보며 가끔 아이를 격려했다. 또한 저녁 식사 10분 전에 미리 루카스에게 알려줘서 다른 일로 쉽게 전환하도록 했다. 그 과정에서 녹색 경로에 있는 아빠는 아이에게 안전하다는 메시지를 여러 번 전달했다. 한마디로 나는 부모와 아이의 관계를 개선하여 아이와 가까워지는 방법을 알려주었다.

이 방법은 효과가 있었다. 일주일도 되지 않아 루카스는 게임을 그만하라는 말을 들었을 때 전보다 저항이 줄어들었다. 그래도 아이는 여전히 가끔은 저항했고 게임 시간을 더 달라고 자주 조르긴 했지만, 녹색 경로를 계속 유지할 수 있었다. 루카스를 괴롭히던 아이를 학교에서 조치했으므로 학교에서 스트레스를 주었던 위협 요인도 감소했다. 그다음 루카스의 아빠는 아이의 신체 예산에 정서적인 예금을 하여 정서 욕구를 채워주었다. 한 달 뒤, 루카스의 아빠는 아이가 게임을 그만하고 식사 시간으로 전환할 때 더는 도와줄 필요가 없었다. 루카스가 스스로 해냈다.

여기서 주목할 만한 한 가지가 있다. 처음 우리가 계획을 세웠을 때 루카스에게 자신의 신경계에 대해 가르쳐주는 건 없었다. 그 정보는 루카스의 부모가 아이의 행동을 더 잘 이해하도록 돕기 위한 것이었다. 아이들을 도울 때 하향식 전략을 너무 빨리 실행하는 일은 피하는 게 좋다. 아이들이 준비되면 자신의 신경계에 대해 가르칠 방법을 다음 장에서 알려주겠다. 그렇게 하는 게 더 의미 있고 유용하다.

지금으로서는 아이의 문제 행동이나 다른 어떤 어려운 문제에 대처하려면 아이가 안전하다고 느끼게 하고 부모와의 친밀한 관계를 형성하여 신뢰감을 주는 일부터 시작해야 한다는 걸 꼭 기억하자. 아이들은 생리적인 고통을 더 많이 겪을수록 우리의 도움이 더 많이 필요하다. 아이가 적색 경로의 행동을 보인다고 해서 그걸 훈육이 더 필요하다는 신호로 오인하지 마라. 아이의 평생 성장을 이끌어주는 원동력은 '공동 조절'이라 불리는 강력한 녹색 경로를 구축하도록 도와주는 과정이다. 공동 조절은 아이들이 개인적으로 고통을 느낄 때 우리가 해주는 일이다. 그리고 굉장히 강력한 효과가 있다. 공동 조절이 무슨 뜻이며 어떻게 하는 것인지 다음 장에서 집중적으로 살펴보자.

내 아이의
회복탄력성을 위한
조언

자신의 플랫폼 상태를 알려주는 아이의 신호에 주목하라. 이 신호에는 안전하고 평온하다는 느낌을 나타내는 녹색 경로, 불안한 느낌을 나타내는 적색 경로, 세상과 단절되었다는 느낌을 나타내는 청색 경로 혹은 여러 색상 경로가 뒤섞인 느낌도 있다. 녹색 경로가 아닌 다른 경로들은 아이가 취약하며 친밀한 관계에서 오는 정서적인 지지가 더 필요하다는 걸 나타낸다. 아이의 신경계 경로는 부모가 어떻게 한계를 설정하고 기대하는 바를 완수하는지를 비롯한 우리의 육아 방향을 이끌 수 있다. 무엇보다 이것은 공감과 이해를 바탕으로 한다.

2부

마음과 몸을 조절하는 연습

Brain-Body
Parenting

4장

아이는 부모의 사랑과 지지를 받으며
고난을 이겨내는 과정에서
배우고 성장한다.

아이의 자기 조절력 키우기

신체와 뇌는 우리 자신뿐만 아니라 아이들의 감정과 행동에 영향을 주는 복잡한 방식으로 상호작용한다. 문제 행동은 아이의 신경계가 스트레스에 반응하고 있다는 신호일 때가 많다. '신체 예산'이라는 개념을 이해하면 육아 결정을 내리는 데 유용한 도구로 쓸 수 있으며, 아이들이 더 차분해지고 정신이 맑아지려면 필요한 게 무엇인지 판단하는 데도 도움이 된다.

인간관계와 물리적 환경에서 얻은 안전감은 아이들이 회복탄력성을 구축하는 데 튼튼한 기반이 된다. 세심하고 조화로운 양육은 인생에서 마주치는 크고 작은 문제들을 딛고 다시 일어서게 하는 아주 중요한 능력, 즉 회복탄력성을 만들어주는 뇌 구조를 형성하는 데 도움이 된다는 연구 결과가 계속 나오고 있다.

2부에서는 해결 방안을 찾기 위해 앞서 배운 내용과 함께 다른 통찰력을 적용하겠다. 육아의 핵심 과정, 즉 아이들이 다른 사람을 신뢰하는 법부터 먼저 배움으로써 자기 자신을 신뢰할 수 있도록 하는 데서 시작하겠다. 이 특별한 방법은 자신과 세상을 신뢰하도록 가르쳐 아이들의 발달과 미래의 정신 건강에 힘이 된다. 먼저 한 가족이 아이의 문제 행동 해결에 어떻게 접근했는지에 관한 이야기를 잘 읽어보고 아이들이 회복탄력성을 키우며 삶에 도전할 수 있도록 어떻게 도와줄 수 있는지 알아보자.

인생의 예상치 못한 순간을 맞닥뜨렸을 때

조엘과 에이바 부부는 평범해 보이는 일에도 계속 부정적으로 반응하는 여섯 살 된 딸 재키가 걱정되었다. 재키는 생일 파티에서도 감정과 행동 조절이 잘 안 되어 갑작스럽게 지적하거나 험담을 하여 아이들을 짜증 나게 했다. 운동장에서도 그네에 올라타거나 미끄럼틀을 탈 때 자기가 먼저 타겠다고 친구들을 밀치곤 했다. 재키는 항상 앞으로의 계획을 미리 알려달라고 요구했고 예상치 못한 일에 대처하는 걸 힘들어했다.

그중에서도 특히 할머니와 만났을 때 매우 곤란한 사건이 벌어지자 마침내 재키의 부모는 내게 도와달라고 연락했다. 재키 가족의 삶에 푸근한 안정감을 주는 존재인 할머니는 차로 몇 시간 떨어진 곳에 살면서 몇 주마다 재키 가족을 만나러 왔다. 재키와 남동생 테렌스는 할머니와 함께 만화 영화를 보고 노래를 부르거나 산책하며 시간 보내는 걸 아주 좋아했다. 얼마 전 엄마 아빠가 쇼핑하러 외출한 동안 할머니는 손주들과 온종일 시간을 보냈다. 그날 밤 손주들이 잠자리에 들고 나서 할머니는 조엘, 에이바와 이런저런 이야기를 하며 더 늦게까지 남아 있었다. 이야기가 너무 늦게 끝나 할머니는 그날 밤 재키네 집에서 자고 가기로 했다. 전에는 이 집에서 자고 간 적이 없었다.

다음 날 아침 할머니가 거실에서 보이자 테렌스는 미소를 지으며 할머니를 꼭 껴안고 반겼다. 하지만 재키는 이 예상치 못한 장면을 보자 기분이 그리 좋지 않은 듯했다. 재키는 소파 뒤로 몸을 일단 숨겼다가 갑자기 휙 튀어나왔다. "안녕! 못생긴 똥 얼굴!" 재키는 할머니에게 그렇게 소리를 질렀다. 깜짝 놀란 할머니는 애써 그 말을 무시했다. 할머니는 테렌스와 나란히 앉았고 테렌스는 할머니의 품으로 파고들어 손등에 난 긁힌 상처를 보여주었다. 어떻게 반응해야 할지 잘 몰랐던 재키는 다시 의자 뒤로 숨었다가 "으르렁" 하고 크게 소리를 지르며 확 뛰어올랐다.

"잘 잤니?" 할머니가 재키에게 인사했다. "넌 호랑이구나?" 하지만 재키는 다시 으르렁댔고, 동생을 쿡쿡 찌르다가 그만 둘 사이에 싸움이 크게 벌어져 그 와중에 할머니의 안경이 부서지고 말았다. 부엌에서 그 광경을 본 조엘은 재키를 크게 혼냈고 예의를 지키라고 꾸짖었으며 할머니에게 사과드리라고 했다.

재키의 부모는 그런 어처구니없는 상황을 너무 자주 봤기 때문에 그럴 땐 어떻게 반응해야 하는지 나름의 기준이 있었다. 두 사람은 침착한 태도로 모두를 안전하게 한 뒤 재키를 꾸짖어서 행동을 개선하려 애썼다. 하지만 잘 해보겠다는 두 사람의 의지가 점점 약해졌다. 재키의 부모는 아이의 행동에 더 실망하여 이제는 아이에게 소리를 지르거나 자기 방으로 보내버렸다. 두 사람은 아이가 잘못된 행동을 이해하게 할 방법, 그리고 아이가 살면서 예상하지 못했던 경험과 예상했던 경험에도 더 잘 대처할 방법을 찾도록 도와주려는 마음이 간절했다.

자기 조절력은 단기간에 만들어지지 않는다

사실, 우리는 모두 감정과 행동을 조절하는 법을 배우는 속도가 제각기 다르다. **자기 조절**이란 우리가 폭발하듯 화를 내거나 충동적으로 행동하지 않고, 인생의 우여곡절에 융통성 있게 미리 충분히 생각하여 반응하도록 해주는 것이다.

학자들은 자기 조절이란 자기 생각, 감정, 행동을 의도적으로 통제하거나 조절하는 것이라고 설명한다. 간단히 말하면 우리가 어떻게 행동하고 느끼는지를 관리하는 능력이다. 연구 결과에 따르면 자기 조절을 하는 아이들은 학업 성적과 사교성이 더 뛰어났다. 자신의 감정과 행동을 조절하는 아이들이 운동과 학업 성취 부문에서 다른 아이들보다 유리한 위치에 있다는 건 그리 놀랍지 않다. 이런 아이들은 키우기도 훨씬 더 수월하다.

자기 조절을 하는 아이는 저녁 식사가 늦어져도 기다릴 수 있고, 밖에 나가 놀고 싶어도 먼저 숙제에 집중할 수 있으며, 차를 타고 멀리 이동해도 참을 수 있다. 쉬는 시간 종소리가 울릴 때까지 자리에 앉아 있거나, 선생님 말씀 중간에 불쑥 끼어들지 않고 질문 시간이 될 때까지 기다릴 수 있다. 자기 조절을 하는 아이는 운동장에서 놀다가 자기 마음대로 하겠다고 친구들을 밀치거나 때리지 않고 대화로 갈등을 해결한다. 아이들은 자기 조절을 할 수 있으면 자기를 대신해서 혹은 자신과 함께 어려움을 해결하거나 중재해줄 어른이 없어도 자신의 내부 자원을 활용해 삶의 도전에 적응한다.

재키의 충동적인 감정 폭발은 아이가 자기 조절에 어려움을 겪고 있음을 보여준다. 그건 재키의 예측 불가능한 행동으로 이어졌다. 재키의 부모는 재키의 폭발적인 반응 때문에 난처했고 화가 났으며 당황할 때가 많았다. 부모는 재키가 가족 모임에서 예의 바르게 행동하거나, 예상과 다른 상황(할머니가 여전히 집에 계신 것)이 벌어져도 침착할 수 있기를, 살다 보면 흔히 벌어질 수 있는 다양한 일들 앞에서 부모의 간단한 요구 사항에 잘 따라주기를 바랐다. 하지만 재키는 그렇게 할 수 없을 때가 많았고, 잘못된 행동이란 걸 알면서도 다른 사람에게 상처 주는 말을 불쑥 내뱉곤 했다.

부모 중에는 아이의 뇌가 아직 여러 가지 일을 해낼 준비가 되어 있지 않은데 그걸 할 수 있다거나 혹은 해야 한다고 생각하는 경우가 많다. 재키의 부모 역시 아이가 자기 조절을 할 수 있기를 바랐지만, 그것은 아직 재키에게는 능력 밖의 일이었다. 이러한 격차를 **'기대 수준 차**

이^{expectation gap}'라고 부른다.

인간은 비록 유아일 때부터 감정과 행동을 통제하기 시작하지만, 그 능력을 갈고닦는 건 성인 초기까지 이어지고 사람들과의 관계를 통해 길러지는 기나긴 과정이다. 알다시피 자기 조절은 어떤 나이가 되면 달성할 수 있는 단순한 발달 과제가 아니다. 또한 성인이 되었다고 모두가 자기 조절력을 갖추게 되는 것도 아니다. 아이의 자기 조절력을 잘 키워나가기 위해서는 부모의 역할이 상당히 중요한데, 부모는 아이들이 자기 감정에 따라 행동하는 방식을 통제할 능력을 키워줄 수 있다. 다행히 우리는 충분히 시간을 두고 아이들이 자기 조절을 더 잘하도록 도와주는 상호작용 방법을 배울 수 있다.

재키는 말을 잘했고 아는 것도 많아 부모는 재키가 이미 자기 조절을 할 수 있다고 생각했다. 하지만 재키는 계속 어려움을 겪었다. 두 살 어린 남동생 테렌스는 자기 조절 기량이 누나보다 뛰어날 때가 많았다. 재키의 부모와 상담을 시작하면서 나는 불충분한 양육, 일관성 없는 훈육이나 애정 결핍 때문에 재키가 그렇게 폭발적으로 행동하는 게 아니라고 설명했다. 재키는 버릇없는 아이가 아니었다. 그보다 재키는 여섯 살이지만 자기 조절력이 아직 형성되는 중이었다. 동생과 할머니와 벌인 몸싸움처럼 파괴적인 행동은 재키가 아직 자신의 감정과 행동 통제력을 개발하고 있다는 신호였다.

나는 두 사람에게 해결 방안이 있다는 것도 알려주었다. 우리는 폭발적인 행동의 전조를 파악하여 재키의 조절력과 통제력을 강화하는 일부터 시작할 것이다. 재키를 도와줄 가장 중요한 도구는 '공동 조절'

이다. 간단히 말하면, 부모는 아이들에게 사랑을 베푸는 상호작용, 즉 부모와의 유대 관계를 통해 아이들이 감정과 행동을 관리할 수 있게 도울 수 있다.

자기 조절력을 키우는 '공동 조절'의 힘

학자들은 공동 조절이 아이들의 자기 조절 능력을 키우는 '슈퍼푸드' 라는 사실을 밝혔다. 공동 조절을 하면 아이들은 안전하다고 느끼고 감각과 기본 감정을 인내하고 이해하게 된다. 공동 조절이란 유대감을 서로 나누는 것이다. 아이들과 대화하고 상호작용하는 방식에 반영되는 우리의 감정적 어조를 통해 공동 조절한다. 아이들과 공동 조절하면 신체 예산을 조절하는 놀라운 성과를 거둘 수 있다.

기분이 좋아지도록 아기가 원하는 신체 욕구를 알아채고 반응하는 것처럼 공동 조절 경험은 젖먹이일 때부터 시작된다. 최적의 공동 조절이 이루어지기 위한 핵심은 아기에게 요구 사항이 생기자마자 반응하는 것이다. 갓난아기가 배고파 우는데 한 시간 뒤에 수유하는 건 도움이 되지 않는다. 요구 사항이 생기는 즉시 충족해줘야 한다. 아기가 안전하다고 느끼고 침착하며 편안한 기분이 들게 하려면 무엇이 필요한지 파악하여 반응형 상호작용을 해야 한다. 심리학자인 스튜어트 생커 Stuart Shanker는 "다른 사람들의 행동을 재구성하고 그들의 스트레스 요인을 찾아내 줄여주면 다 같이 평온한 상태에 이른다"라고 말한다.

엄마들은 아기가 태어나기 전부터 건강한 생활방식을 유지하고 적절한 수면과 영양을 섭취하며 산전 관리를 통해 스트레스를 최소화하여 출산 전부터 공동 조절을 한다. 산전 환경은 출산 후 아기의 자기 조절 능력에 영향을 줄 수 있다. 예를 들어 극심한 스트레스나 트라우마를 겪은 엄마에게서 태어난 아기는 생리학적으로 더 취약할 수 있다. 아이는 공동 조절을 하면 사람들이 자기 마음을 알아주고 자기 존재를 인정해주며 자신이 가치 있는 사람이라 여기는 데 도움이 된다. 공동 조절은 아이의 자아 의식이 자라나고 있다는 사실을 입증하며, 아이가 '난 인정받고 있어. 난 중요한 존재야. 그리고 내 감정은 다른 사람에게 중요해'라고 생각하게 한다.

아동기 공동 조절 성공 사례

- 갓 태어난 아기가 울기 시작한다. 엄마는 (또) 수유 시간이란 걸 안다. 아기를 포근하게 안고 수유하면 어느새 울음을 그치고 편안한 표정으로 엄마의 눈을 바라본다.
- 생후 9개월 된 아들이 새 장난감 버튼을 눌러 삑 소리를 듣고 깜짝 놀란다. 아들은 눈을 크게 뜨고 무서워하는 표정으로 엄마를 쳐다본다. 엄마는 아이를 바라보며 명랑하고 따뜻한 목소리로 말한다. "이런! 깜짝 놀랐겠다!" 아들은 진정되고 다시 장난감을 탐색하며 가지고 논다.
- 어린 아들의 유치원 등원 첫날, 주차장과 유치원 정문 사이 중간쯤에서 걸음을 멈추더니 유치원 건물 안에 들어가지 않겠다고 버틴다. 엄마는 무릎을 굽히고 아들에게 지금은 중요한 순간이라며 상냥하게 알려준다.

아들에게 부드럽고 온화한 목소리로 오늘은 굉장히 중요한 날이고 유치원에 데려다줄 수 있어 기쁘다고 말한다. 아들은 엄마를 쳐다본 후 손을 잡고 교실로 들어간다.

- 열 살 된 딸이 수업을 마치고 집에 와서 친한 친구들과 문제가 있다고 고민을 털어놓는다. 엄마는 딸의 슬퍼하는 표정을 바라본다. 알려줘서 고맙다고 말하고 딸에게 이야기를 더 해달라고 한다. 딸의 표정이 부드러워지며 엄마에게 안아달라고 몸을 기댄다.
- 엄마는 직장에서 힘든 하루를 보내고 집에 돌아온다. 배우자 혹은 파트너가 재빨리 사랑스럽게 안아주며 무엇이 필요한지 물어본다. 저녁 식사, 혼자만의 시간, 따뜻한 샤워? 엄마의 몸은 공동 조절되고 있으며 인정받는 존재이고 다른 사람이 세심하게 신경 써주고 있다는 따뜻한 느낌으로 편안해진다. 그렇다. 공동 조절이란 인간다운 과정이며 아이분만 아니라 부모에게도 유익하다!

각 사례에서 봤듯이 공동 조절의 힘은 상대방을 배려하는 마음과 따뜻한 감정적 어조에서 나온다. 처음에 중요한 것은 우리가 하는 말이 아니라, 더 넓은 의미에서 아이들과 함께 있는 방식이다. 아이를 격려하는 말도 물론 중요하지만, 앞에서 봤듯이 우리의 뇌는 말을 듣고 이해하기 바로 직전에 말한 사람의 감정적 어조를 먼저 감지한다. **힘들어하는 아이를 돕기 위한 첫 번째 단계는 아이에게 말을 걸거나 가르치거나 지시하는 것이 아니다. 그저 아이와 함께 있어주는 것이다.**

공동 조절은 유아 정신 건강 분야와 인간의 초기 발달을 연구하는 과학자들 사이에서는 기본 개념이다. 하지만 일반인들에게는 그만큼 잘 알려지지 않았다. 아이가 다니는 소아청소년과 의사는 일반 검진에서 아마 공동 조절이라는 말을 꺼낸 적도 없을 것이다. 그건 교사도 마찬가지다. 하지만 심리학자로서 나는 이 공동 조절이 아이의 정신 건강과 회복탄력성을 키워줄 단 하나의 중요한 요소라고 확신한다.

공동 조절은 아이가 살면서 계속 맞부딪치는 어려운 도전 과제에 유연하게 대처하고 역경에 맞서며 다른 사람들과 애정이 넘치는 애착 관계를 형성하기 위한 미래 능력을 키워준다. 또한 공감과 배려라는 강력한 모델을 설계한다. 게다가 아이의 신체 예산에 예금하는 정말 좋은 방법이다.

완벽한 부모가 될 필요 없다

공동 조절이 중요한 만큼, 이미 어깨를 짓누르는 무거운 부담을 느끼는 부모들에게 스트레스를 가중하지 않는 것도 중요하다. 부모들은 다른 사람들이 비판하거나 비난을 한다고 느낄 때가 많다. 나까지 스트레스나 죄책감을 더하고 싶지 않다. 우리의 감정적 어조는 확실히 중요하지만, 인간은 회복탄력성이 있다는 사실을 기억하라. 그리고 연구에 따르면 어린아이들을 키울 때 처음에는 아이가 주는 신호를 정확하게 읽지 못하고 놓치는 일이 더 많다. 육아는 기본적으로 조금씩 답을 맞혀가는 스무고개 같은 게임이다. 처음부터 완벽하게 공동 조절을 할 수는 없다. 우리는 모두 불완전하며, 불완전한 부모도 건강한 아이들을 완벽하게 키울 수 있고 또 그렇게 하고 있다.

그에 대한 증거는 유아발달학 분야를 선도하는 학자인 에드 트로닉Ed Tronick의 연구 결과에서도 알 수 있다. 트로닉은 수십 년간 유아와 엄마 사이의 상호작용을 연구했다. 그가 만든 용어이자 공동 조절과 유사한 개념인 **상호 조절**mutual regulation에 따르면 아기들과 부모들은 각자의 감정과 행동에 서로 영향을 주고받는다. 그의 연구는 엄마가 아기의 요구 사항을 알아내려 할 때 단 한 번의 시도만으로 바로 알아내는 경우는 거의 없다는 사실을 알려준다. 아기들이 우리에게 뭘 원하는지 마법을 부리듯 바로 알아채지 못한다. 우리는 아기들의 도움을 받아야만 알 수 있다. 실수를 남발하고 아이의 욕구를 충족시키지 못하는 게 당연하고 일반적인 현상이다. 트로닉은 엄마와 아기의 상호작용 중에서 약 30퍼센트만이 첫 번째 시도에서 엄마가 아기의 필요 사항을 즉시 정확하게 감지하여 아기의 욕구와 엄마의 돌봄이 제대로 연결되거나 조화를 이룬다고 설명한다.

게다가 출산 후 정신 건강에 어려움을 겪는 엄마들이 많다. 기뻐해야 할 시기에 부정적인 기분이 되거나 나쁜 생각이 든다고 죄책감과 수치심을 느끼는 엄마들도 있다. 나는 첫째를 낳고 몇 달 동안 잠을 제대로 못 자고 조산아로 태어난 아기의 몸무게와 성장 진행 상황을 계속 확인해야 한다는 스트레스 때문에 극심한 불안과 두려움에 시달렸으며 도대체 내가 왜 이러는지 알고 싶었다. 그런 감정들은 스트레스가 심한 시기에 가끔 재발했고 내가 겪는 이 어려움 때문에 아이들에게 피해를 주는 건 아닌가 하는 생각이 들었다. 부모가 되면 자신이 어렸을 때 양육된 방식, 변화하는 신체 상태, 호르몬 수치와 수면 변화에 영향을 받아 기분과 감정 변화가 들쭉날쭉해진다. 만일 불쾌한 감정이나 생각이 아주 강렬해지거나 더는 견디기 힘들어지면 의사의 진료를 받아야 한다. 산후 혹은 그 이후에도 계속되는 극심한 불안과 우울증은 돌봄과 치료가 필요한 질환이다.

우리가 이런 어려운 문제에 직면하든 말든 어떻게 아이와 공동 조절하는지를 아는 것은 지속적인 학습 과정이다. 시간이 흐를수록 우리는 아이의 행동에 숨은 뜻을 알게 된다. 아이가 자라면서 함께 계속 배워나간다. 트로닉이 썼듯이, "유아와 양육자 사이의 상호작용은 혼란스러울 수밖에 없다. 따라서 유아, 아이와 어른이 서로 어떤 의미를 다 같이 공유하는 건 모두에게 벅찬 일이다." 따라서 아이를 키우며 가끔 혹은 자주 실수하더라도 당신만 그런 게 아니다. 연구에 따르면 아이에게 필요한 것, 그리고 우리 생각에 아이에게 필요했던 것 혹은 우리가 제공할 수 있었던 것 사이의 불일치를 해결하려고 노력할 때 그 과정에서도 학습과 성장이 이루어진다.

아이가 원하고 필요로 하는 걸 매번 제공해줄 수는 없다. 우리의 색상 경로는 삶의 여러 요구 사항에 따라 변화하며 아이들의 경로 역시 마찬가지다. 코로나19 대유행 기간에 우리는 '한계에 직면하여' 지치고 피곤했으며 자주 적색이나 청색 경로에 빠지곤 했다. 나는 사는 곳이 봉쇄된 동안 인내심이 한계에 다다르고, 아이들의 정서와 행동 문제 때문에 자책감에 빠져 괴로워하는 부모들을 많이 만났다. 부모들과 아이들 모두 내부 자원이 거의 남지 않았고 신체 예산이 초과 인출된 행동 양상을 보였다. 그 자원을 다시 채우려면 시간이 걸린다. 과거 아이와 부정적인 상호작용을 했다는 이유로 자신을 비난하고 있다면, 아이들은 우리와의 상호작용을 전체적으로 받아들인다는 사실을 기억해라. 아이에게 필요한 만큼 복구 노력을 하면 세상과 자기 자신에 대한 자신감을 키워줄 수 있다.

부모로서 아이의 마음을 항상 정확하게 읽지는 못한다. 그러기를 기대해서도 안 된다. 실수를 만회하고 부모 노릇이라는 과업 수행이 힘에 부친다면 일단 자기 자신을 보살펴야 한다. 자신을 보살필 때마다 아이들이 자기 자신을 긍정적으로 느끼도록 도와줄 수 있다. 시간이 흐름에 따라 우리는 긍정적인 상호작용과 경험이 부정적인 것들을 능가하게 할 수도 있다. 그 과정에서 부정적인 경험을 해도 그 경험으로부터 성장할 수 있다는 걸 아이들에게 보여줄 수 있다. 부모가 실수했다는 걸 인정하는 일은 인간으로서 타고난 취약성을 받아들이는 모습을 아이들에게 보여주는 매우 효과적인 방법이다.

단언컨대 건강한 아이를 키우기 위해 부모가 완벽해야 할 필요는 없다. 불일치 현상은 늘 일어나지만, 복구할 기회도 늘 있기 마련이다. 바로 여기서 성장이 이루어진다. 중요한 건 아이에게서 배워야 한다는 사실이다. 복구하는 과정도 아이들이 정서적 유연성을 갖추게 할 좋은 기회다.

불일치와 복구 사례

- 유아용 의자에 앉아 밥을 먹던 9개월 된 딸이 소란을 피우기 시작한다. 아이가 아직 배가 고파 그런가 보다 하고 음식을 더 주지만, 아이는 음식을 밀쳐버린다. (◀불일치) "다 먹었니?" 엄마는 아이에게 묻는다. 아이는 미소를 지으며 의자에서 내려달라고 엄마 쪽으로 팔을 뻗는다. (◀복구)

- 세 살배기 아들이 사촌과 한창 신나게 놀고 있을 때 엄마는 1학년짜리 큰아이를 학교에서 데려와야 하는데 늦었다는 걸 알아차린다. 재빨리 아이의 손을 잡고 말한다. "이제 가야 해." 아들이 우물쭈물하자 버럭 화를 낸다. "너 때문에 항상 늦잖아!" 깜짝 놀란 아들은 울음을 터뜨린다. (◀불일치) 엄마는 마음을 진정하고 아들과 나란히 계단에 앉는다. "이런, 내가 마음이 급해서 너무 서둘렀구나. 잠깐 앉아 있자. 사촌들하고 좀 더 놀고 싶었구나. 너 때문에 늦은 게 아니야. 시간 가는 걸 확인하지 않은 엄마 탓이야. 소리 질러서 미안해." (◀복구)

- 일곱 살 된 딸이 뒷마당에서 발견한 도마뱀을 가지고 집 안으로 들어와 새로운 애완동물이 생겼다며 자랑스럽게 말하고 부엌에 풀어놓는다. 엄마는 비명을 지르고 딸을 혼낸다. 그리고 당장 밖에 가져가라고 명령하자 딸은 눈물을 흘리며 실망하는 표정을 짓는다. (◀불일치) 엄마는 너무 급작스럽게 싫다는 반응을 보여서 미안하다고 말한다. 엄마는 도마뱀을 무서워한다고 딸에게 알려주지만, 딸은 도마뱀을 찾았다는 사실에 잔뜩 흥분해 있다. 엄마와 딸은 도마뱀을 뒷마당에 풀어주기로 한다. (◀복구)

우리가 왜 그렇게 말했는지 이유를 들려주면 아이들은 자기 자신에게 전달하는 부정적인 메시지(예를 들어, 나는 이기적이야. 나는 약해. 나한테 문제가 있어)를 덜 흡수한다. 나는 복구 작업이 꽤 힘든 감정을 불러일으킨다는 걸 알지만, 부모로서 잘못을 더 많이 할수록 바로잡을 기회가 더 많아진다는 점은 좋은 소식이다. 아이들은 부모가 실수를 자각하고 유연하게 감정을 처리하는 과정을 보면서 자기들도 배우고 성장한다.

도전에 직면할수록 아이는 강인해진다

아이들은 어려움을 겪을 때 강인함과 근성을 기르며 사랑하는 부모와 다른 어른들의 도움을 받아 어려움을 극복한다. 그 어떤 사람도 참을 만한 불편이나 고통을 겪지 않고서는 강인함을 키울 수 없다. 아이들이 힘든 경험을 하지 않게 막아줄 수는 없으므로 도전 앞에 강인해질 수 있게 돕는다. 아이들은 부모의 사랑과 지지를 받으며 고난을 이겨내는 과정에서 가장 잘 배우고 성장한다. 이것이 바로 어려운 도전에 대처할 때 꼭 필요한 기술을 연마하는 방식이다.

하지만 아이들이 불일치와 불화만 경험하고 복구가 이루어지지 않으면 스트레스가 쌓여 심각한 피해를 초래할 수 있다. 만성 스트레스에서 회복할 방법을 연구해온 심리학자 브루스 페리는 아이에게 자신을 도와 스트레스를 줄여줄 어른이 주변에 없으면 그 스트레스는 치명적이거나 트라우마가 된다고 강조한다.

1장에서 말했듯이 아이들은 적당한 시기에 적절한 만큼 지지받아야 한다. 그러나 이것이 모든 스트레스 요인에서 아이들을 보호해야한다는 말은 아니다. 그런 일은 불가능하다. 스트레스가 반드시 해로운 것은 아니다. 참아낼 정도의 스트레스가 없으면 우리는 피할 수 없는 어려운 도전에 직면할 때 자신 있게 대처할 기회를 얻지 못할 것이다. 페리의 말을 빌리자면, "만일 적당하고 예측할 수 있으며 일정한 패턴이 있다면, 시스템을 더 강력하고 더 유용한 기능을 갖추게 하는 것이 바로 스트레스다." 아이들은 일정 수준의 스트레스에 대처하며 힘을 기르고 그 과정에서 수많은 변화와 다양한 감정을 참아낼 수 있는 새로운 기술을 개발한다.

앞에서 나는 **'적절한 수준의 도전'**이라는 개념을 소개했다. 아이들이 스스로 할 수 있는 일들을 우리가 알아서 대신해주면 안 된다. 그보다는 아이들이 스스로 무엇을 할 수 있는지 평가해보고 아이들이 필요하다고 할 때 그리고 능력을 최대한 발휘했다는 생각이 들 때 아이들을 지원해야 한다. 이것은 상대를 존중하는 공동 조절의 또 다른 측면이다. **아이에게 자기 힘으로 이것저것 탐색할 기회를 많이 주는 일이 중요하다.** 혹시 도움이 필요할 경우를 대비해 부모는 뒤에서 기다린다.

우리는 어려운 도전을 어느 정도 겪지 않으면 모양 맞추기 같은 기본 기술이든 인내심 같은 감정 기술이든 새로운 기술을 개발할 수 없다. 아이가 모양 맞추기 장난감 구멍에 꼭 맞는 모양을 찾지 못해 좌절하는 순간에 부모가 끼어들면 아이는 결코 혼자 힘으로 배우지 못한다. 형과 다투고 있는 아이에게 무슨 말을 할지 일일이 지시하면 아이는 스스로 문제를 해결할 기회를 얻지 못하며 그 과정에서 무엇이 효과가 있는지 없는지 직접 해보고 결과를 기다려볼 수도 없다.

도전에 부딪힌 아이에게 부모가 성공적으로 대처한 몇 가지 사례를 살펴보자.

- 신뢰하는 베이비시터의 집에 네 살 된 아이를 맡기려고 한다. 베이비시터는 최근 새로운 집으로 이사 왔다. 눈물이 글썽글썽한 아이는 주저하는 목소리로 여기 있기 싫다고 말하지만, 엄마는 이 순간이 아이에게 바로 적절한 수준의 도전이라는 직감이 든다. 따라서 엄마는 아이를 데리고 들어가 집이 멋지다고 칭찬하며 베이비시터와 대화한다. 긴장해서 엄마의 손을 꽉 잡았던 아이의 손에 힘이 풀린다. 엄마는 시간을 끌지 않고 아이에게 명랑하게 인사한 뒤 그 집을 떠난다. 15분 뒤, 베이비시터는 아이가 자기와 함께 즐겁게 그림을 그리고 있다는 문자를 보내온다.

- 아홉 살 된 아이가 학교에서 가족 소개를 할 차례가 되었다. 엄마는 아이와 함께 형제자매, 조부모와 반려견 사진과 그림으로 포스터 보드를 만들었다. 발표하는 날에 아이가 학교에 가기 싫다고 투정을 부리자 엄마도 직장에서 중요한 발표를 할 때 두려웠던 이야기를 다정하게 들려줘서 아이의 초조한 마음을 달래고 진정시킨다. 아침마다 일상적으로 하던 일을 계속하여 아이가 학교에 빠지고 혼자 집에 남을 수 없다는 걸 깨닫게 한다. 그날 오후 아이는 웃으며 집에 돌아와 자기가 한 발표를 친구들이 굉장히 좋아했고 질문도 많이 받았다고 자랑하며 뿌듯해한다.

아이가 감당할 수 있는 도전의 크기

위 사례를 보면 직관에 따라 아이가 감당할 만한 도전에 대처할 수 있게 도와줄 결정을 내렸다. 물론 복잡한 육아 결정을 어떻게 내려야 할지 아는 건 항상 쉽지 않다. 하지만 아이의 신경계를 가이드로 이용하면 결정하기가 쉬워진다. 우리는 아이가 자기 조절을 할 수 있는지, 혹은 그렇게 하려면 부모의 공동 조절이 필요한지를 알아내야 한다. 이것은 아이의 움직임과 반응, 아이가 받아들이는 고통(스트레스) 수준을 관찰함으로써 판단할 수 있다.

우리는 아이가 겪는 고통의 강도를 1부터 5까지의 수치로 측정할 수 있다(1은 가벼운 고통, 5는 극심한 고통). 3장에서 설명했던 '아이의 색상 경로와 고통 수준을 측정하는 주간 기록표'를 떠올려보라. 보통 아이들은 녹색 경로에서는 1에서 3까지의 고통 수준은 감당할 수 있다. 그러나 고통 수준이 4에서 5 범위라면 아이들은 적색 경로에 들어서기 쉽고, 이때 아이들에게는 부모의 공동 조절이 필요하다.

걸음마를 배우는 어린아이의 경우, 부모는 뒤로 살짝 물러나 아이가 혼자 힘으로 몇 걸음 걸을 수 있게 도와준다. 아이가 주저하면 할 수 있다고 따뜻하게 응원하고 격려해준다. 아이가 첫걸음을 뗄까 고민하지만 그렇게 망설이는 게 자연스럽다는 걸 인정해준다. 아이가 겪는 스트레스 수치는 아마 1~2 수준일 것이다. 우리는 좀 더 기다렸다가 아이에게 손을 내밀거나 필요하다면 뭔가 붙잡게 한다. 간단히 말하면 아이가 도전 지대 안에서 뭔가를 성취하도록 격려해야 한다는 것이다.

걸음마 연습을 하던 아이가 졸려서 장난감에 발이 걸려 넘어지고 크게 울음을 터뜨려 아이 몸의 고통 수치가 4~5 수준으로 증가할 수도 있다. 그 울음소리는 즉시 애정 어린 공동 조절을 통해 아이를 진정시키고 위로해줘야 한다는 걸 의미한다.

때때로 우리는 아이들이 스트레스를 관리하고 도전의식을 갖는 데 공동 조절이 중요한 역할을 한다는 사실을 미처 알지 못한다. 예를 들어 내가 어린아이였을 때 어머니는 사랑하는 이들의 안전을 과하게 걱정할 때가 많으셨다. 부모님은 모두 이민자였으며 일곱 식구를 부양하려고 늦게까지 일하셨다. 어머니는 어렸을 때 많은 어려움을 극복하셨고 그 결과 걱정이 너무 많아지셨다. 나는 아버지의 퇴근이 자주 늦을 때마다 어머니의 얼굴에 떠오른 걱정스러운 표정을 아직도 기억한다. 시간이 흐르자 나도 어머니처럼 걱정이 많아졌다. 창가에 앉아 아버지가 모는 화물차 전조등이 보이기를 간절히 기다리며 밖을 내다보는 동안 내 심장은 두근두근 빨리 뛰었다. 나는 아버지가 문을 열고 들어오셔야 진정할 수 있었다.

물론 어머니는 내가 힘들어하는 걸 전혀 눈치채지 못하셨다. 나는 네 아이 중에서 첫째였고 어머니는 할 일이 아주 많았다. 만약 아셨더라면 내 두려움을 달래줄 방법을 찾으셨을 것이다. 그 당시 나는 그렇게 긴장되는 경험을 자주 겪는 데서 오는 정신적 고통을 완화하려면 어머니와의 공동 조절이 필요했다.

거울 뉴런과 부모의 플랫폼

부모가 아이와 공동 조절을 하는 건 자연스럽고 본능에 따르는 일이다. 그 이유 중 하나가 '**거울 뉴런**mirror neurons'이다. 1992년 이탈리아 연구진은 다른 사람들의 행동과 경험을 이해하게 도와주는 뇌세포를 발견했다. 예를 들어 대부분의 부모는 아이가 고통받는 모습을 보면 덩달아 고통스러워한다. 바로 거울 뉴런이 있기 때문이다. 거울 뉴런이 발견되기 훨씬 전에도, 정신분석가 도널드 위니콧Donald Winnicott은 엄마의 얼굴이 어떻게 자연스럽게 아기의 감정과 필요 사항을 '거울처럼 잘 보여주는지', 그리고 아기가 자신의 경험을 확인하는 데 그게 얼마나 중요한 역할을 하는지 설명했다. 이 같은 사례 역시 매우 효과적인 공동 조절 형태다.

게다가 엄마들은 본능적으로 아이들의 욕구를 채워주려는 경향이 있다. 연구진은 엄마가 아이의 고통을 목격할 때 엄마의 신경계도 변환한다는 사실을 알아냈다. 거의 모든 부모는 자녀의 감정을 부모 자신의 몸으로 '느끼는' 경험을 한다. 내 아이들이 어렸을 때 그중 하나가 몸이 아프면 나도 똑같이 아팠던 적이 가끔 있었다. 아이가 참여한 축구나 농구 경기를 관람한 적이 있다면 부모도 같이 경기하는 것 같은 감정을 느꼈을 것이다. 우리의 본능, 거울 뉴런과 플랫폼은 아이가 고통스러워하면 같이 따라 변한다. 나는 몸 안에 심장이 네 개나 있는 것 같다고 말할 때가 많다. 내 심장과 세 아이의 심장이다. 몸으로 강하게 느끼는 육아 경험은 진짜다.

공동 조절을 통해 아이의 정서적 욕구를 이해하고 충족하는 일이 왜 그리 중요할까? 태어날 때부터 아이의 신체적·정서적 욕구를 채워주면 나중에 성인기에도 도움이 될 자기 조절 기술을 영구적으로 만들어줄 수 있다.

말보다 중요한 것

나는 친할머니와 공동 조절을 경험할 수 있어서 축복받은 사람이었다. 할머니는 네덜란드에 사셨지만, 거의 매년 우리 가족과 여름을 보내셨다. 말 없고 걱정 많은 아이였던 나는 할머니가 오시는 날을 손꼽아 기다렸다. 할머니는 길고 풍성한 백발을 올려 쪽을 찌셨다. 할머니에게서는 라벤더 향수와 더치 초콜릿 향기가 났다. 할머니는 유럽산 보드게임을 직접 가지고 오셔서 우리와 했고, 게임에서 이기면 알록달록한 예쁜 통에 담긴 맛있는 사탕을 주셨다. 우리는 오랫동안 산책했고 특히 좋아하는 나무 밑에서 쉬기도 했다. 아침부터 밤까지 대화와 웃음이 끊이지 않았다. 매년 여름마다 할머니의 유일한 목적은 손주 여섯 명 중에서 네 명인 나와 내 동생들과 시간을 보내는 일이었다. 할머니는 우리와 함께 있는 시간을 굉장히 즐거워하셨고 우리도 마찬가지였다.

나는 우리 집에서 몇 킬로미터 떨어진 근처 산에서 산불이 활활 타오르던 그날 밤을 절대 잊지 못할 것이다. 할머니와 침대에 앉아 밤하늘을 환하게 밝히던 새빨간 불꽃을 바라봤다. 처음에는 굉장히 무서웠지만, 할머니가 옆에서 내 손을 잡고 함께 불꽃을 바라보는 동안 점차 마음이 안정되었다. 우리는 몇 시간이나 나란히 앉아 불길이 인근 산으로 조금씩 번져 산등성이를 넘어가 우리 집에서 점점 멀어지며 형형색색으로 타오르는 모습을 보았다. 나는 그때 할머니가 입으셨던 노란색과 회색 꽃무늬 드레스까지도 선명하게 기억한다. 할머니와 공동 조절을 한 추억과 안전하다고 느낀 기억은 시간이 많이 흘렀는데도 마치 어제 일처럼 생생하다.

살면서 여러 가지 스트레스로 버겁고 힘겨울 때면, 나는 그날 밤의 할머니와의 추억을 떠올렸다. 돌아가신 지 수십 년이 지났는데도 할머니의 얼굴이 똑똑히 기억나고 목소리도 또렷하게 들리는 듯하다. 마음속으로 할머니의 모습을 그려보면 나는 중심을 되찾을 수 있고, 마음이 더 차분해진다. 할머니는 내가 자기 조절, 즉 내 마음으로 감정과 행동을 통제하는 힘을 키우도록 도와주셨다. 얼마나 멋진 선물인가! 할머니는 내가 자기 조절을 하도록 내 머릿속에 공동 조절의 추억을 심어주셨다.

우리는 아이들과 공동 조절, 즉 친밀한 유대 관계를 형성하면 그 경험은 시간이 흐름에 따라 다른 사람들과 함께 있을 때 안전하다는 기억을 만들어주며, 아이들은 다른 사람들이 자기의 요구 사항을 충족해주리라 기대하며 성장한다. 아이에게 사랑을 베풀며 유대 관계를 형성하면 아이는 인생의 어려운 문제에 직면할 때 좀 더 유리하게 출발할 수 있다. 신경계는 우리가 회상할 수 있거나 심지어 기억하지 못하는 추억에 담긴 경험에서 느꼈던 안전감도 기억하기 때문이다. 이 안전

감은 할머니가 내게 주신 선물이었다.

보트가 어떻게 물에 가만히 잘 떠 있는지 생각해보자. 우리는 아이의 신체적·정신적 욕구를 충족할 때 보트의 용골keel 역할을 한다. 용골은 보트가 똑바로 물에 띄워지게 하고 옆으로 넘어지지 않도록 막아준다. 용골이 탄탄하면 어떤 일이 벌어져도 보트는 흔들리지 않고 균형을 잡는다. 보트는 물에 완전히 잠기지만 않는다면 전복되지 않고 폭풍과 거센 바람을 견딜 수 있다. 공동 조절이 용골이라고 생각해보자. 공동 조절을 경험하는 아이는 인생에 크든 작든 어떤 폭풍이 닥쳐오더라도 안정감을 유지할 수 있다. 잔뜩 화가 난 아이를 차분한 태도로 대한다면 아이는 자기 조절력을 키울 수 있을 것이다.

앞서 나온 재키 같은 아이들은 적색 경로로 들어서게 할 욕구를 눈에 띄지 않게 품고 있다. 부모의 눈에 보이는 건 예측 불가한 행동이다. 어떤 아이들은 자신의 용골을 만드는 데 여러 가지 이유로 시간이 더 오래 걸린다. 이 내용은 6장에서 더 논하겠다. 그러므로 아이에게 먼저 공동 조절이 필요하고 가르치는 건 나중에 해야 한다는 걸 아이의 행동을 보고 아는 것이 중요하다. 아이의 용골이 아직 만들어지지 않았다면 어려운 도전에 더 편안한 마음으로 맞설 수 있도록 아이에게 사랑하는 사람과 유대감을 쌓는 경험이 더 필요하다. 재키에게는 바로 그것이 필요했고 부모를 당황하게 하는 행동을 끊임없이 일삼는 많은 아이들에게도 마찬가지다.

내가 재키의 가족과 상담을 진행했을 때 최우선 순위는 재키의 행동을 바꾸는 게 아니라 재키가 이 세상을 어떻게 경험했는지를 잘 이해하는 것이었다. 재키의 플랫폼이 어려운 도전에 직면할 때 재키가 그걸 참고 극복해낼 도구를 더 많이 만들어줄 타인과의 유대감을 강화해야 했다.

우리는 '기대 수준 차이'에 관해 의논했다. 재키의 부모는 아이가 가끔 온 힘을 다해 감정을 조절했던 것보다 더 잘할 수 있다고 기대했기에 두 사람은 좌절하거나 실망할 때가 많았다. 재키도 마찬가지였다. 재키의 부모는 재키가 일부러 나쁜 행동을 한다고 생각할 때도 있었다. 재키가 부모를 기쁘게 하고 싶어도 사실 재키의 플랫폼은 부모가 요구하는 일을 할 수 있는 수준에까지 와 있지 않다고 내가 이야기하자 마침내 두 사람은 편안해했다.

재키는 부모의 마음에 들고 싶지만, 공동 조절 없이 자신을 통제할 수 없을 때는 그렇게 할 수 없었다. 우리는 다른 방법을 썼다. 보상이나 결과 제시로 재키의 행동을 바꾸려 하기보다는 공동 조절이라는 유대감 형성을 통해 재키의 자기 조절력을 강화하는 데 초점을 두었다.

사랑과 신뢰를 구축하는 공동 조절

한편 공동 조절이 아이를 애지중지 키우거나 응석받이로 기르는 방식이 아닌가 의아해하는 부모들도 있다. 그러나 공동 조절은 아이에게 한계가 필요한데도 묵인하고 넘어가라는 게 아니다. 사실 애지중지 키우기와 공동 조절은 상당히 다르다. 애지중지 키우기는 아이에게 안 되는 것 없이 해달라는 대로 다 해주는 것인 반면, 공동 조절은 아이의 신체적·정신적 욕구를 처리하고 돌본다는 뜻이다. 공동 조절은 부모가 아이를 항상 행복하게 해주거나 아이가 어떤 어려운 도전에도 직면하지 못하게 하자는 게 아니다. 안전과 안심을 원하는 아이의 욕구를 충족시킨다는 말은 아이가 원하는 걸 다 들어주거나 아이가 힘든 감정으로 고생하지 않게 한다는 뜻이 아니다. 아이들은 스스로 여러 일을 해결할 시간과 공간을 줄 때 성장한다.

공동 조절의 핵심은 아이가 세상을 직접 경험하는 관점에서 아이의 감정 반응을 잘 관찰하고 지켜보는 데 최선을 다하자는 것이다. 공동 조절은 부모로서 권위를 포기하는 게 아니라 우리의 우선순위를 바꾸는 것이다. 기존에는 아이의 행동이 좋거나 나쁘다고 판단한 뒤 그 행동을 관리하는 육아 방식이었다면, 이제 아이의 요구 사항이 갖는 의미와 정보를 찾기 위해 아이의 행동을 살피고 몸속에 억눌린 스트레스의 중요성에 관심을 집중한다. 아이의 플랫폼과 색상 경로를 관찰함으로써 그렇게 할 수 있다.

공동 조절은 아이들이 배우고 성장하며 새로운 일을 시도하고, 때로는 힘겹게 고생하는 동안 아이들의 버팀목이 되어줄 가장 튼튼한 기초를 제공한다. 부모가 자신의 감정을 조절할 수 있으면 불편한 감정도 참아낼 수 있으므로, 아이들이 새로운 기술을 만들어내어 마침내 혼자 힘으로 고통에 대처하도록 도와줄 수 있다. 아이들의 행동 때문에 불안하거나 스트레스를 받는다면 공동 조절에서 부모의 역할이 위축될 수 있다. 부담스럽게 느껴지겠지만 걱정하지 않아도 된다. 다음 장에서 육아에 대한 정신적 부담을 덜어줄 방안도 이야기해주겠다.

부모는 아이가 힘들어하는 모습을 연민하는 마음으로 바라볼 수 있고, 또한 적절한 한계를 분명히 설정할 수도 있다. 사실 그렇게 하면 아이들이 부정적 혹은 긍정적인 감정을 포함한 여러 종류의 감정에 대한 참을성을 키우는 데 도움이 된다.

아이의 행동이 무엇을 의미하는지, 또 어떻게 하면 스스로 행동을 통제하도록 도와줄 수 있는지에 대해 모두 확고한 의견을 갖고 있다. 공동 조절을 잘 이해하면 아이의 문제 행동 대부분은 스트레스를 받은 신경계가 가능한 한 잘 적응하고 있음을 보여주는 것에 불과하다는 걸 알 수 있다. 이처럼 가장 문제 있어 보이는 행동도 사실은 자신을 보호하기 위한 의미 있는 행동이라 할 수 있다.

재키가 할머니에게 버릇없어 보였을 때, 사실 재키의 안전 감지 시스템은 그 상황이 객관적으로는 안전해 보였어도 위협으로 인식했고, 그 결과 재키는 적색 경로에 들어서서 '버릇없이' 행동한 것이다. 아이들의 행동은 우리 눈에 보이지 않는 것, 그리고 아이들이 공동 조절이라는 형태로 우리에게 진정으로 원하는 게 무엇인지에 관해 상당히 많은 사실을 알려준다.

공동 조절을 하려면 아이들이 필요로 할 때 우리가 침착할 수 있도록 아이들의 다양한 감정에 대한 반응을 관리하고 용인해야 한다. 하지만 그것은 종종 쉽지 않다. 아이가 감정이나 행동 관리를 힘들어하면 부모는 상당한 스트레스를 받지만 희망을 버리지 마라. 아이를 지원하고 힘든 시기를 벗어나도록 도와주기 위해 부모가 할 일은 항상 있다. 아이에게는 부모와 신뢰하는 다른 어른들과 함께 편안하거나 고생스러운 시기를 거치며 서로 유대감을 충분히 쌓는 경험이 필요하다. 힘든 순간이나 갈등이 생길 때 아이와 함께 헤쳐나가라. 부모와 아이 모두에게 효과가 있는 복구 활동에 돌입하라. 아이와 함께하는 복구 활동이나 공동 조절은 지금도 늦지 않았다.

아이의 신체 반응을 기반으로 하여 아이의 주관적 경험을 존중하면 아이에게 정확히 맞춰 상호작용할 수 있다. 그것이 바로 뇌-신체 육아의 핵심 사상이다. 아이가 '착하게' 행동하면 보상하거나 일반적인 육아 지침에서 조언을 구하기보다는, 아이가 새로운 도전을 더 많이 이겨내는 걸 도와주도록 아이의 행동과 신체가 보내는 신호에서 파악한 정보를 이용하라. 공동 조절의 중요한 역할을 이해했으니 이젠 이 개념을 내 자녀에게 어떻게 적용할지 논의해보자.

보살핌은 언제나 서로 주고받는 것

공동 조절을 하려면 정서적 유대감과 따스한 온기를 규칙적으로 주고받는 상호작용을 해야 한다. 테니스 경기에 비유해보자. 한 사람이 서브하면 상대방은 리턴하는 식으로 공이 앞뒤로 이동한다. 이와 비슷하게 학자들과 아동 발달 전문가들은 '서브와 리턴' 상호작용이라고 부른다. 한 사람이 하는 행동은 상대방이 그다음 행동을 하는 데 영향을 준다. 테니스 경기에서 한 선수는 다른 선수의 행동을 예측하여 서브를 리턴할 방식을 결정한다. 테니스공이 네트를 넘어 어디에 떨어질지 예상하여 반응 동작을 바꾼다. 이와 유사하게 아이들이 부모에게 무엇을 서브하는지에 따라 반응을 바꾼다. 그렇게 서로 주고받는 일이 안전하고 자신을 보살피는 것처럼 느껴지면 부모는 공동 조절을 이뤄낸 것이다.

상대방에게 필요한 리턴이나 서브가 무엇인지 알아낼 수 없으면 좌절하거나 답답하고 무력해진다. 그것 역시 부모 노릇의 일부다. 아이를 진정시키고 상호 관계를 맺는 법을 알아내는 건 항상 쉬운 일이 아니다. 그러니 처음부터 너무 어렵다고, 또 도중에 힘든 상황을 지나더라도 자신을 비난하지 마라.

우리는 서브와 리턴을 해서 아이들과 소통할 수 있다. 아기와 서로 번갈아 바라보고 미소를 지으며 사랑에 빠지므로 서브와 리턴은 아이가 아주 어릴 때부터 시작된다. "상호 관계 에너지는 보살핌을 서로 주고받는 과정에서 만들어진다"라고 정신과 의사 뎁 데이나Deb Dana는 말한다. 다시 말해, 육아는 순전히 누군가를 돌보기만 하는 게 아니라 서로를 돌보는 것이다. 의사소통은 양방향으로 이뤄진다. 이렇게 아이가 아주 어렸을 때부터 교류하는 것은 소통의 기본 요소이며, 다른 사람과 번갈아가며 소통하는 방법을 배우는 순간이다. 그 핵심을 보면 사람의 의사소통은 꼭 말로 해야 할 필요는 없으며 서로 주고받는 규칙적인 리듬이어서 표정이나 몸짓으로 충분할 때가 많다. 이런 방식의 의사소통은 기본적이고 유익하며 효과가 있으면 기분도 정말 좋아진다. 공동 조절의 서브와 리턴은 서로 주고받는 게 있고 모두가 즐겁기만 하다면 미소처럼 단순하거나 거친 몸싸움 놀이처럼 다소 과격해도 된다.

부모와 아이 사이의 유대감에 뭔가 부족하다는 생각이 들 때 고려해야 할 몇 가지 사항을 소개하겠다.

- 아이가 엄마의 얼굴을 바라보는가? 한 번 바라볼 때 적어도 잠깐씩은 바라보는가? 그렇게 하지 않는다고 해도 걱정하지 마라. 이렇게 행동하기까지 시간이 조금 더 걸릴 수 있다. 아이가 조산아로 태어나면 특히 더 그렇다. 갓난아기가 흘깃 바라보거나 응시하거나 눈길을 주는 건 서브에 해당한다. 아기들이 아직 몸의 움직임을 통제하지 못할 때도 우리와 눈길을 주고받도록 태어날 때부터 정해져 있다는 사실이 놀랍다.

- 엄마가 서브하면 9개월 된 아기는 반응하는가? 아기들은 어떤 행동으로 반응하는가? 미소 짓고 소리를 내고 두 팔을 뻗고 엄마의 손을 만지거나 엄마가 준 장난감을 입안에 넣으며 엄마를 바라보는가? 아기는 엄마를 쳐다보거나 미소 짓고 두 팔을 뻗어 안아달라고 서브하거나, 또는 다른 방법으로 소통하는가?

- 아장아장 걷는 아이는 엄마에게 자기의 세계를 알려주려고 하는가? 갖고 싶은 물건을 가리키거나 보여주고 싶어 하는가? 엄마에게 뭔가 보여주고 그게 무엇인지 물어보거나 알려주려고 한마디씩 말하거나 몸짓도 하는가?

- 학교에 갈 나이가 된 아이는 대화를 먼저 시작하고 엄마와 놀거나 서로 뭔가를 주고받는 상호작용이 필요한 활동을 좋아하는가? 아이는 엄마에

게 말을 걸고 이것저것 알려주기를 즐기는가? 아니면 산책하고 식사하고 숙제를 도와달라고 하거나 함께 시간을 보내며 같이 있고 싶어 하는가?

이 질문에 대해 '아니오' 혹은 '자주 아니오'라고 답한다면, 이 기본적인 의사소통 구성 요소를 잘 생각해보고 아이와 주고받는 상호작용을 더 활기차게 만들어주는 재미있는 활동을 추가하면 좋다. 아이와 서브와 리턴을 더 많이 하려면 좀 더 즐거운 일이 추가되어야 할 때가 있다. 내가 위에서 언급한 연령대별로 서로 다른 서브와 리턴이 부족하거나 아예 없다면 소아청소년과 전문의 혹은 아동 발달 전문가와 상담하여 도움을 받을 수 있다.

조엘과 에이바 부부는 재키와 남동생 테렌스 사이의 극명한 차이 때문에 육아 딜레마에 직면했다. 아이들은 서로 촉발하는 계기가 달랐고 유대감을 느끼고자 하는 욕구도 뚜렷이 구별되었다. 할머니가 예고 없이 집에서 하룻밤을 묵은 건 재키에게는 힘겨운 도전을 제기하는 '서브'였지만 테렌스는 마음이 편안했고 기뻐했다. 사건이 일어났던 그날 아침 테렌스는 기쁨에 들떠 할머니의 서브를 즉시 리턴했지만, 재키는 할머니를 뜻밖에 또 보게 되자 고통에 빠지고 말았다. 아이들은 이렇게 서로 다르다. 우리는 아이와 매일 상호작용하여 아이에게 필요한 게 무엇인지 파악할 수 있다.

이렇게 공동 조절에서 서브와 리턴의 역할을 이해한 내용을 바탕으로 서로 간의 유대감과 기쁨도 키워나가며 느긋하게 자신과 아이의 서브와 리턴 수준을 알아보는 4단계 과정을 살펴보자.

서브와 리턴을 강력하게 만들어주는 'LOVE'

————

공동 조절을 생각해볼 때, 서브와 리턴 역학 관계를 매우 강력하게 만들어주는 LOVELook, Observe, Validate, and Experience 약어를 기억하면 도움이 된다.

바라보라Look

아이를 '관대한' 눈으로 바라보라. 관대한 눈이란 말 그대로 시야를 넓혀 바라보는 것, 판단하지 않고 넓은 마음을 품는 것이다. 관대하게 바라봄으로써 마음을 부드럽게 가다듬고 우리가 배울 수 있는 모든 것에 마음을 연다. 보는 눈이 관대해지면 이 순간 아이가 행동으로 말하는 걸 중요하게 여긴다. 관대한 눈으로 바라볼 때 아이를 있는 그대로 받아들이고 따뜻하게 대하며 사랑한다는 메시지를 전달할 수 있는 건 덤이다.

관찰하라Observe

판단하지 말고 있는 그대로 관찰하라. 우리는 제대로 생각해볼 겨를도 없이 아이의 행동을 좋은 행동 혹은 나쁜 행동으로 재단하기 바쁘다. 하지만 이제 알게 되었듯이 행동은 아이의 플랫폼 상태가 외부로 나타난 것이다. 아이의 얼굴, 몸짓과 몸에 관심을 기울여라. 그리고 아이를 관찰하면 중요한 정보를 알 수 있다는 생각을 받아들여라. 또한 아이가 얼마나 평온한지 혹은 불안해하는지 관찰하라.

관찰하면 할수록 무수히 많은 정보를 알게 되고, 거기에 관심을 집중해야 한다. 편견 없는 호기심을 품고서 아이가 편안해하고 또 힘들어하는 시간에 무엇을 하고 있는지 살펴보라. 판단 없이 관찰하면 아이의 행동이 뭔가 중요한 사실을 우리에게 알려주고 있다는 걸 인식할 수 있고 그게 무엇인지 기꺼이 알아내고 싶어진다. 아이와 우리 자신을 일단 믿으면 아이의 행동이 무엇을 의미하는지에 대한 선입견을 떨쳐버릴 수 있고, 그런 행동에 우리 책임도 있다는 자기비판과 자기비난에서 조금 더 자유로워진다. 우리가 가진 정보와 신체로 최선을 다한다는 말을 주문처럼 외워라.

인정하라 Validate

아이가 힘들어할 때 아이의 경험을 있는 그대로 인정하라. 아이가 힘겨워하면 상황을 판단하거나 평가하지 말고 아이를 토닥여주고 유대감을 쌓는 서브와 리턴을 차분하게 시도하라. 아이가 힘들어하는 행동은 신경계가 부모와의 유대감, 부모에게서 안전하다는 신호를 보내달라고 요청하는 신호라는 점을 기억하라. 아이는 존재를 인정받고 싶으며 외로움을 원하지 않는다. 아주 효과적인 인정의 형태는 아이가 겪는 어려움을 아무 생각 없이 해결해주려고 나서는 대신 그대로 바라보는 것이다. 그것만으로 충분할 때가 있다. 그리고 아이의 행동을 판단하지 않고 같이 있어주기만 해도 아이 스스로 조절하는 데 힘이 될 때가 있다.

경험하라Experience

서브와 리턴 기법을 이용하여 부모의 녹색 경로를 아이와 공유함으로써 함께 안전을 경험하라. 아이와 함께 서브와 리턴을 여러 방식으로 조심스럽게 시도하라. 처음부터 다 잘할 수 없다는 사실을 명심하라. 그래도 괜찮다. 우리는 아이가 신체 예산에 예금이 필요할 때 상호작용을 통해 아이들을 진정으로 도와줌으로써 회복탄력성을 키울 수 있다. 아이에게 불편하지만 새로운 경험을 참고 힘차게 끝까지 해보자고 부탁하는 한이 있더라도 서로 즐겁게 서브와 리턴을 주고받도록 노력하라.

6장에서 아이에게 맞춰 상호작용을 심화하기 위해 아이가 선호하는 감각에 대한 통찰력을 어떻게 이용할 수 있는지 알아보겠다. 이렇게 하면 아이와 함께한 경험에서 오는 즐거움과 기쁨을 더 많이 누릴 수 있으며 아이가 능력을 최대한 발휘하여 새로운 힘을 키우며 어려운 도전에 처음 직면해도 이를 헤쳐나갈 인내력을 키우는 데도 도움이 될 것이다.

아이 곁에 가만히 있어주는 사람

조엘과 에이바는 LOVE 연습을 통해 재키와 공동 조절과 유대감을 쌓아나갔다. 재키는 자기 조절력이 향상됐고, 플랫폼을 강화할 수 있었다. 이들 부부는 과거엔 타임아웃을 이용해 딸의 행동을 직접 바꾸는 데 집중했지만, 이제는 앞에서 설명한 체크인 방법을 이용했다. 재키의 행동이 플랫폼과 신체 예산을 반영한다는 사실을 이해할 만큼 부부는 새로운 시야가 생겼다. 부부는 딸을 인정했다. 딸이 자기 조절을 얼마나 어려워했는지, 녹색 경로에서 유대감을 쌓는 일이 얼마나 힘들었는지 비로소 알게 되었다.

조엘과 에이바는 재키의 신경계가 일상의 평범한 일을 위협으로 느낄 때가 많았으며, 그 때문에 재키와 가족 모두가 큰 대가를 치르고 있었다는 사실도 받아들였다. 재키는 행동으로 자신의 플랫폼을 보호했던 것뿐이었다. 이전에 두 사람은 딸의 '부적절한' 행동을 아예 무시할 때가 많았고, 딸의 행동이 나쁘며 너무 보기 싫다고 생각했으므로 그런 행동을 하는 데 따르는 결과를 제시할 때가 자주 있었다. 두 사람은 아이를 호되게 야단치기, 결과 제시하기, 원하는 것을 해주겠다고 제안하여 행동 변화를 유도하기처럼 예전에 자주 의존했던 방법 대신 공동 조절을 최우선시하는 쪽으로 육아 방식을 바꿨다.

재키가 아이스크림에 자기가 원하지 않는 색상의 스프링클이 뿌려졌을 때처럼 별일 아닌 일에도 실망감을 표출하며 막무가내로 떼쓰곤 했을 때 그래도 부모는 재키가 긍정적인 면을 보도록 애쓰곤 했다.

만일 두 사람이 스트레스를 받은 상태라면 재키가 과민반응을 한다고 했을 것이다. 이제 두 사람은 관대한 눈으로 딸을 바라보았다. 그러자 딸이 일부러 무례하게 행동하지 않는다는 걸 깨달았다. 재키는 정서, 유연성은 물론 예상치 못한 일이 갑자기 발생했을 때 재빨리 태도를 바꾸고 적응할 능력이 아직 완전히 발달하지 못한 상태였다. 이 능력이 충분히 발달하려면 수년이 걸릴 수 있다. 이렇게 딸에 대한 기대 수준 차이를 새로이 알게 되자 두 사람은 아이에게 버릇없이 굴지 말라고 아무 생각 없이 단단히 타일렀던 과거와 달리 이젠 녹색 경로에서 먼저 인내심을 찾고 부드러운 어조로 재키에게 간청하듯 말했다. "재키야, 이렇게 하는 게 힘들다는 거 알고 있단다." 두 사람은 아이를 가르치고 잘못을 지적하거나 결과 제시를 남발하지 않고 단순히 아이 옆에 있는 '존재'로 변화했다.

양육 방식을 바꾸자 조엘과 에이바는 딸의 행동이 아직 발달 중인 자기 조절력, 그리고 공동 조절로 도움을 받아야 하는 딸의 플랫폼에서 나오는 결과임을 알게 되어 딸에게 더 많은 연민을 품게 되었다. 아이의 행동을 개선하려면 훈육이 가장 좋은 방법이라고 생각하는 사람들이 많지만, 공동 조절이 자기 조절력을 키우는 핵심 비결이며 그 결과로 행동은 자연스럽게 개선된다.

공동 조절이 가져온 축복

공동 조절을 시작한 뒤, 재키의 부모는 아이를 이전과 다른 관점에서 바라보기 시작했다. 아이를 판단하지 않고 관찰하자 아이가 일상 활동이나 주변 환경의 아주 작은 변화에도 대단히 민감하게 반응한다는 사실을 발견했다. 더 자세히 알아보니 재키가 몸으로 느끼는 다양한 감각에 따라 걸핏하면 고통이 유발되기 때문에 앞일을 꼭 예측하고 싶어 한다는 사실도 알았다.

TV 소리, 남동생이나 다른 아이가 우는 소리처럼 주변 환경 여기저기서 들리는 평범한 소리가 재키의 안전 감지 시스템을 작동시켰다. 관대한 눈으로 아이를 바라보고 판단 없이 관찰하자, 재키의 부모는 재키가 사람 많은 음식점이나 쇼핑몰처럼 이미 시끄러운 장소에서 또 큰 소리가 나면 손톱을 물어뜯고 계속해서 했던 질문을 또 한다는 걸 알게 되었다. 그건 재키의 플랫폼이 튼튼한 녹색 경로에서 취약한 적색 경로로 바뀌고 있다는 신호였다.

이 사실은 재키의 부모에게 커다란 깨달음을 주었다. 두 사람은 재키가 공원에 놀러 가는 것처럼 누가 봐도 안전한 일상 경험을 하는 동안에도 재키의 신체는 (뇌를 거쳐) 위협을 인식하여 큰 타격을 입는다는 걸 꿈에도 생각하지 못했었다. 두 사람은 친척들이 많이 참석하는 가족 모임도 재키의 신체를 고통으로 몰아넣을 수 있다는 걸 깨닫자 재키에게 깊은 연민의 정을 느꼈다. 이 사실을 알게 된 뒤, 두 사람은 재키가 '서브'를 할 때 '리턴'하는 방식을 바꿨다. 두 사람은 이제 재키의

'나쁜' 행동이 버릇없어서 그런 것이 아니라 고통을 나타내는 신호라는 것을 알았다.

자기 잘못이 아니지만, 몸속에 격한 불안감이 생긴 아이는 앞으로 무슨 일이 벌어질지를 예측할 수 있기를 간절히 원한다. 그건 일부러 대장 노릇을 하며 무례하게 구는 것과는 다르다. 아이의 시스템에 적응해가는 일은 부모들에겐 여전히 어렵다. 그러므로 아이의 여러 문제 행동은 아이가 항상 의도했거나 계획한 게 아니라 스트레스에 대한 반응일 때가 많다는 사실을 기억해야 한다.

재키의 부모는 마침내 재키가 일부러 그랬던 것도 아니고, 자신들의 육아 방식이 잘못되지도 않았다는 것을 깨닫게 되었다. 그리고 재키가 그렇게 행동한 진짜 이유도 알게 되었다. 동료이자 심리학자인 로스 그린Ross Greene이 한 유명한 말이 있다. "아이들은 할 수만 있다면 잘할 수 있다." 나는 그 말에 전적으로 동의한다. 어떤 일을 아이들이 하지 못한다면, 우리는 아이들이 일부러 그러는 것이 아니라는 것을 명심하고 그 이유를 아이에게 물어봐야 한다.

나중에 안 일이지만 재키의 부모가 새롭게 알게 된 육아 기법인 아이와의 따뜻한 유대감 형성을 적극적으로 실천하자 재키와 가족에게 큰 변화가 찾아왔다. 재키의 부모는 재키가 좀 더 유연해지고 여러 경험에 대한 신체 반응, 특히 예상치 못한 경험을 할 때 더 안전하다고 느끼려면 가족과의 유대감을 더욱 튼튼히 하여 공동 조절을 해야 한다는 필요성을 마침내 깨달았다.

재키의 부모는 재키의 자기 조절력 발달이 아직 미숙한 상태에서 문제 행동이 나타난다는 걸 알고 공동 조절에 집중했다. 처음에는 아이와 더 즐겁게 지내려 노력했고 아이와의 유대감을 즐겁게 키워나갔다. 얼마 안 있어 두 사람은 재키의 예측 불가능한 행동이 예전만큼 두렵지 않았다. 가족이 지켜야 하는 규칙과 한계를 일관성 있게 유지했고 아이가 용납될 수 없는 행동을 하면 차분하면서도 권위를 갖고 지적했다. 어쨌든 그들은 부모였고 가족이 지켜야 할 원칙과 가치를 재키와 남동생에게 심어주는 일이 우선이었다. 눈앞의 불을 끄는 데 급급해하다가 이제 아이와의 공동 조절을 강화하는 쪽으로 중심이 바뀌었다.

재키의 부모는 재키가 적색 경로로 바뀌는 아주 미세한 신호를 알아차렸고, 그때마다 애정 어린 눈길로 바라보며 말을 걸었다. 단순하면서도 재미있는 집안일을 도와달라고 하여 아이에게 감정적으로 신체적으로 더 가까이 다가갔다. 또한 재키에게 몸속에 어떤 느낌이 드는지 다정하게 물어보기도 했다. 아직 어린 재키는 대부분 질문에 대답하지 못했지만, "우웩이에요" 또는 "즐거워요"라고 말할 때도 있었다. 이것은 아이의 조절 장애 근원에 도달하는 첫 번째 단계, 즉 아이가 자신의 신체 감각을 알아차리도록 도와주는 일이었다.

재키가 부모에게 말을 하든 말든, 부모는 재키의 신체 예산이 대폭 감소하는 걸 발견하면 플랫폼 구축을 위한 긍정적인 서브와 리턴 상호작용을 할 것이다. 예를 들어 재키가 가족 모임 참석을 걱정하는 눈치이면 재키의 부모는 그 자리에 누가 올 예정이며 모임 장소는 어떻게 생겼고 어떤 소리가 들릴지 미리 말해줘서 재키가 마음의 준비를 할 수 있게 도왔다. 이렇게 단순한 변화만으로도 재키의 신경계는 곧 다가올 피할 수 없는 도전에 준비할 수 있었고, 재키의 신체는 가족 모임이 주는 스트레스 요인에 더 쉽게 대처할 수 있었다.

재키의 부모는 적극적으로 공동 조절을 실천했고 재키와 활발하게 상호작용을 하여 튼튼한 유대 관계를 형성했으며 재키가 가끔 얼마나 예민해지는지 제대로 인식했다. 전에는 먼 곳으로 여행을 떠나면 재키와 가족에게 힘든 일이 발생했지만 이제 두 사람은 재키를 먼저 준비시키는 데 새로운 노력을 기울였다. 두 사람은 그전에 아이와 했던 수많은 활동이 재키의 도전 지대 밖에 있었다는 걸 깨달았다. 그래서 재키에게 공감하는 모습을 더 많이 보였고 재키가 자기 조절력을 키우는 걸 도와주려고 공동 조절에 힘썼다. 나는 재키가 소리에 지나치게 민감할 때가 있다는 이야기를 듣고 어린이용 헤드폰을 빌려주어 사람들로 붐비는 행사 자리에 가면 쓰도록 했다. 재키는 시끄러운 소리를 견딜 수 없으면 헤드폰을 쓰고 다른 일을 했다.

몇 달 뒤, 재키와 부모 모두 전보다 마음이 편안해진 걸 알게 되었다. 부부가 먼저 기분이 좋아지자 재키도 따라서 좋아졌다. 두 사람은 딸과 시간을 점점 더 많이 보냈다. 재키 가족과의 마지막 만남에서 재키는 수줍게 미소를 지으며 이젠 더 이상 필요 없게 되었다며 헤드폰을 내게 돌려주었다.

더할 나위 없이 행복한 상황에서도 육아는 힘들며 우리를 지치게할 때가 많다. 공동 조절을 하면 기분은 좋지만, 엄청난 노력과 상당한에너지가 필요하다. 우리가 기진맥진 상태라면 어떻게 신경 써서 아이들과 함께 있을 수 있겠는가? 다음 장에서는 부모인 우리가 에너지와 체력을 유지할 방법을 알아볼 것이다. 육아 도구를 보관하는 공구 상자에서 가장 중요한 도구다.

내 아이의
회복탄력성을 위한
조언

자기 조절력은 아이의 신호를 실시간으로 읽고 수년 동안 아이와 유대 관계를 형성하며 긍정적인 경험을 제공하고 사랑을 베푸는 어른과의 공동 조절을 통해 만들어진다. 이는 아이가 태어날 때부터 시작되는 과정이다. 아이를 아끼는 어른들과의 정서적인 공동 조절이 이루어지면 성공적인 자기 조절이 가능해진다. 아이의 공동 조절 경험은 자신의 다양한 감정에 억눌려 힘들어하지 않고 그 감정에 대처할 능력으로 이어진다. 자기 조절은 매일 진행되는 과정이며 아이들의 미래 정신 건강과 회복탄력성을 뒷받침하는 주춧돌 같은 존재다.

5장

가장 중요한 육아의 기술은
부모 자신을 잘 알고
돌보는 일이다.

부모도 돌봄이 필요하다

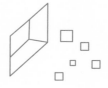

아이를 행복하고 온전하게 살게 해주는 마법 같은 공식은 없다. 하지만 그 가능성을 높이는 한 가지 요인이 있다. 바로 튼튼한 부모다. 플랫폼이 튼튼하면 우리는 아이들을 더 잘 이끌고 가르치고 양육하며 한계를 정해줄 수 있다. 물론 아이를 키우다 버럭 화내고 나중에 후회할 선택을 하는 별로 바람직하지 못한 시기를 모두가 겪는다. 아이들과 공동 조절을 하는 게 중요한 만큼 우리 자신도 건강해야 한다. 이 말이 항상 기분 좋게 지내야 한다는 뜻은 아니다. 그보다 서로 꼭 끌어안고 즐겁게 웃으며 아이가 원할 때 조용하고 편안하게 쉬게 하거나 든든하게 보살피는 것처럼 정말 '즐거운 일'이 일어나는 녹색 경로에서 아이들과 함께 시간을 보낼 만큼 기분이 좋아야 한다는 뜻이다.

지금 알고 있는 걸 그때 알았더라면

아이의 신체 예산에 예금하는 한 가지 방법은 공동 조절이다. 그렇다면 공동 조절의 결정적인 요소는 무엇일까? 바로 부모 자신이다. 즉, 우리의 표정과 목소리 톤, 몸짓, 걸음걸이, 말투 등에서 나타나는 부모의 플랫폼 상태. 이 장에서 우리는 자기비판에 빠지지 않고 가능한 한 자기 연민을 많이 실천하여 자신을 가장 효과적으로 조절하는 방법이 무엇인지 살펴보겠다. 각종 연구를 통해 우리의 신체 예산에 효과적으로 예금하는 방법으로 밝혀진 방법들을 소개한다. 하지만 무엇보다도 자신을 소중히 돌보면 신체와 정신 건강이 증진되고 유지되므로 부모든 부모가 아니든 누구에게나 그건 정말 좋은 방법이다.

아이들이 태어나기 전에 아동심리학자였던 나는 아이들의 정신 건강을 잘 보살필 수 있다는 자신감이 넘쳤다. 내 전문인 육아와 애착 연구 분야를 잘 알고 있었고, 육아에 대한 감정적 부분은 공원 산책하기처럼 아주 쉬운 일이라 생각했다. 정말이지, 대단한 착각이었다.

얼마 전 나는 오래전에 찍은 우리 가족 동영상을 보다가 한 장면에서 깜짝 놀랐다. 화면에는 어린 세 아이와 마당에서 놀고 있는 남편과 내 모습이 보였다. 갑자기 막내가 날카롭게 소리를 질러댔다. 예민하고 조용하며 좀처럼 목소리를 높이지 않는 둘째도 맞받아 소리치기 시작했다. 시간이 이렇게 많이 흘렀어도 그때 생각만 하면 부끄러워서 몸이 움츠러들었다. "다들 입 다물지 못해?" 나는 크고 단호하게 말했다. 그리고 맞받아 소리쳤던 네 살짜리 둘째에게 타임아웃을 시켰다. 충격

받은 둘째는 자기가 뭘 잘못했는지 도통 모르겠다는 듯이 두 눈을 크게 뜨고 나를 쳐다봤다.

영상에 찍힌 나 자신이 이제야 객관적인 시선에서 보였다. 화면 속에는 스트레스로 지치고 감정을 조절하지 못하는 한 여자가 있었다. 아이들의 감정은 고려하지 않고, 애들이 버릇없이 소리를 지른다고 이웃 사람들이 흉보면 어쩌나 걱정만 하는 아무것도 모르는 젊은 엄마가 보였다. 그리고 적절하게 자기주장을 하는 어린 딸에게, 화면 속의 나는 과잉 반응하고 있었다.

나는 내 행동이 아이에게 어떻게 받아들여질지 몰랐던 게 확실했다. 내게 필요했던 건 가벼운 깃털 하나였는데 무거운 망치를 힘껏 휘두른 모양새였다. 아니, 차라리 가만히 있었으면 더 좋았을 수도 있었다. 자제력을 잃지 말고 어떻게 된 일인지 궁금해하며 상황을 지켜봤었어야 했다. 나는 분명 남의 눈을 너무 의식해서 딸이 날카롭게 지르는 소리를 듣자마자 적색 경로로 내몰렸고, 나 자신의 불안을 딸에게 전가해 모질게 대하고 벌을 주었다.

하지만 나중에 생각해보면 나는 그때 엄마로서 할 수 있는 최선을 다하고 있었다. 당시 나는 나 자신을 전혀 조절할 수 없었고 신경계와도 완전히 단절되어 있었다. 그렇다, 나는 아동심리학자였지만 그때는 플랫폼, 안전 감지 시스템 혹은 신경계 경로에 대해 아무것도 몰랐다. 내가 몸담았던 학문 분야는 그 개념들을 받아들이지 않았는데, 그건 지금도 마찬가지다.

한 가지 교훈을 얻었다. 부모의 행동과 말이 아이에게 어떻게 받아들여지는지를 알면 유용하다는 것. 그리고 자기 조절 하는 법을 가능한 한 많이 알아두면 도움이 된다는 것. **부모인 우리의 행복감이 육아 공구 상자에서 가장 중요한 도구로 쓰이기 때문이다.**

부모가 아이의 신경계에 미치는 영향

많은 부모, 특히 엄마들이 우울증, 불안감, 누적된 피로, 부족한 경제력 등 그들이 짊어진 부담감 때문에 아이의 발달에 상당히 나쁜 결과를 미친 것 같다고 고백한다. 자신의 몸과 정신이 이미 고갈된 상태인데도 휴식을 취할 새도 없이 매일 '마른 행주를 비틀어 짜듯이' 힘겹게 아이를 키우는 부모들이 전 세계에 너무나 많다.

우리는 아기가 태어나고 처음 몇 년 동안을 매우 중요한 시기로 여긴다. 그래서 아이를 사랑하고 깊이 연민하는 엄마들일수록 그 시기에 아이의 요구에 제때 반응해주지 못했다는 죄책감을 갖고 있는 경우가 많다. 나도 내 불안감과 부담감 때문에 아이의 성장을 해치는 건 아닌지, 혹은 아이도 나처럼 불안하게 만드는 건 아닌지 전전긍긍하던 때가 많았다.

우리 삶의 환경은 육아에 당연히 영향을 끼치지만, 아이와 우리의 성장 과정에는 변화가 활발히 일어난다. 나는 뇌와 신체가 삶의 경험을 어떻게 보호하고 그것에 적응해가는지 알게 됐다. 성장할 기회는 절대 닫히지 않는다. 나는 85세 된 노인들도 생각을 바꾸고 세상을 바라보는 관점을 개선하도록 도와준 적이 있다! 그러니 만약 과거에 아이와 나눈 상호작용 방식이 걱정스럽다면, 먼저 자신을 따뜻하게 다독여주어라. 그리고 현재 관계의 힘이 미래에 우리가 세상을 보는 방식을 바꾼다는 사실을 유념하라. 아이와의 관계, 그리고 자기 자신과의 관계에서 안전감을 느끼고 안도할 기회는 항상 존재한다. 아이들과 유대관계를 맺을 새로운 기회, 아이들과 자기 자신을 연민하는 마음을 찾을 기회는 매일 찾아온다.

스트레스에 찌든 사람과 같은 방 안에 있으면 어떤 기분이 드는가? 부모에게 좋은 것이 아이에게도 좋다는 말이 있다. 부모가 행복해야 아이가 행복하다는 말도 있다. 아이들은 우리가 균형을 이룰 때 생물학적·정서적 도움을 받는다. 이것이 바로 부모의 자기 돌봄이 매우 중요한 이유다.

부모들이 자신의 스트레스를 줄이려면 어떻게 해야 할까? 엄마나 아빠에게 똑같이 다 좋은 것이 아니라, 오롯이 나 자신과 연결되며 신체 예산을 채워주는 일이 중요하다. 육아의 중심에는 우리 자신의 행복이 자리한다. 우리 플랫폼은 아이들의 행동을 이끌듯이 우리의 육아 행동도 이끌어준다. 조절을 받는다는 느낌이 들도록 뇌와 신체를 보살펴야 한다. 바로 우리가 우리 아이들에게 하는 것처럼.

부정 편향에 갇혀 있는 부모들

부모가 되는 것이 그렇게 스트레스를 주는 이유는 우리가 다른 모든 사람처럼 긍정적인 경험보다는 부정적인 경험에 좀 더 집중하는 경향이 있기 때문이다. 이것은 '부정 편향negativity bias'이라는 기능으로 인한 결과다. 뇌는 부정 편향에 따라 긍정적인 경험보다 부정적인 경험을 우선시한다. 이러한 생존 기반 본능은 적응 반응으로써 그 덕분에 우리 조상들은 주변 환경의 위협에 주의하여 생존에 유리한 위치에 있었다. 만일 뇌와 신체가 천둥을 동반한 폭우나 달려드는 맹수에 반응하지 않았더라면 우리는 살아남지 못했을 것이다.

시간이 흐르면서 부정 편향이 항상 우리에게 도움이 되지는 않았다. 심리학자 릭 핸슨Rick Hanson은 부정 편향의 장기적인 영향에 대해 **나쁜 행동은 우리에게 벨크로처럼 달라붙어 떨어지지 않고, 좋은 행동은 비닐 조각처럼 미끄러져 사라진다**고 말했다.

한때 내 머릿속에 아이들이 행복하지 못하면 어쩌나 하는 두려움이 달라붙어 떨어지지 않은 적이 있었다. 아이들 걱정에 너무 빠져 있어서 당시 현실을 즐기지 못한 적도 많았다. 아이들은 건강에 좋은 음식을 충분히 먹었을까? 난 아이들에게 방과 후 활동을 충분히 하게 했을까? 아이들 일정이 너무 과한 걸까? 아니면 그 반대일까? 기존 심리학에서는 이렇게 쉽게 걱정에 빠지는 내 성격을 불안으로 규정할지도 모르지만, 핸슨의 관점은 좀 더 중립적이다. 인간의 뇌가 위협을 감지하고 자손을 보호하기 위해 진화해왔기 때문이라는 것이다. 그리고 아이들에게 위협이 되는 건 반드시 신체적 위협만은 아니다. 핸슨이 강조하듯이, 부정적인 경험은 훨씬 더 '끈적해서' 찰싹 달라붙어 사라지지 않는다. 예를 들어 많은 사람이 동료나 상사의 부정적인 지적에 굉장히 신경 쓰는 경향이 있다. 다른 좋은 소식보다 그걸 더 중요시한다. 이렇게 타고난 성향을 이해하면 우리는 자신에게 좀 더 연민을 갖고 대할 수 있다.

위협을 우선시하는 건 우리 조상들이 살아남는 데 도움이 되었지만, 현대를 사는 부모들에게는 부담이 될 수 있다. 이러한 성향을 알게 되자 나는 이래저래 신경 쓰느라 전전긍긍하거나 걱정 많은 엄마에서, 다른 모든 사람처럼 부정 편향을 경험하는 또 하나의 예민한 사람으로서 나 자신을 바라보는 관점을 바꾸는 데 도움이 되었다. 우리는 이런 편견에 친숙해지고 그걸 감수하고 상쇄하는 행동을 할 수 있다. 사실, 가장 중요한 육아 기술 중 하나는 자기 자신을 잘 알고 돌보는 일이다.

아이에게 가장 필요한 것은 건강한 부모다

몇 년 전 나는 부모가 겪는 스트레스, 그리고 우리 자신과 아이들의 회복탄력성을 키우는 방법을 논하는 콘퍼런스의 공동 의장을 맡았다. 기조연설자 중에서 내면의 힘을 차분하게 발산하는 엘리사 에펠Elissa Epel의 연설에 매료되었다. 에펠은 엘리자베스 블랙번Elizabeth Blackburn과 함께 일한 적이 있었으며, 블랙번은 세포가 얼마나 빠르게 노화하는지 알려주는 염색체의 일부인 '텔로미어telomere'에 관한 선구적인 연구로 노벨상을 받은 적이 있다. 에펠은 스트레스를 줄이고 노화까지도 역행할 방법에 관해 설명했다. 나는 강한 흥미가 생겨 집중해서 들었다. 알고 보니 나는 힘들게 일하는 신경계를 가졌으며 과도한 스케줄에 시달리는 엄마였다. 매일 일하면서 스트레스와 트라우마를 목격하기도 했다. 에펠의 연구에 따르면 나 같은 부모들은 마음 챙김과 명상처럼 간단한 자기 돌봄 방법을 실천하면 세포 노화를 늦추는 데 도움이 된다고 했다.

20년 전 국립연구위원회와 의학연구소는 대규모 연구를 진행했다. 그 연구는 유아발달학을 포괄적으로 정리하여 요약했고, 그 결과로 나온 것이 『뉴런에서 이웃으로: 유아발달학From Neurons to Neighborhoods: The Science of Early Childhood Development』이란 책이다. 과학을 실천으로 옮긴 그 책의 중요한 결론은 동료들과 내가 이미 알고 있던 것이었다. 그것은 바로 따뜻한 양육 관계가 아이들의 두뇌 발달과 미래에 필요한 회복탄력성 형성에 중요한 역할을 한다는 것이다.

최근 전미과학공학의학한림원의 전문가들과 연구원들은 유아기에 관한 또 다른 획기적인 연구 결과인 『활기차고 건강한 아이들Vibrant and Healthy Kids』을 출판했다. 그 책은 유아기에 양육자와 관계의 중요성을 재확인했고, 『뉴런에서 이웃으로: 유아발달학』보다 훨씬 획기적인 새로운 내용도 담았다. 그것은 양육자를 도와주고 보살펴서 그들이 행복하도록 보장하는 일이야말로 건강한 아동 발달에 매우 중요하다는 내용이다. 다시 말해 부모도 보살핌이 필요하다는 것. 그건 우리 아이들의 행복에도 매우 중요하다.

이제 그 말은 누구나 아는 상식처럼 들리지만, 그동안 아동 발달 연구자들은 부모들의 기분이 어떤지 혹은 적절한 지원과 보살핌을 받고 있는지가 아니라, 아동 발달을 도우려면 부모들이 무엇을 해야 하는지에 주로 초점을 맞춰 연구해왔다. 하지만 과중한 부담에 시달리고 제대로 보살핌을 받지 못하는 부모가 많았다. 특히 경제적 문제로 고생하는 사람들, 가입된 건강보험 보장 내용이 불충분한 사람들, 인종차별과 암묵적인 편견을 겪거나 혹은 한부모 가정 사람들이 겪는 부담은 걷잡을 수 없이 늘어나고 있다.

국립 알레르기·전염병 연구소의 연구 결과에 따르면 소수 집단 구성원들이 다른 사람들보다 고혈압, 폐결핵, 당뇨 같은 만성 질환으로 고생할 가능성이 크며, 이러한 격차는 "충분한 식사와 의료 서비스 이용, 그리고 우리 사회에 명백히 존재하는 인종차별의 영향과 관련하여 일부 유색인종 사람들이 태어날 때부터 가지고 있는 불리한 조건으로까지 거슬러 올라가는 건강의 사회적 결정 요인 때문에 발생한다"고 했다. 부모도 신체적·정서적 지원과 도움 그리고 인정을 받아야 한다는 필요성이 연구 결과 확인되었다. 이것은 내가 지난 수년간 여러 환자에게 알려준 메시지이기도 하다.

아멜리아와 사일러스

미혼모인 아멜리아는 엄마가 된 이후 사는 게 너무 힘들다고 고백하며 울기 시작했다. 아멜리아는 갓난아기인 아들 사일러스와 함께 자기 어머니의 집에서 살았다. 아멜리아는 보험회사에서 일했고 자기 어머니가 집에서 아기를 돌봤다. 회사 정책에 따라 아멜리아는 몇 달 동안 출산휴가를 받아 집에서 갓난아기를 키웠다. 하지만 아멜리아는 아기에게 기쁨과 사랑을 느끼는 만큼, 사일러스가 울 때 종종 극심한 불안과 고통을 느꼈다.

소아청소년과 의사가 내게 상담을 받아보라고 진료를 의뢰한 후, 아멜리아는 나를 찾아와 유아기에 크나큰 감정 표현은 당연히 있다는 걸 잘 알지만, 사일러스가 울기만 하면 낯설고 두려운 감정이 갑자기 일어난다고 했다. 아멜리아는 아기 울음이 10분 이상 계속되면 심장이 마구 뛰면서 식은땀이 줄줄 흐르고 불안해지곤 했다. 견디기 너무 힘들면 아멜리아는 어머니에게 아기를 맡기고 집 밖으로 나와 동네를 한 바퀴 돌다가 들어갈 때도 있었다.

아멜리아는 아들이 괴로워하면 왜 자신의 고통이 촉발되는지 알지 못했다. 사일러스는 건강히 잘 크고 있다며 안심하라는 소아청소년과 의사의 말도 아멜리아가 긴장을 완화하는 데에는 거의 도움이 되지 않았다. 아멜리아는 아들이 태어나서 고마웠고 또 아들을 진심으로 사랑했지만, 엄마가 되는 일은 불안했으며 심적으로 언제든 무너져내릴 수 있다는 생각이 들었다. 가족의 유일한 부양자였기 때문에 아멜리아의 스트레스와 부담은 더욱 커졌다.

타이런과 데이나

타이런과 데이나는 코로나19 대유행 시기에 나를 찾아왔다. 몇 달 동안 계속된 봉쇄가 끝나고 이 두 사람은 심적으로 힘들어하고 있었다. 봉쇄 기간에 두 사람은 일곱 살 된 개구쟁이 아들 자힘과 함께 사는 집에서 재택근무를 했다. 대유행 이전에 풀타임으로 만족하며 일하는 동안 자힘은 학교에 다녔고, 돌봄 프로그램에 즐겁게 참여했다.

몇 달이 지나자 타이런과 데이나는 전보다 다툼이 잦아졌고, 아이와 상당히 부정적으로 상호작용하고 있다는 걸 깨달았다. 코로나 유행 이전 두 사람의 걱정거리는 부모라면 누구나 가지고 있는 것들이었다. 아들은 숙제를 다 했을까? 아들은 마음껏 야외활동을 즐기고 운동도 할까? 우리는 밤에 자힘이 원하는 만큼 책을 읽어주고 있을까?

이제는 그런 질문들에 더해 스트레스가 더 늘어났고, 재택근무에 집중하도록 자힘에게 엄격한 규칙을 두는 데서 오는 죄책감이 더해졌다. 두 사람이 한창 일하는 중에 자힘은 시시때때로 불쑥 들어와 말을 걸곤 했다. 타이런은 아들에게 방해하지 말라며 날카롭게 소리칠 때가 많았으며, 그러고 나서 후회했다고 솔직히 털어놓았다. 장난감을 치우거나 온라인 수업 시간에 얌전히 앉아 있기를 거부하는 등, 자힘의 평소답지 않은 새로운 문제 행동에 어떻게 대처해야 하는지를 놓고 부부의 의견이 서로 충돌하자 스트레스는 더욱 극심해졌다.

이 두 가족이 겪은 일은 다른 가족에게도 흔하다. 아이들의 감정이 수많은 경험으로 촉발될 수 있듯이 우리도 마찬가지다. 그나마 좋은 소식은 그래도 대처할 방법이 있다는 것이다.

나의 자기 돌봄 상태 알아보기

아이들처럼 우리도 신체의 요구 사항이 충족되면 플랫폼의 정서적 기반이 더 튼튼해진다. 우리 기분이 좋아지면 아이와 공동 조절을 더 잘할 수 있다.

바람직한 자기 돌봄이란 무엇인지 알고는 있지만, 운동에 '정말' 집중하고 잠을 더 자거나 건강에 더 좋은 음식을 먹으라고 주변에서 아무리 권해도 실천하기 어려울 때가 너무 많다. 아이를 키우고 식사를 차리고 집세를 내며 안정적으로 살기 위해 자신의 욕구를 희생해야하는 게 육아 현실이다. 타이런과 데이나가 겪었듯이 전 세계를 휩쓴 전염병으로 육아 압박에 대한 스트레스는 전보다 더 나빠졌다.

만일 당신이 정서 상태를 안정적으로 유지하려고 힘들게 애쓰고 있다면 아래 질문에 지난 일주일 동안 평균값으로 답해보자.

- 당신은 매일 밤 7~8시간씩 잠을 자는가?
- 당신은 하루에 물을 6~8잔씩 마시는가?
- 당신은 매일 영양가 높은 음식을 골고루 먹는가?

• 당신은 매일 운동하며 몸을 활발히 움직이는가? 아니면 일상 활동을 하며 움직이는가?

아마 적어도 한 개의 질문에 '아니오'라 답했을 것이다. 특히 신생아나 어린 아기 혹은 아장아장 걷는 아기의 부모라면 더 그렇게 대답했을 확률이 높다. 그래도 괜찮다! 첫 번째 단계는 뭔가 빠진 게 있다는 걸 깨닫는 일이다. 너무 바빠 하루하루가 견디기 힘들면 물 한 잔 마시거나 제대로 식사를 하거나 온종일 앉아 일하는 의자에서 몸을 움직이는 일도 잊어버리기 쉽다.

잠을 충분히 못 자고 수분을 섭취하지 못하거나 잘 먹지 못하거나 사회에서 너무 고립된 삶을 산다면 신체 건강에 조만간 그 영향이 나타날 수 있다. 유전적 특징과 삶의 경험에 따라 나이를 더 먹을 때까지 그 영향이 눈에 띄지 않을 수도 있지만 불충분한 자기 돌봄이 초래하는 부정적인 결과는 누구도 피해갈 수 없다. 특히 오랫동안 자신의 건강관리에 신경 쓰지 않았다면 더욱 그렇다.

과거를 되돌아보면 아이들이 아직 어리고 나 자신을 천하무적의 굳센 엄마라고 생각했을 때 나도 나를 돌볼 생각을 하지 못했다. 정신없이 바쁘게 살다 보니 내 욕구보다는 언제나 아이들의 요구 사항을 더 먼저 챙기게 되었다. 어쨌든 나는 활력이 넘쳤고, 내 일과 바쁜 삶을 사랑했고, 신체 예산이라는 말은 들어본 적도 없었다. 예전에 정신 건강에 대해 교육받고 훈련했을 때에는 정신과 신체가 서로 분리되어 있다고 배웠다. 예를 들어 불안은 신체와 관련이 없는 정신적인 개념으로 취급되었다. 하지만 앞에서 확인했듯이 정신과 신체를 따로 구분하는 건 잘못된 생각이다.

신체를 돌보는 일이 바로 정신 건강을 돌보는 일이다. 즉, **자기 돌봄이 곧 정신 건강 돌봄이다.** 장기간에 걸쳐 고갈된 신체 예산으로는 육아를 잘할 수 없다. 자기를 따뜻하게 돌볼 때 비로소 아이와의 공동 조절도 잘할 수 있다. 아이를 키우다 보면 정신적인 에너지를 과다하게 소모하게 되기 때문에 신체적·정신적인 부담을 무리하게 짊어진다. 그러므로 반드시 부모 자신의 행복을 우선시하는 법을 배워야 한다.

기본부터 시작하자. 먼저 영양가 높은 음식을 먹고 물을 충분히 마시면 몸에 필요한 영양소를 얻을 수 있다. 하루 중 일정 시간에 몸을 움직이거나 기초 운동을 하는 것은 특히 장기적으로 건강을 유지하는 데 중요하다. 무엇보다도 부모 건강에 가장 필요한 요소는 무엇을 먹고 얼마나 운동하는지가 아니라 평소에 간과하기 쉬운 것, 바로 수면이다.

수면은 생명 유지 장치다

앞서 매일 밤 7~8시간 잠을 자느냐는 질문에 "아니오"라고 답했다면 위험한 상태에 놓여 있다. 특히 지난 몇 개월 혹은 몇 년간 계속 수면 부족을 겪었다면 더더욱 위험하다. 뛰어난 수면 연구 학자이자 캘리포니아 버클리 대학의 신경과학 및 심리학 교수인 매트 워커Matt Walker는 테드 토크TED Talk 강연에서 단도직입적으로 말한다. "수면은 당신의 슈퍼파워입니다", "수면은 우리가 살면서 선택할 수 있는 사치품이 아닙니다", "수면은 협상 불가능한 생물학적 필수 요소입니다. 수면은 생명 유지 장치입니다". 수면은 심혈관계, 신경 내분비계, 면역 체계 그리고 공동 조절력, 우리가 일할 때와 육아할 때 필요한 사고력, 결정력을 비롯한 우리 몸의 모든 시스템을 유지시킨다.

하지만 모든 부모는 일단 아이가 태어나면 예전처럼 잠을 잘 수 없다는 걸 잘 알고 있다. 나는 내가 마지막으로 편안하게 잠을 잔 때가 첫째 아이가 태어나기 전날 밤이었다고 반농담조로 말하곤 한다. 그날 밤 이후 내 두뇌의 한 부분은 혹시 아이 울음소리가 나는지, 아이가 나를 찾는지, 기침 소리가 들리는지 혹은 아이가 한밤중에 잠에서 깨 돌아다니는 건 아닌지 항상 귀 기울이며 깨어 있었다. 밤마다 숙면에 방해를 받아 몇 번이고 잠에서 깼다. 한밤중에 내 도움이 필요할지도 모르는 소중한 누군가가 늘 있었고 나중에는 두 명, 그다음에는 세 명이 되었다.

수면 부족은 우리 문화에서 해결하기 쉬운 문제가 아닌 게 확실하다. 부분적으로는 많은 사람이 가족, 친척 그리고 언제든 달려와 육아를 도와줄 사람들과 지리적으로 혹은 다른 방식으로 멀리 떨어져 살기 때문이다. 우리는 이전 시대에 일반적이었던 대가족을 이루고 살지 않으므로 오늘날 부모들은 대부분 누구의 도움 없이 홀로 육아 부담을 짊어지고 있다.

나는 여러 세대가 모여 사는 집에서 어른 세 명, 즉 부모님과 외할머니의 도움을 받으며 자랐다. 세 명 중 한 명이 잠시 쉬거나 낮잠을 자야 하거나 아프거나 따로 다른 일을 해야 할 때 또는 다른 아이를 돌봐야 할 때마다 다행히 다른 사람이 그 빈자리를 대신했다. 하지만 오늘날 대부분 가족은 그런 호사를 누리지 못한다. 많은 이들은 일과 육아를 끝없이 반복하고 있으며 아이들이 잠들어야만 비로소 뭔가를 할 수 있다. 하지만 수면은 우리의 생명 유지 장치인 만큼 수면 부족이 만성화되지 않도록 예방하는 게 중요하다.

아기가 어느 정도 자라 수면 패턴이 일정해질 때 창의적인 방식으로 수면 시간을 확보하면 도움이 된다(7장에서는 아이들의 수면을 도와줄 방법을 알아보겠다). 다른 이들과 분담하여 아기를 돌보는 방법을 찾거나 자신이 매일 할 수 있는 일의 기대치를 낮추는 방법도 있다. 아기가 한밤중에 깨면 배우자나 파트너와 번갈아가며 아기를 돌봐라. 아니면 먼저 갓난아기를 키워본 현명한 부모들의 지혜인 '아기가 낮잠 잘 때 엄마도 같이 자라'를 새겨들어라.

더 자란 아이를 둔 부모는 잠잘 시간을 정해서 아이와 함께 수면 의식을 만들어보는 것도 좋다. 아이와 함께 스트레칭을 하고, 양치를 한 뒤 책을 읽고, 꼭 안아주고 잠자리 인사를 하는 등 아이와 부모 모두에게 유익한 건강한 수면 의식을 만드는 것이다. 부모가 취침 전 좋은 습관을 갖고 숙면을 취하는 모습을 아이들에게 자주 보여주는 일은 부모 자신만이 아니라 아이들을 위해서도 좋다.

단기적인 면에서도 우리가 충분히 잠을 자고 휴식을 취하는 일은 아이와 보내는 시간 동안 더욱 인내심을 발휘할 수 있게 만드는 효과도 있다. 게다가 장기적인 면에서도 물론 좋다. 수면 부족으로 인한 질병에 걸릴 위험을 낮춰줄 테니 말이다. 수면은 그만큼 중요하다.

우리에겐 다른 사람이 필요하다

음식, 물, 수면과 마찬가지로 육아에는 필수 영양소가 또 있다. 안전하다고 느끼는 다른 성인들과의 유대 관계다. 아이들과 마찬가지로 우리는 회복탄력성을 키우는 가장 중요한 한 가지 요소인 인간관계를 통해 생존하고 번성한다. 다시 말하면, 아이들뿐만 아니라 다른 어른들에게서도 우리가 보살핌을 받고 존재를 인정받으며 지지를 얻고 사랑받는다고 느끼는 건 아이의 성장을 위해서도 꼭 필요하다. 스트레스와 육아에 관한 연구원 수니야 루타르Suniya Luthar는 다음과 같은 질문을 던진다.

"누가 엄마를 엄마처럼 보살펴주나요?"

몇 년 전 심리학 콘퍼런스에서 루타르가 그렇게 질문하는 걸 들었을 때 나는 흡족한 미소를 지었다. 마음에 아주 와닿는 질문이었다. 물론 엄마들 대부분은 아무도 없다고 말한다. 많은 서양 문화권, 특히 미국의 부모들은 대가족과 이웃 사회에서 고립되어 홀로 아이를 키운다. 그런데 할머니는 부모님이 결혼하셨을 때부터 같이 사셨으므로 부모님은 아기들을 사랑으로 키워줄 든든한 육아 도우미가 처음부터 있었던 셈이다. 부모님은 홀로 아이를 키울 필요가 전혀 없었다. 나는 그 덕분에 부모님이 사업을 시작하여 성공하실 수 있었다고 굳게 믿는다.

하지만 내 아이들은 핵가족이라는 테두리 안에서 키우기로 했다. 나는 사생활을 누리고 싶었고 내 아이들의 경험을 통제하는 것, 또 그렇게 통제할 수 있다는 데서 오는 안도감을 즐겼다. 그리고 솔직히 말하자면 나는 다른 사람의 도움이나 간섭을 많이 받지 않고 남편과 함께 공동 육아를 즐겼다. 그래도 루타르의 질문은 중요하다. 누가 우리를 엄마처럼 혹은 아빠처럼 보살펴줄까? 당신을 위로해줄 사람은 누구인가? 그가 진행한 광범위한 연구는 엄마나 아빠가 친구와 가족에게서 사회적·정서적 지원을 받는 일이 얼마나 중요한지 강조한다.

그것은 바로 외로움과 사회적 고립이 신체와 정신 건강에 위험하기 때문이다. 미국의 보험회사 시그나Cigna에서 실시한 대규모 연구에 따르면 설문에 참여한 성인 2만 명 가운데 거의 절반이 항상 혹은 가끔 외롭거나 소외감을 느낀다고 답했다. 우리에게는 우리가 안전하며 안심해도 괜찮다고 느끼게 도와줄 다른 사람들이 필요하다. 코로나19 대유행으로 우리 사회가 봉쇄된 기간에 기분이 어땠는지 돌이켜 생각해보라. 그 기간에 나와 함께 일하고 상담했던 거의 모든 부모는 고립 상태에 빠졌고 기진맥진했으며 불안해했다.

우리는 다른 사람들과 인간관계를 맺지 못하고 홀로 살도록 강요받기 전까지는 인간관계가 우리의 행복에 얼마나 중대한 역할을 하는지 과소평가한다. 자신을 아끼는 다른 성인과 잠시만이라도 친밀한 인간관계를 맺으면 스트레스가 줄어든다.

현재 정신적인 도움이 필요한지 평가하는 데 도움이 될 몇 가지 질문이 있으니 대답해보자.

- 공동 양육하는 부모, 배우자, 아이의 다른 한쪽 부모, 친구, 가족 혹은 공동체 내에 당신이 안전하다고 느끼고 사랑받으며 당신을 받아주는 다른 사람들이 있는가?
- 당신은 그 사람과 걸러지거나 평가받을 걱정 없이 취약한 모습을 그대로 보이고 서로 고민을 나누고 감정을 주고받을 수 있는가?
- 당신은 필요하면 그 사람을 만날 수 있는가? 혹은 그보다 훨씬 더 좋은 방법인, 그 사람을 정기적으로 만나 함께 시간을 보내는가?

모든 부모에게는 함께 있으면 안전하다고 느끼고 신뢰할 수 있으며 인정받고 사랑받는 존재라는 기분이 들게 하는 사람이 필요하다. 다른 사람들과 공동 조절해야 하는 사람은 아기들이나 어린이들만 있는 게 아니다. 우리는 지금 모두 공동 조절하고 있다! 적어도 하루에 한 사람과 몇 분이라도 따뜻하게 가상 공간에서든 직접 만나든 교류하라! 만약 홀로 아이를 키우는 부모라면 특히 더 중요하다. 친구에게 전화하거나 신뢰하는 사람과 산책하거나 커피 마실 약속을 잡아라. 우리는 모두 이런 관계에서 도움을 받는다.

지금 그런 도움을 받지 못하고 있어도 괜찮다. 지금 당장은 무리겠지만, 미래를 위해서라도 꼭 고려해야 할 문제다. 이 제안은 부담을 주려는 게 아니라 삶을 더 편하게 해주기 위한 것이다.

자기 돌봄은 자각에서 시작된다

아이의 행동을 이해하는 데 관찰력이 결정적으로 중요하듯이 우리는 자기 자신도 세심하게 관찰해야 한다. 자각은 우리 플랫폼에 따뜻한 연민을 보이는 출발점이며, 우리의 신체와 뇌가 현재와 미래에 어떻게 처신해야 할지 알려준다.

3장에서 살펴봤던 체크인 과정을 기억하는가? 우리는 자각할 수 있으면 얼마나 평온한지 혹은 불안한지 스스로 인식하고 생생하게 느낄 수 있다. 우리가 적색 경로에 있다는 걸 알아차리는 그 단순한 자각의 순간만으로도 아이에게 소리 지르는 행동을 충분히 예방하며, 좀 더 긍정적이고 관계 개선을 위한 행동을 할 수 있다. 자각을 더 잘하기 위해 연습할수록 더욱 든든하고 균형 잡힌 기분을 느낀다. 그리고 행동하기 전에 잠시 멈출 수 있어서, 아이나 우리 자신에게 별로 도움이 되지 않는 말이나 행동을 자기도 모르게 저지르는 불상사를 미리 막을 수 있다.

내가 어렸을 때 일이다. 사랑하는 할머니가 어떤 문제를 놓고 고민하고 계셨다. 할머니는 한숨을 쉬고 심호흡을 하더니 천천히 "그래서 so"라는 단어를 반복해서 중얼거리곤 하셨다. 할머니는 영어가 모국어가 아니었으므로 영어로 적당한 단어를 찾지 못하거나 뜻밖의 일이 생겨 생각할 시간이 필요하면 그렇게 말하곤 하셨다.

'so'는 자기 인식self-awareness의 두 단계인 '멈추기stopping'와 '관찰하기observing'를 상징하는 말이기도 하다. 이 두 단계는 다음에 소개할 셀프 체크인의 1단계를 구성하며, 이 단계는 지금 자신이 어떤 경로에 있는지 확인하게 도와준다. 마음 챙김이 이렇게 선풍적인 인기를 얻기 수십 년 전부터 할머니는 마음의 여유를 가지고 잠시 멈추면 도움이 된다는 걸 본능적으로 알고 계셨던 듯하다.

자기 몸의 감각 느끼기

잠시 멈추고 자신의 몸 안에서 무슨 일이 일어나는지 지켜본다. 뭔가 느껴지면 무엇이든 집중해서 관찰하라. 예를 들어 심장 박동, 몸 어딘가의 고통, 갈증이나 배고픔, 감정, 생각처럼 몸에서 느껴지는 감각을 말한다. 그것이 좋다 나쁘다 평가하지 말고 관찰하며 집중하라. 뭔가 알아챌 수 있다면 성공이다! 방금 자각의 순간을 경험했고 마음 챙김의 순간도 느꼈다. 만약 아무런 느낌이 들지 않고 오히려 부정적인 느낌이나 기분만 든다고 해도 괜찮다. 그런 감정도 받아들이되, 판단하지 말고 그 경험을 인식하도록 노력하라. 지금은 뭐가 맞는지 틀린지를 따지는 자리가 아니다. 현재의 느낌을 자각하는 일은 익숙하지 않으면 이상하게 느껴질 수 있다. 마음이나 감각을 천천히 관찰하는 일이 불편하다고 해서 자신을 비판하지 마라. 그것은 다른 많은 사람에게도 낯선 경험이다. 자각은 우리 자신과 아이들을 위한 자기 조절의 핵심 요소다.

어떤 사람들은 자각하기 위해 잠시 멈추거나 마음을 느긋하게 먹는 걸 어려워하기도 한다. 자각하려는 노력 때문에 몸이나 마음에 스트레스가 쌓인다면 따뜻하게 연민하는 마음을 품고 옳고 그름의 판단 없이 그 현상 자체에 주목하라. 어떤 사람들은 균형을 유지하기 위해 자신을 보호하거나 적응하는 방식의 하나로 빠르게 작동하는 엔진을 가지고 있다. 그래도 괜찮다. 여유를 가지면 안전 감지 센서가 울린다고 해도 호기심을 갖고 그런 상태를 존중하라. 느긋한 태도를 보이는 일이 불편하면 바로 멈추고 나중에 준비될 때 다시 시도하라.

바쁜 현대 사회에서 자기 몸의 감각을 느낄 시간이 없다고 호소하는 부모들도 많다. 정말로 이해한다. 나는 엄마가 되고 얼마 되지 않았을 때 눈코 뜰 새 없이 너무 바빠 목이 마른 것도 느끼지 못했다. 그래서 물을 한 모금도 마시지 않은 채 하루를 보냈다. 그 상태로 계속 아기를 돌본다고 정신없이 움직이다가 그만 탈수 증세로 쓰러져 병원 신세를 져야 했다. 그 사건은 그동안 내가 갈증을 비롯해 몸에서 느껴지는 수많은 감각을 얼마나 무시하며 살았는지를 깨닫게 했다.

자기 관찰self-observation을 하면 자신의 몸을 가득 채우기 위해 무엇이 필요한지 파악하고 육아라는 대단히 힘든 과업을 수행하도록 신경계를 강화할 수 있다. 나는 세 아이를 바쁘게 키울 때 자기 집중self-focus과 자기 돌봄은 사치라고 생각했다. 엄마의 희생은 미덕이라는 사회 문화의 영향을 받은 게 분명한 내 본능에 어긋나는 것 같았다. 나는 내 '자유' 시간과 에너지를 아이들에게 쏟는 걸 더 좋아했다. 내가 엄마라는 사실이 너무 좋아서 스트레스가 내 삶을 망치고 있다는 사실에 거의 신경을 쓰지 않았다.

다 큰 어른이 된 아이들과 그 시절을 회상하는 요즘, 우리 가족은 이제 모두에게 사랑과 연민이 어린 추억을 떠올리며 웃기도 하고 민망해하기도 한다. 남편과 나는 육아와 일을 동시에 병행하는 야심 찬 부모였다. 나는 자기 인식을 거의 하지 않고 아이를 키우며 일할 때가 많았다. 언젠가 집에서 고객과 전화 통화를 할 때 아이들이 너무 시끄러워 화가 난 나머지 아이들 쪽으로 헤어브러시를 던져버린 적도 있었다 (그 생각을 떠올리면 지금도 너무 부끄럽다). 어떤 때에는 쇼핑몰에 차를 몰고 가서 도착한 뒤에야 내가 신발을 신지 않았다는 걸 알게 된 적도 있다 (지금도 웃음이 난다). 그렇다. 나는 아이들을 키우며 유체이탈 경험을 한 적도 가끔 있었다. 자각하는 법을 좀 더 키우고 내 신경계의 요구 사항을 충족시키기 위해 시간을 내는 일이 중요하다는 걸 진작 알았더라면 나는 좀 더 침착하고 건강한 엄마가 되었을 것이다.

마음 챙김 실천하기

자신의 욕구와 어떤 순간에 무슨 경로에 있는지를 더 효과적으로 자각하는 한 가지 방법은 마음 챙김을 실천하는 것이다. 수십 년간 연구를 통해 마음 챙김이 정신과 신체 건강에 긍정적인 영향을 준다는 사실이 입증되었다. 하루에 몇 번씩 잠시 가만히 몸동작을 멈추고 감각이나 감정을 관찰하여 마음 챙김을 시작할 수 있다. 판단하지 않고 현재 순간에만 집중하여 관찰력을 더 높일 수 있다. 이렇게 하면 짧은 시간이긴 하지만 자기 자신과 좀 더 연결될 뿐만 아니라 스트레스 감소에도 도움이 된다. 마음 챙김 방법을 설명하고 연습하게 하는 무료 앱들이 많으며 어떤 것들은 1분 정도로 짧으니 찾아보기 바란다.

평온한 상태로 안정적으로 있든 평온한 감각을 잃은 걸 알아차리든 우리의 목표는 완벽한 부모가 되는 게 아니라 자신의 신체 감각, 감정과 생각을 제대로 인식하며 피할 수 없는 인생의 우여곡절을 헤쳐나가는 것이다. 그리하면 우리는 자신을 부끄러워하기보다는 자유롭게 느끼고 할 일을 스스로 찾아 위안을 얻을 수 있을 것이다.

마음을 챙겨주는 자기 연민

한 연구에 따르면 오늘날처럼 스트레스가 많은 문화권에서는 다른 사람들로부터 평가받는다고 생각하거나 자기 자신을 부정적으로 판단하는 부모들이 많다. 어떤 대규모 연구에서 부모 10명 중 9명이 거의 항상 다른 사람에게 평가받는다고 느낀다는 사실이 밝혀졌다. 따라서 만약 다른 사람에게 평가받는다고 느끼거나 자신을 심하게 비판한다면 당신만 그런 게 아니다. 자신에게 연민하는 마음을 품는 것보다 아이들에게 연민을 느끼는 게 더 쉬운 것 같다.

나는 아이들을 키우느라 한창 고생할 때 자기 연민이란 건 있으면 좋지만, 꼭 필요하지는 않다고 생각했을지도 모른다. 심지어 그런 건 내게 사치라 여겼을 수도 있다. 하지만 대부분 학계에서는 자기 연민이 신체, 정신 건강과 전반적인 행복에 도움이 되고, 그 혜택은 아이들에게 돌아간다고 증명한 바 있다. 자기 연민은 아이를 키우는 과정에서 피할 수 없는 일인 우리 플랫폼에 예기치 않은 변화가 왔을 때 유용하게 쓸 수 있는 도구가 된다. 우리는 자기 연민을 통해 자신을 자각하여 마음을 위로할 수 있다.

텍사스 대학의 자기 연민에 관한 선구적인 연구자인 크리스틴 네프Kristin Neff는 이 주제에 관해 혁신적인 연구를 수행했다. 네프와 그의 동료이자 심리학자인 크리스 거머Chris Germer는 최첨단 자기 연민 실천 방법을 알려주기 위해 '마음을 챙겨주는 자기 연민mindful self-compassion, MSC'이라는 훈련 프로그램을 공동 개발했다. 두 사람은 마음을 챙겨주는 자기 연민 방법, 즉 자신을 친절하게 대하는 행동을 결합하여 지금 이 순간을 인식하는 방법을 알려준다. 두 사람이 실시한 선행 연구에 따르면 프로그램 참가자들은 자기 연민 수준이 증가했고 과정을 마치고 나서 불안, 우울감과 스트레스가 감소했으며 그 상태가 1년 후에도 유지되었다고 한다.

그 프로그램에 강한 흥미를 느낀 나는 캘리포니아 빅서Big Sur 해안이 내려다보이는 웅장한 산 중턱에서 크리스틴과 크리스가 운영하는 마음 챙김을 위한 자기 연민 수행 과정에 일주일 동안 참가했다. 자기 자신을 향한 연민은 자기 인식에 특별한 보살핌의 요소를 더했다. 그것은 고통스럽거나 부정적인 경험을 겪을 때 뭔가 다른 할 일을 만들어준다는 뜻이다. 마음을 챙겨주는 자기 연민은 마음 챙김이 건강에 가져다주는 확실한 장점 그리고 두려움과 걱정, 자기 회의감에 빠진 사람이 적극적으로 할 수 있는 일을 서로 결합해준다. 바로 그 점 때문에 마음 챙김은 훨씬 더 효과가 있었다.

아이들을 따뜻하게 연민하는 마음으로 대하는 것이 제2의 천성처럼 자연스러운 일인 반면에, 자기 자신을 그렇게 대하는 건 타고나지 않은 것 같다. 우리는 자기 연민을 어떻게 실천할 수 있을까? 힘들어하는 아이들을 대하듯이 어려운 도전이나 상황을 인정하며 인간은 누구나 시련을 겪는다는 걸 받아들이며 자신에게 친절을 베풂으로써 자기 연민을 실천할 수 있다.

크리스틴과 크리스는 내게 간단하긴 해도 연구 결과로 그 효과가 증명된 자기 연민을 실천하는 법, 즉 자기 연민 휴식 방법을 알려주었다. 이 방법은 필요하거나 원할 때마다 세 가지 인정을 자신에게 말해주는 것이다. 나는 육아로 힘들거나 다른 일로 마음이 심란하여 나 자신을 지탱해야 할 때 이 자기 연민 휴식을 주문처럼 되풀이하여 말한다. 평온한 감정에 조금씩 다가가도록 자신만의 주문을 자유로이 만들어 써보길 권한다.

자기 연민 휴식 방법

1. 힘든 순간, 상황이나 문제에 주목하고 인정하라. 그리고 자신에게 말하라. "이건 힘든 거야." 혹은 "이건 스트레스를 주는 일이야." 아니면 그저 "아야!"라고 해도 된다.
2. 당신만 고통받는 게 아니라는 걸 떠올리고, 그 사실을 인정하거나 자신에게 이렇게 말하라. "나만 그런 게 아니야." 혹은 "사람들은 힘들어할 때 이런 기분이 드는 거야." "부모들은 모두 가끔은 힘들어할 때가 있어."

3. 어떻게든 자신을 친절하게 대하라. 예를 들어 "나 자신에게 친절하거나
   상냥하기를", "나에게 필요한 걸 주기를"이라고 조용히 말하거나 "지금
   내게 필요한 건 무엇일까?"라고 자문하라.

주변 상황이 불안하거나 원할 때면 언제든 위 세 가지 문장을 자신에게 말해보자. 가벼운 신체 접촉도 생각해보라. 괜찮다면 심장이 있는 왼쪽 가슴에 손을 잠시 올려놓거나 뺨을 만져보라. 이 간단한 동작을 빠르게 하면 지금 괜찮다는 신호가 신경계에 전달된다. 아이에게 해주듯이 이 동작은 우리에게 안전하다는 메시지를 전한다. '이건 힘든 거야. 나만 그런 게 아니야. 나 자신에게 친절하게 대할 수 있기를.' 이 세 가지 단순한 문장은 힘든 상황에서 마음의 평온을 찾도록 도와줄 것이다. 자기 자신에게 연민을 품고 행복을 추구하면 우리는 아이들에게도 똑같이 해줄 수 있다.

사람들은 자기 연민에 가끔은 부정적으로 반응한다. 자기 연민이 나약하다는 신호인지, 아니면 나쁜 의미의 자기 연민self-pity이 뉴에이지 형태로 나타난 것인지 궁금해한다. 사실은 그 반대다. 우리는 모두 어떤 시점이 되면 부모로서 자격을 평가받는다고 생각하므로 자기 연민을 실천하는 일은 맹렬하고 용감하면서도 때로는 직관에 어긋날 때도 있다.

자기 연민이란 제멋대로 살자는 게 아니다. 자기 연민은 플랫폼을 구축한다. 자기 연민을 하면 신체와 정신 건강이 개선된다는 연구 결과도 있다. 자기 연민을 하면 행복감을 더욱 절실히 느끼고 아이들을

키우며 불가피하게 발생하는 불일치와 균열을 쉽게 바로잡을 수 있다. 우리는 인간이므로 가끔은 일을 망칠 수 있기 때문이다. 또한 자기 연민을 하면 우리가 아이들을 위해 정서 유연성과 자기 수용self-acceptance을 모델링할 때 도움이 된다.

그래도 자기 연민이 불쾌하거나 불편하다면 하지 않아도 괜찮다. 이 책의 중심 사상은 사람마다 독특한 개성을 존중하는 것이기 때문이다. 몸을 잘 보살핀다고 생각되는 다른 활동들을 계속 시도해보자. 뇌와 신체를 진정시키는 방법에 정답은 없다.

녹색 경로로 이끌어주는 호흡 조절 방법

시간을 따로 들일 필요 없이 효과가 강력하고 유익한 또 다른 방법이 호흡의 질과 인식을 바꾸는 일이다. 호흡을 조절하면 스트레스에서 회복하도록 도와주는 녹색 경로에 더 쉽게 접근할 수 있다. 뎁 데이나 치료사는 "호흡은 자율신경계로 직접 연결되는 통로입니다"라고 강조한다. 우리는 호흡을 통해 고통을 덜어줄 수 있다. 연구에 따르면 호흡 조절을 여러 방식으로 하면 불안, 스트레스, 우울증이 감소하고 면역 체계가 튼튼하게 유지된다. 그리고 호흡을 느리게 조절하면 신경계에 침착하라는 메시지가 전달되어 불안감이 줄어든다.

패트리샤 거바그Patricia Gerbarg와 그녀의 남편 리처드 브라운Richard Brown은 스트레스성 질환을 치료하는 데 느린 호흡과 그 외의 정신, 신체 치료법의 건강상 이점에 관해 연구하고 훈련 과정을 운영하는 정신과 의사다. 두 사람은 천천히 부드럽게 호흡하면 차분해지며 불안, 불면증, 우울증, 스트레스와 트라우마의 영향을 줄일 수 있다고 했다.

바쁜 일정에 허덕이고 잔뜩 긴장하여 몸이 굳은 많은 이들이 호흡 조절을 하면 신경계를 진정시키는 데 도움이 된다는 사실을 꼭 기억하라. 기분이 더 좋아지고 아이들과 공동 조절을 더 잘할 수 있을 것이다. 이제 막 장을 보고 두 팔에 식료품을 가득 안고 집에 왔는데 아이는 빨리 저녁밥을 달라며 소리를 질러대거나 반려견이 조금 전 현관문을 슬쩍 빠져나가 집 밖으로 달아날 때도 이 사실을 꼭 기억하라. 기진맥진해서 드디어 침대에 누워 잠을 청하지만 몸과 마음의 긴장이 풀리지 않을 때도 호흡을 조절하면 도움이 된다. 호흡을 조절하면 휴식하는 듯한 기분이 든다. 아이를 돌보느라 바쁘겠지만 잠시 자기만의 시간이 생기면 이 호흡 조절법이나 다른 비슷한 방법을 실천해보길 권한다.

호흡 조절 방법

천천히 숨을 들이마셔라(가능하다면 코를 통해). 하나에서 시작하여 넷, 다섯 혹은 여섯까지 숫자를 세어라(자신에게 편한 숫자만큼). 폐에 공기를 가득 채워 배가 불룩해지는 걸 느껴라. 이제 숨을 내쉬는데 이때에도 넷, 다섯 혹은 여섯까지 숫자를 세면서 내쉬어라. 연속해서 몇 번씩 되풀이하라. 긴장이 점점 풀리고 정신이 맑아지면 그건 몸의 생리 기능이 방금 녹색 경로로 바뀌었거나 녹색 경로 한가운데로 더 들어왔기 때문이다.

예를 들어 취침 시간에 더 평온한 기분을 느끼고 싶다면 숨을 들이마시는 시간보다 내쉬는 시간을 더 길게 하라. 방법을 달리하여 여러 번 시도해보는 게 중요하다. 몸이 가장 편안하게 느끼는 걸 하는 것도 중요하다. 만약 호흡 조절이 고통이나 불안을 일으키면 더 차분하고 민첩해지며 중심 잡힌 기분이 들도록 도와주는 속도를 찾기 위해 신경 써서 호흡 방식을 조절하면 된다. 긴장을 푸는 데 호흡 조절이 효과가 없다고 해서 자책할 필요는 없다.

호흡 조절의 가장 큰 매력은 언제 어디서나 쉽게 할 수 있다는 점이다. 우는 아기를 달래거나 징징대는 아이를 진정시키려 할 때도 우리는 늘 숨을 쉰다. 그리고 호흡 조절을 하면 자기 자신과 아이에게 인내할 수 있고 삶의 속도에 급급해하며 아이를 키우지 않아도 괜찮다는 사실을 상기시켜준다. 자기 연민 휴식을 하면서 호흡 조절도 몇 번 시도해보라. 그러면 자기 돌봄을 위한 도구를 언제든 이용할 수 있다.

자신의 어린 시절에 대한 연민

각자의 인생과 아이들에게 어떻게 반응하느냐는 자신이 살아온 과거 깊숙이 존재하는 것들, 즉 스트레스 많았던 어린 시절의 경험과 그 경험이 남긴 기억 조각들을 뇌가 어떻게 이해하는지에 따라 촉발될 수 있다. 그것들 대부분은 우리의 의식적인 인식 밖에 있다. 부모와 양육자가 우리의 필요 사항을 어떻게 충족시켰는지, 그들의 행동이 편안함과 안전을 원하는 우리의 요구 사항에 얼마나 잘 부합했는지도 포함한다. 예를 들어 어린 시절 우리의 부모가 우리의 부정적인 감정을 잘 참지 못했거나, 그런 감정에 대해 오해하고 무시하거나 벌을 줬다면, 어린 시절의 그런 경험들은 우리가 지금 자녀의 부정적 감정을 대하는 방식에 영향을 줄 수 있다.

아이가 부정적인 감정을 느낄 때, 오히려 부모가 더욱 고통스러워하는 경우가 있다. 자신의 과거 속 유사한 상황에서의 기억을 무의식중에 떠올리기 때문이다. 나는 내가 어렸을 때 겪은 고통을 아이들은 겪지 않게 하고 싶었는데, 그건 엄마인 내게 굉장히 힘든 문제였다. 하지만 기억하라. 견딜 수 있을 정도의 '좋은' 스트레스를 겪지 않으면 아이의 회복탄력성 발달에 오히려 방해가 될 수 있다는 사실을. 나는 엄마에게 필요한 회복탄력성을 더 많이 키우도록 도와준 믿음직한 치료사와 함께 나 자신을 감정적으로 촉발시키는 계기를 자각하고, 나 자신에 대한 연민을 기르려고 노력했다. 그 치료사는 나와 함께 탁월하게 공동 조절했으며 나는 평생 그녀에게 감사할 것이다.

자기가 해야 할 일을 다른 사람이 거의 다 해주다가 자립할 시기가 되자 한순간에 무너져버린 대학생들 이야기를 한 번쯤 들어봤을 것이다. 강조하건대, 자신의 과거와 살아남기 위해 어쩔 수 없이 적응해야 했던 사실을 따뜻하게 공감하고 자각하면 어렸을 때의 경험을 내 아이가 다시 겪는 일은 없다.

어떤 아버지는 어렸을 때 자기 어머니가 긍정적인 감정만 허용했고 그가 화내거나 공격적이면 철저히 무관심으로 대응했다고 한다. 그 결과 그는 매사 깍듯하게 행동하여 다른 사람의 기분을 잘 맞춰주는 사람으로 성장했다. 하지만 부정적 감정은 그의 내면에 꼭꼭 숨겨두었다. 그는 아버지가 되자 속으로 분노에 휩싸였고, 아들이 화를 내거나 걱정할 때 어떻게 해야 할지 몰랐다. 아이의 부정적인 감정은 '기회 균등', 즉 아이에게 예상되는 인간 반응의 범위에 있다고 설명하자 그는 상당히 안도했다. 아들이 화를 내는 건 건강하다는 뜻이고 또 충분히 예상되는 일이었다.

그는 자신이 적응형 생존 전략으로 부모님을 기쁘게 하며 커왔다는 사실을 깨닫자 좀 더·관대해졌고 자신의 감정을 받아들였다. 심지어 아들에게 부정적인 감정을 자유롭게 표현하라고 격려하기도 했다. 나는 그가 기본적인 신체 느낌을 더 많은 감정 단어로 연결하여 표현하는 능력을 키우게 하여 그 작업을 도왔다. 이것을 '**감정 입자도**emotional granularity' 개발이라고 부른다('섬세함' 혹은 '거칠거칠함' 같은 정밀 단계를 떠올려 보라). 처음에 그는 고통스러울 때 기분이 "나쁩니다"라는 말만 반복했다. 몇 달 뒤 그는 좀 더 세밀하게 "불안합니다", "화가 납니다", "부럽습니다" 등의 감정도 표현했다. 마침내 그는 아들도 그렇게 하도록 도와줄 수 있었다.

아이와 함께 있을 때 부정적 감정이 올라온다면 일단 하던 일을 멈춘다. 판단하지 않고 그저 관찰하는 게 좋다. 자신이 인지하지 못하는 과거의 기억이나 경험 때문에 그런 감정이 올라올 수 있다. 아직 해결되지 않은 과거의 문제로 지금 아이와 갈등을 빚고 있다는 생각이 든다면 그걸 받아들인다. 마음속으로 자책하지 않는다. 후회, 수치심과 죄책감을 떠올리면 신체 예산에서 인출만 이루어지므로 이때 자기 연민이 매우 중요하다. 우리 부모 세대는 그분들의 잘못이 아닌데도 우리가 아는 긍정적인 육아 정보의 혜택을 누리지 못했다. 좋은 의도였겠지만, 부모 세대는 "넌 과잉 반응하고 있어", "버릇없이 굴지 말고 어른이 물어보면 대답해야지" 혹은 "얌전히 있어!" 등의 메시지를 끊임없이 보내 우리 기분을 상하게 하거나 자기 자신을 의심하게 했을 수 있다. 그런 메시지를 자각하는 것만으로도 우리가 겪었던 일을 아이들이 겪지 않게 도울 수 있다.

부모가 할 일

어렸을 때 부모님이나 양육자가 당신의 욕구와 감정을 어떻게 바라보고 받아들였는지 떠올려보고 글로 적어보라. 부모님이나 주변 어른들은 당신이 아이였을 때, 청소년이었을 때 부정적인 감정을 단순하게 혹은 다양하게 표출하면 그걸 받아주었는가? 관찰한 내용을 리스트로 작성하고 아이를 키울 때 과거의 고통이 다시 나타나는지 잘 생각해보라.

부모인 우리는 알 수 없는 이유로 본능에 따라 행동할 때가 있다. 무엇이 잠재의식을 촉발하느냐에 따라 우리는 아이들의 행동을 보고 과잉 혹은 미온적으로 반응한다. 이 장에서 소개하는 도구들은 부모 자신이 예상한 걱정거리나 트라우마에 반응하기보다는 아이의 관점에서 아이의 요구 사항을 정확히 알아내는 능력을 깨닫고 지원하는 데 도움이 된다. 우리 자신의 문제 행동이 아이들의 문제 행동처럼 잠재의식에 따라 행하는 적응 행동이란 사실을 기억하면 유용하다. 즉 신경계는 우리를 보호하고 어린 시절의 어려움을 헤쳐나가게 도와주려고 해야 할 일을 한 것이다.

만약 어렸을 때 겪었던 힘든 일을 생각나게 하는 아이의 행동에 강하게 반응이 올라온다면 자신을 따뜻하게 다독여주라. 학대당했거나 다른 사람이 학대당하는 걸 지켜봐야 하는 힘든 환경에서 살았던 것과 같은 과거의 불행한 경험이 오래 지속되었다면 치명적인 스트레스와 트라우마를 유발할 수 있다. 과거의 상처를 치유하기 위해 언제든 도움을 받을 수 있다. 만약 자신을 조절하는 데 어려움을 겪는다면, 특히 양육자들이 학대나 폭력을 경험했거나 목격했다면 이러한 문제들을 깊이 탐색하고 그것들이 부모로서 당신의 삶에 어떤 영향을 끼쳤는지 알아내는 게 중요하다. 우리는 무의식에 따른 반응을 관찰하고 이해하는 법을 배울 수 있다. 과거가 부모가 된 당신에게 부담을 준다는 생각이 들면 정신 건강 전문가와 상담하여 육아 과정에서 일깨워진 강렬한 감정 해결에 도움을 받는 게 좋다.

절망적인 기분이 들고 심한 우울증이나 자해 충동에 시달린다면, 심각한 문제이긴 하지만 그래도 치료가 가능하다. 전국 24시간 연중무휴로 운영되는 자살 예방 상담 센터로 전화하면 전문가들의 따뜻한 상담을 받을 수 있다.

※ 자살 예방 상담 전화(한국): 국번 없이 1393

중요한 건 완벽한 어린 시절이 아니라 자각이다

어린 시절을 완벽하게 보낸 사람은 아무도 없다. 자라온 환경과 상관없이 삶을 어떻게 이해하는지, 살아온 이야기를 어떻게 말하는지가 중요하다. 우리의 감정, 신체 감각, 생각과 기억을 자각하면 아이들에게도 이롭다. 그렇게 자각하면 우리의 스트레스 요소 중에서 개인적인 문제와 아이의 요구 사항, 감정을 구별하는 데에도 도움이 된다. 아이들에게 화풀이하는 일도 없어진다.

과거에 사로잡혀 살아가서는 안 된다. 치유는 몰랐던 부분을 조심스럽게 알아가는 과정에서 이루어지므로 과거의 경험은 아이에게 예측 불가한 행동을 하지 않게 해주고 부정적인 감정이 올라온 자신을 따뜻하게 돌봐줘야 한다는 신호가 된다. 우리 자신은 물론 우리를 돌볼 책임이 있던 사람들도 살아가기 위해 애썼고, 지금도 그렇게 살고 있다.

부모 자신의 과거와 부정적 감정의 트리거를 자각하면 아이에게 겁주는 행동이나 말을 하는 것과 아이의 근본적인 욕구와 연결되는 것의 차이를 구별할 수 있다. 든든하게 중심을 잘 잡을 수 있다. 만약 잘 조절되지 않으면 그걸 깨달아 다시 조절되는 상태로 돌아가게 하는 도구를 찾아낼 수 있다.

부모가 할 일

아이를 키우다가 힘든 순간이 닥치면 잠시 멈추고 표정, 목소리 톤과 몸짓을 바탕으로 당신이 지금 어떤 색상 경로에 있는지 생각해보라. 자신에게 질문하라. "이 순간이 내 안의 뭔가를 촉발하고 있나?" 만약 그렇다면 자신을 비판하지 마라. 그보다는 괜찮다면 그 느낌을 글로 적고 숙고해보라. 부정적인 감정이 촉발되는 순간을 인식하는 일이 과거 트라우마가 아이들에게 영향을 끼치는 걸 막는 가장 효과적인 방법이다.

자신의 신체 예산을 채우는 연습

우리 삶에서 스트레스는 피할 수 없다. 우리 몸이 차분해지도록 도와주는 도구를 갖춰야 하는 이유다. 각자 스트레스를 서로 다르게 인식하므로 신체 예산을 진정시키고 회복하는 걸 도와줄 자기만의 스트레스 해소 방법을 갖추면 좋다. 우리 각자는 독특하며 서로 다른 방식으로 세상을 경험하므로 스트레스에 대처하고 우리 자신과 연결되기 위한 도구상자를 만들어야 한다.

도구상자에 어떤 도구를 담아야 할지 결정하려면 그걸 찾아낼 시간이 필요하다. 몸과 마음에 영양분을 공급하는 활동이나 순간을 목록으로 적을 수 있게 일기나 노트를 가까이에 두어라. 부정 편향이 이뤄지지 않도록 주의한다. 나는 부모가 중심이 되는 활동을 적으라고 권장한다. 시간이 갈수록 즐거운 순간은 잊히고 스트레스를 주는 순간은 기억에 오랫동안 남으므로 그 활동이나 순간이 일어나는 바로 그때 글로 적어둔다. 상황을 정확히 포착하여 기록할 수 있고 나중에 필요하면 되풀이할 수도 있다.

부모가 할 일

자기 자신 혹은 다른 사람들과 더 많이 연결된 기분이 드는 각자의 방법을 글로 적어보자. 그건 누구의 방해도 받지 않고 따뜻한 물로 샤워하는 것일 수도 있다. 아니면 음악을 듣거나 춤을 추거나 점심시간에 잠시 산책하거나 명상하거나 정원을 가꾸거나 요가 혹은 교양 수업을 받거나 친구들과 커피를 마시며 수다 떠는 일일 수도 있다. 아이와 함께 야외에서 편하게 자리 잡고 앉아 햇빛이 아이 머리카락에 반사되어 반짝반짝 빛나는 순간을 즐기는 것일 수도 있다.

무엇이 신경계의 균형을 되찾아주는지 가장 잘 아는 사람은 바로 자기 자신이다. 평화와 위로, 혹은 기쁨을 안겨주는 긍정적인 경험이나 습관이 있는가? 신체 예산이 거의 바닥을 보일 때 어떤 활동을 하면 다시 채워지는지 생각해보자.

이제 자기 돌봄 방법을 잘 알게 되었으니 다시 이 장의 첫 부분에 소개했던 두 가족을 만나보자. 아들 사일러스의 울음소리를 들으면 감정이 올라오던 아멜리아, 그리고 코로나19로 봉쇄된 기간에 부부 싸움과 아들과의 갈등이 급격히 악화되었던 타이런과 데이나를 만나보자.

과거를 직시한 아멜리아

사일러스가 몸이 불편해서 우는 게 아니라는 점을 다시 한번 확인하기 위해 나는 아멜리아의 진료를 의뢰했던 소아청소년과 의사에게 연락했다. 사일러스가 우는 건 어디가 아파서가 아니라는 걸 의사가 확실히 밝혀주자 나는 아멜리아가 보이는 반응의 더 깊은 근원을 그녀와 함께 살피기 시작했다.

먼저 나는 아멜리아에게 아이와의 상호작용, 행동, 발달 단계가 그녀의 스트레스 많은 잠재의식 속 기억을 촉발할 수 있다고 설명했다. 인생에서 그때그때 벌어지는 일에 따라 우리 모두 청색 경로와 적색 경로를 옮겨 다니듯이, 모든 부모는 아이의 행동 때문에 어떤 시점에서 자기도 모르게 과거의 기억이 촉발된다. 하지만 우리가 정말 통제할 수 있는 것은 이러한 기억들에 대해 어떻게 생각하고 무엇을 하는가다.

아멜리아는 사일러스의 울음소리가 왜 그렇게 견디기 힘들었는지 이해하려 애쓰며 자신의 과거를 탐색했다. 아멜리아는 자기가 어렸을 때 감정이 격해지면, 식료품점에서 관리자로 늦게까지 일하던 엄마가 재빨리 아멜리아를 달래주고 부정적인 감정을 품지 않게 하려고 온 힘을 다한 것을 기억했다. 엄마는 자신의 고통을 너그럽게 참아내지 못했으므로 아멜리아도 자기 자신의 감정을 인식할 자유가 없었다. 그래서 어린 아멜리아는 그런 방식에 적응했고, 자신의 부정적인 감정을 억눌러 엄마를 도우려고 했다.

그 결과 아멜리아는 다른 사람들을 안전하고 행복한 기분이 들게 해주는 일에 익숙해졌다. 그런 성격 덕분에 친구들이 많았고 직장에서도 평판이 훌륭했지만, 자신의 행복에는 희생이 따랐다. 아멜리아의 엄마는 많은 사람에게 신경을 써야 했고, 그들을 먹여 살리느라 눈코 뜰 새 없이 너무 바빠 자기 감정을 쏟아낼 배출구가 없었다. 아멜리아 역시 여러 가지 어려움과 문제를 해결하는 과정에서 너무나 많은 고통을 짊어진 채 살아왔다는 사실을 깨달았다. 그러다 보니 자신의 진실한 감정을 감추게 되고 말았다. 그것이 바로 아멜리아가 겉으로는 명랑하고 기분 좋아 보여도 쉽게 고통에 빠지는 이유였다.

마침내 아멜리아는 자신을 자각하고 깊이 연민하며, 자기 자신을 더욱 세심히 조율했다. 짊어지고 있던 부담과 걱정도 인정하기 시작했다. 아멜리아는 자신이 가족 중에서 유일하게 돈을 버는 존재라는 사실을 끊임없이 걱정했다. 자신의 건강상 이유나 사일러스 관련 일로 시간을 내야 하는 일에 조바심을 냈으며, 직장 일과 육아 사이를 매일 아슬아슬하게 왔다 갔다 하며 밑도 끝도 없이 하나하나 다 챙겨야 하는 일들로 스트레스를 받았다. 이제 아멜리아는 부정적인 감정을 촉발하는 계기가 무엇인지 자각했으며, 어린 아들과 바람직하지 않은 방식으로 상호작용한 데는 다 이유가 있었다는 사실에 안도했다.

또한 사일러스의 가장 든든한 양육자인 엄마와의 복잡한 역학 관계도 더욱 깊이 이해했다. 엄마에게 좀 더 솔직해지고 자기주장을 하려 애썼다. 아들의 부정적인 감정에도 좀 더 관대하게 대했고, 가끔은 내게 전화해 더 도와달라고 부탁하기도 했다. 아멜리아는 자신의 경험을 혼잣말로 스스로에게 들려줬으며, 자신을 연민하는 방법도 실천하여 위로했다. 아멜리아는 자기만 고통을 겪는 게 아니라 다른 부모들도 마찬가지라는 걸 알게 되었다.

몇 달 뒤 아멜리아는 고통을 견디는 힘이 강해졌다. 자신을 비난하는 일도 전보다 줄었다. 한번은 아멜리아가 상담 중에 자기는 감정의 창문을 덮고 있던 햇빛 가리개를 걷어 올리고 환한 햇빛을 안으로 들인 느낌이 든다고 말했다. 아멜리아가 자신의 몸이 느끼던 감정을 더 잘 이해하고 아들을 안아줄 때처럼 자기 자신을 따뜻하게 품고 달래주자 이제는 아들의 울음소리를 들어도 더는 괴롭지 않았다.

균형감을 찾은 타이런과 데이나

내가 타이런과 데이나를 만났을 때 두 사람은 인내심이 바닥나 있어서 신체 예산에 예금이 많이 필요한 상태였다. 나는 아들이 하는 행동, 즉 부모가 재택근무를 하는 중에 계속 방해하고 말을 듣지 않는 행동은 부모를 사랑하고 이제 막 자기 조절을 하기 시작한 어린아이의 정상적인 행동이라고 알려주었다. 또한 아들의 문제 행동은 코로나19 대유행 때문에 생긴 스트레스 그리고 친구들과 선생님을 보고 싶어 하는 마음을 나타낸다고 설명했다.

두 사람에게 필요한 건 그들의 신체 예산에 다시 예금할 방법을 알아낼 시간이었다. 타이런은 전 세계적인 유행병 때문에 문을 닫은 헬스클럽에서 전에 운동하던 때를 그리워했다. 그래서 연말 보너스로 받은 돈으로 실내 자전거를 사서 다시 운동을 시작했다. 그는 또 만나고 싶었던 친구들과 줌으로 매주 체크인을 했다.

데이나는 자기가 받는 스트레스의 가장 큰 원인이 자힘을 갑자기 집에서 교육해야 한다는 것임을 알았다. 데이나는 아들이 학업에 뒤처질까 봐 아들과 그녀 자신에게 커다란 압박감을 주고 있었다는 걸 깨달았다. 그 결과 데이나와 자힘은 같은 감정의 롤러코스터를 타고 함께 오르락내리락했다. 자힘이 기분 좋으면 데이나도 기분이 좋았다. 자힘이 불안해하면 데이나도 불안해졌다. 재택근무를 하면 나름대로 장점이 있지만, 데이나는 아들의 감정을 그대로 흡수하기보다는 아들의 변화무쌍한 경로를 조절하도록 그녀 자신을 진정시킬 방법이 필요했다.

데이나는 마음 챙김이 도움이 된다는 걸 알았다. 앱을 이용해서 짧게 명상을 시작하자 스트레스에 더 잘 대처할 수 있게 되었다. 또한 매일 밤늦게까지 텔레비전을 보느라 수면이 늘 부족하다는 사실도 깨달았다. 수면 부족 문제를 해결하자 인내심을 회복했고 아들과 더 잘 조율할 수 있었다.

마지막으로 두 사람은 거의 1년 동안이나 밤에 둘만의 외출을 하지 않았다는 사실도 깨달았다. 친구와 서로 돌아가며 아이를 봐주기로 하고, 두 사람은 부부 사이를 회복하기 위해 단둘이서만 일주일에 한 번씩 근처 공원에서 저녁을 먹고 오는 데이트를 시작했다.

이 두 가족은 신체적·정신적 요구 사항과 과거를 따뜻하게 연민하고 자각하며 신뢰하는 사람들에게서 위로받는 것과 같은 어떤 부모라도 할 수 있는 방식으로 위안과 해답을 찾았다. 무엇이 우리 신경계 상태에 영향을 끼치는지, 어떻게 하면 아이들과 효과적으로 공동 조절을 할 수 있는지에 관한 통찰력을 찾게 해주는 육아 해결책을 지금부터 알아보자.

내 아이의
회복탄력성을 위한
조언

우리의 육아 도구상자에 담긴 가장 중요한 도구는 우리 자신의 감정과 신체의 행복이다. 그렇다고 우리가 완벽해야 한다는 말이 아니다. 우리의 요구 사항을 확인하고 자신에게 효과 있는 자기 돌봄 방법을 찾아내며 그 과정에서 자신에게 따뜻한 연민을 품는 게 핵심이다. 정신 건강 그리고 정서적인 안정감을 느낄 수 있는 능력을 중요시하는 것이 자기 자신과 아이를 위해 할 수 있는 최선의 일 중 하나다.

6장

아이들의 행동은
그들이 세상을 어떻게 인식하는지
보여주는 창문과도 같다.

아이는 감각으로 세상을 이해한다

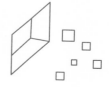

아이가 태어날 때 잘 키우는 방법이 담긴 지침서를 가지고 있다면 정말 멋지지 않을까? 사실 한 가지 지침서가 존재하긴 한다. 바로 아이의 몸이다. 앞에서 언급한 대로 아이를 잘 키우려고 노력하지만 아직 제대로 발달하지 않은 아이의 인지 능력이나 의지, 자제력 등을 너무 기대한 나머지 실수를 저지르기도 한다. 아이의 환심을 살 만한 유인책을 아무리 많이 제시하고 많은 공을 들여 설득하더라도 우리가 바라던 대로 항상 일이 진행되지는 않는다. 아이의 행동이 진정 무엇을 의미하는지 알고 싶으면 세상을 향한 아이의 신체 반응에 주목해야 한다. 거기서 많은 정보를 알 수 있다. 아이를 도와주는 좋은 방법 중 하나는 아이가 세상을 어떻게 경험하는지, 그리고 그 경험이 아이의 기본 감정, 행동, 생각과 정서에 어떤 영향을 주는지 파악하려고 노력하는 것이다. 일단 인간은 감각을 통해 이 세상을 이해한다는 사실부터 알아야 한다.

아이의 몸이 환경에 어떻게 반응하는지에 주목하는 것이 왜 중요한지 알려주는 간단한 사례가 있다. 머리를 감는 일처럼 별것 아닌 경험에도 지나치게 반응하는 아이들이 많다. 어떤 아이들은 두려움에 떨기도 한다. 머리를 감는 경험은 아이로 하여금 울고불고 부모를 밀어내는 것처럼 적색 경로에서 나오는 행동을 촉발시킨다. 그런 상황에 직면하면 단순히 '힘으로 밀어붙이거나' 아니면 아이가 아무것도 아닌 일을 가지고 야단법석을 피운다고 혼내는 부모들이 많다(아이들이 어렸을 때 나도 그랬다). 하지만 이런 두 가지 반응 모두 아이의 위험감지 시스템을 더욱 자극할 뿐이다. 힘으로 밀어붙이는 행동은 감각 경험에서 나오는 강력한 신호를 존중하지 않으며, 그때 아이와 실랑이를 벌이거나 이것저것 논리를 따지면 아이의 마음을 가라앉히는 데 별 소용이 없다.

아이가 저항한다고 머리를 감기지 말라는 이야기가 아니다. 아이의 스트레스를 줄이고, 그 결과 아이의 신체 예산이 치러야 하는 주관적인 경험 비용을 줄이는 방식으로 접근하라는 말이다. 경험을 존중하고 아이의 플랫폼을 지지하는 방식으로 아이를 키우는 것이 이번 장의 핵심이다. 아이의 몸이 세상을 어떻게 이해하는지 파악해 심리를 들여다보자.

남편과 내가 창의적이고 호기심 많은 딸아이의 다섯 번째 생일기념으로 디즈니랜드 여행을 계획했던 때를 생생히 기억한다. 우리는 잔뜩 신나서 이 엄청난 생일선물 소식을 딸에게 알려줬지만 기대와는 다른 반응이 나왔다. 딸아이는 가고 싶지 않다며 고개를 가로저었다.

남편과 나는 당황해서 서로를 멍하니 쳐다봤다. 도대체 어떤 아이가 디즈니랜드에 가고 싶지 않다고 하지? 몇 년이 지나서야 이해했다. 나는 내 딸이 고집을 부리거나 감사할 줄 몰랐던 게 아니라는 걸 뒤늦게 깨달았다. 아이는 자신을 잘 알았고 이전에 디즈니랜드에서 했던 경험에 근거하여 매우 타당한 선택을 한 것이다. 배워야 할 사람은 오히려 부모인 우리였다.

왜 아이가 그렇게 행동했을까? 다시 말하지만, 행동은 빙산의 일각이다. 수면 밑에 무엇이 있는지 알기 위해서는 아이의 몸이 세상과 어떻게 상호작용하는지 자세히 탐구해야 한다.

신체는 어떻게 행동에 영향을 주는가?

아이들은 물론이고 모든 인간은 감각기관을 통해 주변 세상을 경험하고 이해한다. 앞서 논의했듯이 아이들의 행동은 그들이 세상을 어떻게 인식하는지 보여주는 창문과도 같다. 아이의 행동을 해석하고 싶다면 신체 감각의 영향을 이해하는 일이 중요하다.

3장에서 배웠듯이 우리의 중추신경계는 뇌와 척수로 구성된다. 말초신경계는 신경 경로들로 이루어진 초고속망을 통해 뇌를 나머지 신체 각 부분과 연결한다. 뇌는 우리 몸에서 계속 전달되는 정보에 반응하며 몸은 뇌에서 보내는 지시에 따라 행동한다. 이렇게 뇌와 몸 사이에 계속되는 양방향 대화는 우리 모두의 몸속에서 끊임없이 일어난다.

몸은 뇌로 정보를 보내고, 뇌는 그 정보를 처리한 뒤 몸으로 신호를 보내 행동하게 한다.

우리가 지나가는 경찰차의 사이렌 소리를 듣고 본능적으로 귀를 막거나, 아이가 몸 안에서 어떤 느낌이 들자 바닥에 주저앉아 "배가 아파요"라고 말할 때 무슨 일이 일어나는지 생각해보자. 아이가 불편함을 겪을 때 소화계 안쪽과 주변의 내부 센서는 몸에서 뇌로 향하는 경로를 통해 신호를 보내어 아이가 그 불편한 감각을 (가끔) 인지하게 하며, 그러면 아이는 바닥에 주저앉아 부모에게 "배가 아파요"라고 알린다.

몸이 뇌로 신호를 보내면 뇌는 신체 예산이 균형을 이루도록, 과학 용어로는 항상성을 유지하도록 반응하라고 지시한다. 우리는 몸에서 뇌로 신호를 전달하는 신경섬유를 무수히 가지고 있으며, 그중 약 80퍼센트는 뇌로 신호를 전달하고 20퍼센트만이 뇌에서 몸으로 신호를 다시 전달한다는 사실에 주목할 필요가 있다.

하지만 우리는 아이들이 느끼고 행동하는 데 영향을 미치는 것이 몸에서 뇌로 전달되는 정보라는 사실을 간과할 때가 많다. 이러한 상향식 신호에 세심하게 주의를 기울이면 우리 아이의 독특한 생리학적 특징에 맞춰 육아하는 데 도움이 되고 아이가 몸과 마음으로 어떻게 느끼는지 더 잘 이해할 수 있다. 요약하면 우리는 이 정보를 이용해서 내 아이만을 위한 양육 지침을 만드는 작업을 시작할 수 있다.

아동 발달에 대한 이러한 종합적인 관점뿐만 아니라 아이가 세상을 어떻게 인식하는가에 따라 행동과 감정이 개인마다 다르다는 인식이 아직도 교육자, 소아과 의사, 정신 건강 전문가와 육아 전문가 대부분에게 생소하다. 우리 사회는 아이의 뇌와 신체가 서로 영향을 주고받는다는 사실을 널리 인정하지 않는다. 그 결과 부모들은 소아청소년과 의사, 소셜미디어 인플루언서, 육아서, 교사 그리고 좋은 의도를 가진 조부모 등 아주 다양한 출처로부터 자녀 양육에 대해 서로 모순되는 조언을 받을 때가 흔하다.

가장 좋은 육아 지침은 책이나 웹사이트가 아니라 바로 자신의 아이, 즉 아이마다 다른 독특한 신경계에서 나온다는 사실을 명심해야 한다. 아이의 신경계는 육아 로드맵 역할을 한다. 아이들이 주변 세계를 어떻게 받아들이는지에 따라 크게 영향을 받는다.

생각과 감정을 구성하는 감각 경험

행동은 빙산의 일각이며 우리 눈에 보이는 것 이상으로 뇌와 신체에 의미가 있다는 걸 이해한다면, 우리는 아이들을 더 잘 키우기 위해 이러한 정보를 어떻게 이용할 수 있을까? 일단 인간이 감각을 통해 세상을 어떻게 해석하고 이해하는가에 주목해보자.

내가 서던 캘리포니아 대학 학부생이었을 때 그 대학 캠퍼스에 A. 진 에이레스A. Jean Ayres 교수가 있었다. 그때는 몰랐지만 그는 나중에 아동심리학자로서 내 연구의 핵심이 될 이론을 개발하고 있었다. 작업치료사, 심리학자 겸 연구원인 에이레스는 인간 행동에서 감각이 하는 역할을 연구했으며 **감각통합**sensory integration이라는 분야를 개발했다. 감각통합은 뇌가 감각 정보를 어떻게 받아들이고 구조화하는지 설명하며, 우리가 일상생활에서 요구받는 일에 적응하고 규칙적인 방식으로 세상에 관여하며 반응하도록 한다.

에이레스의 말에 따르면, "감각이란 '뇌를 위한 음식'이라 생각할 수 있다. 감각은 몸과 마음에 지시를 내릴 때 필요한 지식을 제공한다." 신호는 뇌에서 다시 몸으로 이동하여 그에 상응하는 행동을 유발한다. 다미주신경 이론의 창시자인 포지스는 이렇게 설명한다. "감각 경험은 우리를 행동하게 하고 생각과 감정 구성을 도와준다." 감각 경험이 이렇게 하는 이유는 과거에 겪은 감각 경험이 미래에 그와 유사한 경험을 할 때의 반응에 영향을 주기 때문이다. 신경과학자인 리사 펠드먼 배럿은 우리 뇌가 "과거 경험을 바탕으로 가설을 세우고(시뮬레이션) 이것을 당신의 감각을 통해 전달되는 불협화음과 비교한다. 이런 방식으로 뇌는 시뮬레이션을 통해 잡음에 의미를 부여하면서 중요한 것을 선택하고 나머지는 무시한다"라고 주장한다.

이렇게 감각 처리는 인간의 모든 감정, 정서, 생각과 행동의 근거가 된다. 아이들이 세상을 이해하는 방식으로서 감각 처리는 교육학, 소아과학뿐만 아니라 육아학에서도 중요한 위치에 있어야 한다. 우리의 뇌가 몸에서 전달되는 데이터를 어떻게 활용하는지 이해하는 일은 내가 아이를 키우고 심리 치료를 하는 방식에 큰 영향을 주었다. 감각기관과 뇌에 대해 내가 여기서 설명하는 것보다 훨씬 복잡한 설명도 있으니 관심이 있다면 더 찾아 읽어보길 바란다. 내가 소개하는 내용은 그동안 상담하면서 만난 가족들 이야기와 함께 상당히 단순화한 버

전인데, 아이의 감각 체계가 행동과 감정에 어떻게 영향을 주고 우리의 양육 결정에 어떤 영향을 주는지 이해하는 데 도움이 된다.

감각에 대한 반응은 아이마다 천차만별이다

우리는 모두 감각 정보를 똑같은 방식으로 처리하지 않는다. 이미 논의했듯이 한 아이의 안전 감지 시스템은 어떤 특정한 소리를 위협적이라 판단할 수 있지만, 다른 아이의 안전 감지 시스템은 그 소리가 안전하며 재미있다고 생각할 수도 있다. 어떤 감각을 대부분 아이보다 더 강렬하게 느끼며 과잉 반응을 하는 아이도 있지만, 어떤 경험을 대부분 아이보다 약하게 받아들이며 미온적으로 반응하는 아이도 있다. 어떤 아이들은 감각 갈망sensory craving을 가지고 있다. 그 아이들은 어떤 특정 감각을 아무리 느껴도 싫증 내지 않아 반복해서 그 감각을 찾는다. 하지만 다른 아이들은 다양한 감각 경험을 많이 해도 아무렇지도 않게 넘어갈 수 있다. 우리가 세상을 받아들이는 감각 경험은 이렇게 다양할 수밖에 없다.

당신의 아이는 이 중에서 어느 유형에 속하는가? 아이의 감각 처리 기능을 평가하기 위해 5장에서 소개한 'so' 기법을 이용해도 된다. 일주일에서 2주일간 잠시 멈추고 다양한 감각 경험에 대한 아이의 반응을 관찰해본다.

학교에서 오감에 대해 배우지만, 사람이 세상을 받아들이는 데 이

바지하고 행동과 감정, 기억과 관계에 영향을 미치는 감각기관은 사실 여덟 가지다. 다음 페이지부터 감각기관을 하나씩 소개하면서 아이의 감각이 행동에 영향을 주는 방식 그리고 아이 혹은 부모 자신이 평온을 되찾기 위한 가이드로서 각각의 감각기관을 이용하는 방법에 관해서도 설명하겠다. 일지에 관찰한 내용과 떠오르는 생각을 적어두면 유용하다.

물론 우리의 신체는 다중감각을 늘 풍부하게 경험한다. 우리는 소리, 냄새, 눈앞에 보이는 광경, 맛 그리고 다른 모든 감각 자극에 동시에 노출되며, 뇌는 단편적인 정보를 끊임없이 받아들여 과거의 경험과 비교하고 짜 맞추고 통합한다. 이 모든 일은 동시에 이루어진다. 다시 말해서 모든 감각기관은 서로 영향을 준다. 과즙이 많은 붉은 사과를 깨물어 먹는다고 상상해보라. 사과가 보이고 맛을 보고 냄새를 맡고 유심히 살펴보고 만지는 그 모든 일이 사과를 먹을 때 동시에 일어난다. 그래서 에이레스는 그걸 '감각통합'이라고 불렀다. '감각통합'은 우리가 세상을 이해하고 신체의 안정을 유지하도록 도와주는 매우 복잡하면서도 통합된 시스템이다.

나는 내 멘토였던 세레나 위더에게서 **다중감각처리**에 대해 배웠다. 그분은 스탠리 그린스펀과 함께 1970년대부터 시작한 연구를 통해 아이들의 감정과 행동은 그들의 복잡한 감각 경험과 관련이 있다고 주장했다. 신체 감각이 원인이 되어 행동으로 나타난다는 걸 알게 되자 내가 배우고 있던 심리학 분야에서 다루지 않았던 잃어버린 퍼즐 한 조각을 찾은 것 같았다. 그 당시 심리학은 사람들의 행동과 생각을 분석하여 변화시키는 데 초점이 맞춰져 있었다. 다중감각처리가 아동 발달에 어떻게 도움이 되는지를 접한 후 나는 아이들과 가족들을 지지하는 새로운 방식에 대한 연구에 발을 들여놓았다.

예를 들어 행동이 너무 도전적이고 공격적이어서 유치원에서 쫓겨난 세 살가량 된 아이를 데려오는 부모가 많다. 나는 그런 아이들의 다중감각기관 반응도가 너무 높아서 적색 경로에서 나타나는 투쟁 혹은 도피 반응을 할 수밖에 없었다는 걸 자주 발견한다. 이 사실을 염두에 두고 따뜻하게 돌봐주는 부모와 충분히 공동 조절을 하면 이 아이들도 결국에는 자신이 느끼는 감각에 더 잘 대처할 수 있게 된다.

우리의 감각기관은 동시에 작동하며 서로에게 영향을 주지만, 각각의 기관에 대해 간단하게 그리고 그 기관이 이렇게 위대한 조화를 이루는 아이의 행동에 어떻게 영향을 주는지 살펴보자.

이전 장에서 언급했던 내수용감각부터 시작한다. 내수용감각은 우리 몸속 세상이 어떻게 감정과 행동에 영향을 끼치는지 알 수 있게 하는 가장 중요한 감각기관이다.

몸속의 느낌: 내수용감각

내부 센서는 우리 몸속 느낌에 관한 정보를 뇌로 보낸다. 내수용감각이란 몸속 상태에 관한 정보를 제공하는 감각을 일컫는다. 뇌는 심혈관계와 폐, 내장, 방광, 신장 등의 모든 체내 장기로부터 오는 신호, 즉 내수용감각으로부터 정보를 받는다. 우리 몸이 균형을 유지하고 신체 예산을 조절하는 걸 돕기 위해 중요한 정보를 뇌에 기계적으로 보낸다. 몸속 느낌을 우리가 인지한다는 말인 '내수용감각 지각력'은 허기, 갈증, 찌릿한 통증, 고통이나 속이 울렁거리는 느낌처럼 의식할 수 있는 반응을 촉발한다.

또한 내수용감각은 기본 감정과 기분에 영향을 주므로 부모로서 알아두면 양육에 큰 도움이 된다. 의사와 과학자들은 이 내수용감각을 통해 감정적·신체적 상태가 조절된다는 점에서 이 감각이 정신 건강과 육체 건강을 유지하는 데 필수 요소라고 주장한다. 심리학자인 내가 봐도 그 주장은 꽤 타당해 보인다.

내수용감각이라는 용어를 알기 전에 나는 '감각 인식'이 아이들에게 자신의 감정과 행동을 이해하는 데 도움을 주는 핵심임은 알고 있었다. 내가 했던 임상 연구에서도 신체 감각을 잘 인식하는 아이들이 자기 조절도 더 잘한다는 사실을 발견했다. 우리는 아이가 감각을 통해, 또 그 감각 경험이 가져오는 이득과 손실을 통해 세상을 어떻게 받아들이는지를 놓고 많은 정보를 알아낼 수 있다. 내 경험상 아이들과 어른들이 자신의 신체 감각을 관찰하고 이해하게 하는 일은 자기 조절을 돕는 가장 좋은 방법이다. 아이들이 감정적이거나 묘사하는 단어로 그 감각들에 구체적인 이름을 붙일 수 있게 도와주자.

아이의 '내수용감각 민감도' 관찰하기

- 아이가 몸속에 느껴지는 기본 감각들을 확인하고 그것이 어떤 감각인지 정확하게 말할 수 있는가? 물론 그 질문에 아이가 대답할 수 있을 정도로 자라야 한다. 아이는 배고프거나 뱃속이 꼬르륵하는 걸 알아차리는 것 같은가? 아이는 졸려서 이만 잠자리에 들겠다거나 잠깐 낮잠을 자고 싶다고 말할 수 있는가? 아이는 지금 어디가 얼마나 아픈지 설명할 수 있는가?

- 아이는 내부 감각에 계속해서 부정적으로 반응하는가? 아이가 변비거나 목이 마르거나 배고플 때 혹은 다른 불편한 감각을 몸속으로 느낄 때 고통스러워하고 반응이 거칠어지며 문제 행동을 보이는가?

- 아이가 감각을 알아차리면 침착해지고 다른 사람과의 관계를 강화하는데 도움이 되는가? 아이가 여러 가지 감각, 특히 불쾌한 감각을 알아차릴 수 있고 그 감각에 관해 이야기하거나 부모에게 도와달라고 할 수 있으면 아이는 자기 조절력을 획득하는 중이다. 당신의 아이도 그렇게 하도록 돕고 싶은가? 일상생활에서 부모가 먼저 자신의 신체 감각을 어떻게 느끼는지를 "배가 고파요, 간식 먹을래요", "목이 말라요, 물 한 잔 가득 마시고 싶어요"처럼 정확히 말해줘서 아이에게 시범을 보인다. 또한 아이들에게 어떤 감각을 느끼든 괜찮다고 알려준다. 이 감각들은 아이 몸속에서 일어나는 일과 기분이 좋아지려면 무엇을 해야 하는지를 알려주는 소중한 단서다.

사례 1 "화장실에 갈 시간이야"

45분간 진행되는 상담 동안 거의 항상 두 번, 혹은 훨씬 더 많이 화장실에 가고 싶어 하던 어린 환자가 있었다. 그 여자아이는 화장실에 가고 싶은 충동을 자주 강하게 느꼈다. 비슷한 시기에 그 아이와 정반대의 문제로 찾아온 다른 환자가 있었다. 그 남자아이는 바지에 실례할 때까지 소변을 꾹 참았기 때문에 엄마는 아이가 화장실에 마지막으로 가고 나서 시간이 얼마나 흘렀는지 늘 확인해야 했으며 아이에게 화장실에 가라고 재촉하곤 했다.

한 아이는 화장실에 너무 자주 가는데 왜 다른 아이는 화장실에 아예 가지 않으려 할까? 동일한 몸속 감각, 즉 소변을 보고 싶다는 욕구를 느끼는 방식이 아이마다 달랐기 때문이다. 한 아이는 몸속 감각을 약하게 느꼈다. 아이의 내수용감각 지각력이 둔한 반응을 보였으므로 우리는 그 남자아이가 자기 몸의 감각에 좀 더 주의를 기울이고 자기 몸이 보내는 신호에 신경을 쓰도록 도와주었다. 남자아이는 마침내 소변이 마렵다는 인식을 더 잘하게 되어 바지에 실례하는 사고를 피할 수 있었다.

한편 강렬한 내수용감각 지각력을 가진 여자아이는 과잉 반응하여 화장실에 다녀온 지 10분 뒤에 다시 화장실로 달려가는 긴급 신호를 좀 더 참을 수 있게 도와주었다. 아이의 부모와 나는 소아청소년과 의사와 작업치료사의 지도를 받아 놀이 치료를 진행하여 졸림, 배고픔, 갈증 혹은 화장실에 가고 싶은 욕구 같은 감각을 역할놀이 속 등장인물을 이용해 탐색하고 구체화했다. 책을 읽고 스토리를 만들었으며 몸속 감각이 어떤 느낌일지 그림으로 그렸다.

이들 두 가족의 아이들이 신체 감각을 탐색하고 이야기할 수 있도록 부모들을 격려했다. 이 방법은 아이들의 용변 문제는 물론 앞으로 살아가면서 기본 감정과 기분을 더 편안하게 이야기하고 감정에 이름을 붙여 정확하게 표현하는 데도 도움이 되리라 장담한다. 아이들에게 이건 대단한 보너스다!

사례 2 희미한 고통에서 내면 감각에 대한 연민 인식까지

열두 살 된 키라를 진단한 소아청소년과 의사는 아이가 걱정과 불안 증세가 있다며 내게 상담을 의뢰했다. 키라의 부모는 아이가 아장아장 걷는 아기였을 때부터 복통에 시달렸다고 했다. 위장 전문의 두 명은 아이 몸이 의학적으로는 아무 문제가 없다고 진단했다.

키라는 조용하고 수줍음을 타며 예의 바른 아이다. 차분한 태도 때문에 '괜찮다는' 오해를 자주 받지만 겉으로 드러난 모습이 전부가 아니었다. 아이의 내면은 전혀 차분하지 않았다. 아이는 내장으로 느끼는 내수용감각 지각력이 강했고 의사 진료를 계속 받아도 잘못된 게 없다는 말만 듣는 것이 얼마나 화가 나는 일인지 부모에게 불만을 토로했다. 나는 키라와의 상담 시간에 아이가 새로운 방식으로 신체 감각을 느끼게 하는 데 중점을 뒀다.

몸속의 모든 느낌이 소중한 정보라는 걸 키라에게 강조하며 아이가 "아파요" 혹은 "안 아파요"라는 말보다 더 많은 어휘를 써서 표현할 수 있게 도왔다. 아이는 이런 감각들을 소리, 뜨거운 햇빛과 환한 빛을 비롯한 다른 많은 감각에 과잉 반응하는 예민한 몸 안에 가둬놓고 있었다. 아이는 내수용감각 지각력이 불러일으킨 수많은 감각에 더 친숙해졌다. 우리는 키라가 신체 감각을 예전보다 덜 고통스럽게 기꺼이 받아들이는 법과 그 신호들이 무슨 의미인지, 음식을 먹거나 물을 마시고 싶다는 것인지, 몸을 특정 방식대로 움직이는 것인지 혹은 부모의 위로를 받고 유대감을 느끼고 싶다는 것인지 두려움보다는 호기심을 품고 다가갈 방법을 연구했다.

앞에서 '감정 입자도'와 아들의 부정적인 감정 표출을 참기 힘들어하던 아버지를 기억하는가? 키라 역시 자기 몸속의 기본적인 느낌을 단어로 연결하여 표현하는 데 어려움을 겪었다. 우리가 함께 노력하는 동안 키라는 자기가 느끼는 감정을 나타내기 위해 훨씬 더 많은 어휘를 개발해냈다. 키라는 몸속 느낌에 귀를 기울여 특정 순간의 기분을 '평온해요', '초조해요', '행복해요', '즐거워요', '무서워요', '긴장돼요', '너무 신나요'처럼 자세하게 묘사하는 단어로 자신의 내부 감정을 이야기하기 시작했다. 키라는 몸속 깊은 곳에서 나오는 강렬한 신호를 더 잘 이해하고 정리하게 되었고, 몇 달 뒤 복통은 전보다 줄어들었다.

이제 사람들에게 더 많이 알려진 감각sense에서 뇌로 피드백을 보내는 다른 감각기관들, 그리고 감각이 어떻게 아이들의 우려스러운 행동을 낳았는지에 대한 사례를 좀 더 자세히 살펴보자.

소리에 대한 감각: 청각

우리는 전경(예를 들어, 나와 가까운 곳에서 말하는 사람)과 배경(예를 들어, 차량 소음이나 사람들로 가득 찬 슈퍼마켓의 스피커에서 흘러나오는 음악) 여기저기서 끊임없이 터져 나오는 소리의 공격을 받는다. 내이(內耳)의 센서들은 뇌로 정보를 보내며 다른 형태의 감각 정보와 합쳐지면서 귀에 들리는 다양한 소리를 알 수 있다.

우리는 각자 소리를 다르게 느낀다. 어른들은 차에서 흘러나오는 음악 볼륨을 조절하거나 듣고 싶은 음악을 선택하는 것처럼 소리의 여러 측면을 통제할 수 있을 때가 많다. 하지만 아이는 일반적으로 소리를 통제할 기회가 적으므로 아이의 반응은 주로 행동으로 나타난다.

아이는 자신이 소리에 과잉 반응한다는 걸 인식조차 못 할 수도 있으나, 부모는 아이가 소리 때문에 힘들어하는 행동을 관찰할 수 있다. 시끄러운 음식점에 가면 아이는 정신없이 소란을 피우고 에어컨이 윙윙 돌아가는 소리 때문에 주의가 산만해질 수 있다. 그와 반대로 소리에 미온적인 반응을 보이는 아이는 소리가 아주 크게 들리거나 자기 바로 앞에서 들리지 않는 이상, 집에서나 학교에서나 말로 전달되는 지시를 무시하고 주의를 기울이지 않는 것처럼 보일 수 있다.

아이의 '청각 민감도' 관찰하기

• 아이가 여러 가지 소리에 반응하는 패턴에 주목하라. 세탁기, 선풍기, 종

이가 구겨지거나 찢어지는 소리, 진공청소기나 사이렌 소리처럼 일상생활에서 흔히 들리는 소리에 아이는 어떻게 반응하는가? 볼륨이 높아지거나 낮아지고 서로 다른 소리의 톤이 변화할 때도 아이가 어떻게 반응하는지 관찰하라. 아이는 쇼핑몰이나 체육관처럼 배경과 전경 모두 소리가 들리는 곳에서는 어떻게 행동하는가? 아이가 선호하는 음악 종류가 있는가?

• 아이가 특정 소리를 들을 때 부정적이거나 문제 있는 행동 패턴을 보이는가? 어떤 소리를 들으면 아이가 가만히 있지 못하거나 심지어 화도 자주 내는 것 같은가? 비슷한 소리를 들어도 아이가 적색이나 청색 경로에서 보이는 행동 패턴을 계속한다면 어떤 소리가 아이의 안전 감지 시스템을 촉발하여 자신을 보호하는 반응일 수 있다.

• 어떤 소리를 들으면 아이가 침착해지거나 부모와 즐겁고 유쾌하게 상호작용하는가? 아기들에게 직관적으로 들려주는 온화하고 노래하는 듯한 목소리는 당연히 다른 많은 사람의 마음도 진정시킨다. 그렇게 해보고 아이가 진정되는지 확인하라. 아기가 아니더라도 목소리 톤을 다양하게 변주해 안전하다는 신호를 가득 담은 어른 목소리로 말해도 괜찮다. 아이를 판단하지 않고 아이의 고통을 공동 조절하며 바라볼 만큼 충분히 침착한지 알아보기 위해 부모 자신의 플랫폼에 연민을 갖고 집중하면 훨씬 더 좋다.

부모의 다양한 목소리 톤을 듣고 아이가 감정적으로 어떻게 반응하는지 주목한다. 관찰한 내용을 일지에 계속 기록해가면 아이가 안전감을 느끼는 목소리 톤과 특징을 알아내 공동 조절을 강화하고 애착 관계를 맺을 수 있다. 소리는 아이를 진정시킬 수도 고통을 줄 수도 있다. 목소리의 특징은 아이에게 물리적으로, 감정적으로 더 가까이 다가가도 괜찮은지 판단하는 데 도움이 된다. 그것이 바로 아이들이 우리의 말을 알아듣기 전에 감정적인 톤을 먼저 알아차리는 이유다. 아이들은 태어날 때부터 목소리에서 느껴지는 감정적인 면에 민감하므로 목소리 톤이 아이에게 어떤 영향을 주는지 주의를 기울여야 한다.

사랑하는 부모님의 목소리만 들어도 아이는 안심한다. 우리 막내딸이 세 살이 되자 아이의 언니는 자기 방이 생겨 방을 옮겼다. 태어나면서 언니와 계속 방을 같이 썼던 막내딸은 흥분한 것 같기도 하고 주저하는 것 같기도 했다. 우리는 막내를 위로해주려고 밤에 잠자기 전에 침실 문을 열어놓고 서로에게 잘 자라고 인사하곤 했다. 서로의 목소리를 듣자 더 안심했고 유대감을 느꼈으며 차분해졌다.

에어컨이나 히터가 윙윙거리는 소리, 쇼핑몰 엘리베이터와 에스컬레이터의 기계 작동 소리, 레스토랑의 배경 음악 등 우리가 거의 의식하지 않는 소리도 있다. 이 모든 소리는 신경계에 메시지를 보내어 행동을 촉발시킨다. 부모들은 이런 소리에 신경조차 쓰지 않더라도 소리에 특히 민감한 아이의 플랫폼은 불안정해질 수 있다.

사례 말투가 무뚝뚝한 할아버지

한 부부는 생후 8개월 된 아들이 할아버지를 계속 거부하여 할아버지가 마음의 상처를 받는다고 했다. 할아버지가 집을 방문하여 손자를 안아주거나 말을 걸면 아기는 이내 울음을 터뜨리고 불안에 떨었다. 당황한 할아버지는 그 모습을 보고 언짢을 수밖에 없었다.

나는 그 가족들과 상담했고 그들은 내게 할아버지가 방문하셨을 때를 촬영한 짧은 영상을 보여주었다. 나는 그 부부에게 아기가 서로 다른 소리에 어떻게 반응하는지 추적해보라고 했다. 영상을 주의 깊게 살펴보자 나는 아기가 저주파 소리에 민감하다는 걸 알았다. 그래서 할아버지에게 목소리를 조금만 바꿔보라고 제안했다. 가능하면 목소리를 낼 때 좀 더 높낮이를 두고 아이 옆에서는 목소리를 조금 낮춰보라고 했다.

할아버지가 목소리에 변화를 준 지 며칠 만에 아기는 할아버지가 방문해도 울지 않았다. 아기의 청력 시스템은 할아버지의 목소리가 이제는 강한 자극을 촉발하지 않고 안전하다고 해석한 것이다. 얼마 지나지 않아 아기는 할아버지가 가까이 있어도 편안하게 지냈고, 할아버지가 원래 목소리대로 말해도 마찬가지였다.

보이는 것에 대한 감각: 시각

서로 다른 두 종류의 센서인 원뿔체와 간상체는 눈의 망막으로부터 시각 처리를 담당하는 뇌 중심부로 정보를 보낸다. 하지만 우리는 각자 자기만의 독특한 방식으로 시각 신호를 처리한다. 예를 들어 햇빛에 어떻게 반응하는가? 형광 불빛에는 어떻게 반응하는가? 물건들이

제자리에 놓여 있지 않으면 신경 쓰이는가? 벽에 걸린 그림 액자가 몇 센티미터 비뚤어져 보이면 다시 바로잡는가? 만약 그렇다면 신경계는 아마도 그 시각계의 예측 가능성을 좋아할 것이다. 이와 비슷하게 어떤 아이들은 자기 주변 환경의 물건들이 재배열되면 고통스러워하기도 한다.

내가 아는 9개월 된 한 여자 아기는 자기 방에서 뭔가 새로운 물건이 보이거나 사라지는 걸 알아챘다. 아이는 무의식적으로 방 안을 살피고 어떤 것이든 새로운 물건이 눈에 띄면 마치 그게 무엇인지 알아내려는 듯 빤히 쳐다봤다. 그리고 그 새로운 물체 쪽으로 기어가 만지곤 했다. 아이의 시각계는 상당히 활발했다. 하지만 아이의 오빠는 그 변화를 동생처럼 의식하지 않는 듯했다. 그 아이들은 시각적으로 그리고 다른 감각과 결합하여 세상을 이해하는 방식이 서로 달랐다.

아이의 '시각 민감도' 관찰하기

• 아이가 다양한 광경을 보고 반응하는 패턴에 관심을 기울여라. 아이는 당신의 명랑한 얼굴이나 스트레스로 힘들어하는 얼굴을 보면 어떻게 반응하는가? 아이는 환한 조명을 좋아하는가? 아니면 은은한 조명을 좋아하는가? 어쩌면 아이는 그렇게 세세하게까지는 신경 쓰지 않을 수도 있다. 아이는 움직이는 물체를 보는 걸 좋아하는가? 혹은 정지한 물체 보기를 좋아하는가? 아이가 세상을 바라볼 때 보이는 반응에 어떤 패턴이 있는 것 같은가? 예를 들어 아이는 어떤 특정한 물체를 볼 때마다 부정적

이거나 문제 있는 행동을 하는가? 당신이 관찰한 시각적 촉발 요인은 구체적으로 무엇인가?

• 아이는 어떤 광경을 볼 때 차분해지고 당신과 즐겁게 상호작용을 하는가? 아이가 당신과 함께 읽기 좋아하는 그림책이 있는가? 당신 무릎에 앉아 책에 실린 그림이나 사진을 보며 다정한 목소리를 들으면 아이의 전체적인 감각 경험이 가능해지는 성공적인 조합이 만들어진다. 무언가를 보는 것 또한 우리에게 위안이 되고 몸을 안정시킨다. 내가 상담했던 한 아이는 엄마 아빠가 보고 싶을 때 꺼내 보려고 가족사진을 코팅하여 유치원에 가지고 다녔다. 그것은 사랑하는 가족의 모습을 떠올려 감정을 조절하는 시각 교재 역할을 했다.

• 당신의 몸이나 얼굴이 긴장할 때 아이가 어떻게 반응하는지 주목하라. 우리는 플랫폼 상태를 표정으로 나타내고 그 표정을 통해 감정을 전달할 때가 많다. 공감하는 엄마의 표정을 통해 아이를 위로할 수 있도록 먼저 자신을 돌보고 원하는 욕구를 충족시켜야 하는 또 다른 이유다. 그렇게 하면 당신과 아이 모두에게 도움이 될 것이다.

사례 "초록색이 들어간 음식은 싫어요!"

제라드라는 여섯 살짜리 아이와 상담한 적이 있다. 그 아이는 초록색이 들어간 음식은 입에도 대려 하지 않았다. 두 살 때 브로콜리를 처음 맛본 뒤 토하려 했고, 완두콩, 깍지 콩 또는 초록색이 들어간 음식은 무엇이든 거부했다. 엄마는 제라드가 평생 녹색 채소를 먹지 않을까 봐 걱정했다. 이건 특히 골치 아픈 문제였는데, 실은 제라드의 가족이 채식주의자였기 때문이다!

나는 제라드의 부모가 아들의 영양 섭취에 대해 걱정하는 걸 이해했다. 하지만 그들이 썼던 방법은 효과가 없었다. 요컨대 제라드의 엄마 아빠는 아들에게 "얘, 채소는 몸에 좋은 거야. 그러니까 먹는 법을 알아야 해. 꾹 참고 먹어봐"라고 설득하곤 했다.

나는 제라드의 안전 감지 시스템은 자신을 동정하는 마음에 더욱 활성화된다는 사실을 두 사람에게 조심스럽게 일러주었다. 그래서 두 사람은 다른 방법을 써보기로 했다. 아들이 초록색 음식에 긍정적인 감정을 느낄 수 있는 방법을 찾기 시작한 것이다. 나는 모양이나 냄새, 맛이 즉각적인 반응을 일으켜 다양한 음식을 먹어볼 의지를 억누를 수 있다고도 설명했다.

아이에게 초록색 음식을 먹으라고 설득하는 대신, 아이와 부모가 함께 음식 세계를 즐겁게 탐험할 재미있는 방법을 고안했다. 제라드에게 다양한 음식을 만지고 냄새를 맡아본 후 초록색 음식에도 그렇게 해보게 하고, 제라드가 좋아하는 슈퍼히어로 액션 피규어들에게 초록색 음식을 먹이는 시늉도 하게 했다. 초록색 음식을 피하던 제라드는 시간이 갈수록 그 음식이 안전하며 자기와 점점 더 친숙한 느낌을 받았다. 긍정적인 기억이 새롭게 만들어지면서 제라드는 건강에 좋은 초록색 음식과 다른 색깔 음식도 즐겨 먹게 되었다.

피부에 닿는 감각: 촉각

촉각계는 우리 몸의 가장 큰 감각계이며 몸 전체에 퍼져 있고, 감각 수용기sensory receptors로부터 정보를 받아 뇌로 보낸다. 선호하는 촉각은 어떤 옷, 옷감, 침구와 수건을 더 좋아하는지를 보면 명백히 드러난다. 다양한 종류의 옷감 느낌에 아무렇지도 않으며 그 느낌을 좋아하거나 신경도 쓰지 않는 사람들이 있는가 하면, 특정 종류의 감촉에 과잉 반응하거나 둔하게 반응하는 사람들도 있다.

아이의 '촉각 민감도' 관찰하기

- 아이가 피부에 와닿는 여러 종류의 감촉이나 감각에 어떻게 반응하는지 주목하라. 누가 머리를 감겨주거나 빗겨주는 걸 좋아하는가? 클레이, 흙이나 부드러운 음식처럼 서로 다른 질감의 물체를 만질 때 어떻게 반응하는가? 핑거 프린팅 같은 놀이 혹은 스퀴시나 딱딱한 물체 만지기를 좋아하는가? 똑같은 옷을 몇 번이고 계속 입는 걸 더 좋아하는가? 어쩌면 그 옷을 입은 느낌이 좋거나, 따끔따끔한 상표 태그가 없어서 혹은 자기가 좋아하는 질감의 옷감이기 때문일 수도 있다. 특정 종류의 촉감이 불편하거나 불안하다고 느끼는 아이들도 있다.
- 아이가 특정 물질이나 섬유 혹은 음식을 만지면 부정적이거나 힘들어하는 행동 패턴이 나타나는가? 아이가 매우 부정적으로 반응하는 직물이나 물체가 무엇인지 적어보라.

- 아이는 어떤 촉감을 느낄 때 차분해지며 당신과 기쁘고 즐겁게 상호작용하는가? 아이들은 꼭 껴안는 것과 가볍게 끌어안는 것 중 무엇을 더 좋아하는가? 아이는 등이나 어깨, 팔을 마사지해주면 좋아하는가? 마음의 위안을 얻으려고 담요나 부드러운 천 조각 혹은 봉제 인형을 들고 다니거나 만지는 유아와 어린아이들이 많다. 이 아이들은 촉각을 이용해 자신을 조절한다. 즉, 자신의 피부에 닿아 생기는 감각에서 위로를 받는다.

사례 아이에게 거부당하는 엄마

엄마가 불쑥 팔이나 얼굴을 부드럽게 쓰다듬으면 재빨리 밀쳐버리는 어린아이의 사례를 연구한 적이 있다. 아이가 엄마와의 신체적인 애착을 피하는 것 같아서 엄마는 상처받고 혼란스러워했다.

그 아이는 엄마를 거부하는 게 아니라 자신의 촉각(감촉) 과잉 반응을 보일 뿐이었다. 어떤 감촉은 아이의 피부에 그저 불쾌하게만 느껴졌다. 아이는 자기가 더 좋아하는 감각에 반응하고 있었다.

감촉과 질감에 관한 한 우리는 각자가 독특하게 선호하는 것이 있다고 나는 설명했다. 아이의 엄마는 더 세게 껴안기, 아이가 엄마 쪽을 향하지 않고 다른 먼 곳을 바라보고 있을 때 아이를 끌어안기, 피부를 가볍게 토닥이지 않고 어깨 안마해주기를 비롯하여 다양한 종류의 감촉을(아이의 허락을 구하고) 시도해봤다. 엄마는 아들이 선호하는 감촉이 있다는 걸 인정한 후 아이가 좋아하거나 혹은 싫어하는 감촉을 찾으려고 노력한 결과, 엄마와 아들의 유대 관계는 더욱 깊어졌다. 엄마는 더는 자신이 거부당한다는 생각을 하지 않게 되었다.

혀에 닿는 감각: 미각

미각 수용기taste receptors는 대부분 혀에 있으며 뇌가 미각을 느끼게 한다. 좋아하는 음식을 머릿속으로 생각해보자. 무엇이 떠오르는가? 미각은 다른 감각들과 마찬가지로 개인적이며 과거의 감각 경험에서 생성된 감정적인 기억으로 가득 채워져 있다. 음식은 세월이 흐르면서 개인적인 의미를 띠기 시작한다. 우리는 엄마가 만들어주셨던 오므라이스 같은 특정 음식을 보면 위로와 즐거움을 연상하고, 예전에 먹었다가 토할 뻔했던 음식을 보면 부정적인 반응을 한다. 또한 미각은 냄새를 맡는 후각계와도 밀접한 관련이 있다.

아이의 '미각 민감도' 관찰하기

- 아이가 무슨 음식을 좋아하는지 알고 있는가? 아이는 짜고 달콤하고 맵거나 담백한 음식을 좋아하는가? 어떤 음식을 좋아하며 또 계속 달라고 하는가? 미각은 시각이나 후각 같은 다른 감각들과 관련이 있으므로 아이가 어떤 걸 보거나 냄새를 맡기만 해도 크게 반응한다.
- 아이는 특정 음식을 보면 늘 부정적으로 반응하는가? 식사 시간은 끝없는 전쟁 같은가? 아이가 먹기 힘들어하는 음식이 있다면 목록으로 만들어보라. 식감에 대해서는 어떤가? 아이는 부드러운 푸딩이나 바삭바삭한 칩 같은 특정 식감의 음식을 먹으면 토하려 하거나 삼키기 힘들어하는가?

• 아이는 어떤 음식을 즐기는가? 당신은 음식을 먹을 때나 식사 시간에 아이와 즐겁게 상호작용하는가? 적어도 하루에 한 번은 느긋한 마음으로 아이와 함께하는 식사 시간을 즐길 수 있는가? 아이를 먹이는 일이 힘든 임무 같을 때도 있지만, 식사 시간은 아이와 즐겁게 소통할 완벽한 기회이다. 아이가 처음 보는 음식에 부정적으로 반응한다면 아이의 의사를 공개적으로 인정해주는 것 역시 좋은 시작이다. 차분하게 격려해주고 기분 좋게 해주면 아이의 신경계가 녹색 경로에 들어서서 새로운 맛과 식감을 가진 음식에 도전해볼 가능성이 훨씬 크다.

사례 아빠는 뚝딱뚝딱 요리사

한 동료는 두 아이의 입맛이 너무 달라 자신이 주문을 받아서 그 자리에서 음식을 만들어내야 하는 요리사라는 생각이 들 때가 많다며 내게 고민을 털어놓았다. 딸은 매콤한 음식을 아주 좋아했지만, 아들은 부드러우며 싱거운 음식을 좋아했다. 그는 아들의 음식 기호에 맞춰 요리해주면 아이 둘의 입맛을 다 망치는 건 아닌지, 아들을 입이 짧은 사람으로 키우는 건 아닌지 알고 싶어 했다.

나는 먼저 동료가 얼마나 관찰력이 좋은 아빠인지 인정했다. 그리고 그의 집에서 가족들과 같이 식사하고 난 뒤, 나는 아이에 따라 맛과 관련된 생물학적 선호도가 다르다는 걸 그가 두 눈으로 직접 확인하고 있을 뿐이라고 강조했다. 그건 아이가 꼭 입이 짧거나 먹지 않겠다고 고집을 피우는 것이라 볼 수 없었다. 나는 그에게 인내하고 공동 조절을 하면 아들에게 음식 선택의 폭을 점점 넓혀줄 수 있다는 확신을 주었다. 그는 여유를 갖고 딸보다 더 예민한 식성을 가진 아들이 원할 때 새로운 음식을 먹어볼 기회를 더 많이 주었고, 아들을 지지하고 인정하여 아들이 처음 보는 음식을 더 잘 참고 먹을 수 있게 도와주었다.

그는 아들이 일부러 까다롭게 편식하는 게 아니라 맵거나 바삭바삭한 음식의 냄새, 맛과 식감에 신체적으로 반응할 뿐이라는 사실을 완전히 이해하자 지금까지 써온 방법을 바꿨다. 그는 아들에게 한 가지 음식 대신 몇 가지 음식을 제시해 마음에 드는 것을 골라 먹어보라고 격려했다. "제발 먹어보렴. 널 위해 이걸 요리하느라 정말 힘들었다고!"라고 말하는 대신, 그는 좀 더 연민의 마음을 품고 아들이 망설이는 모습을 따뜻하게 관찰했다.

"아들, 이건 새로운 레시피로 요리한 거야. 먹어보고 싶으면 말해. 먹기 싫으면 안 먹어도 돼." 아이를 위해 매번 다른 음식을 만드는 게 아니라, 아이의 반응에 대한 공동 조절을 강화하여 아이가 특정 음식과 새로운 관계를 만들어내도록 돕는 것이 해결책이었다. 흥미롭게도 아빠가 좀 더 인내심을 보이자 아들은 음식을 더 많이 먹어보려고 시도했다. 아들은 매운 음식만은 끝까지 좋아하지 않았지만, 훨씬 더 다양한 음식을 먹기 시작했으며 드디어 아빠는 아이들을 위해 식사를 따로따로 준비하지 않아도 되었다.

냄새에 대한 감각: 후각

콧속에 존재하는 화학 수용기chemical receptors가 뇌로 중요한 메시지를 보내면 뇌는 이것을 냄새로 받아들인다. 후각은 어떤 음식이 먹어도 안전한지 아닌지 알려주는 경고 신호를 감지한다. 유통기한이 넘도록 냉장고에 오래 둔 음식을 집어 들었을 때 가장 먼저 하는 일은 무엇인가? 냄새를 맡는 것이다! 후각은 다른 모든 감각처럼 기억과 밀접한 관련이 있다. 나는 저녁 산책을 할 때 이웃집 열린 창문 사이로 양파 볶는 냄새를 맡으면 할머니가 주말마다 스튜를 끓여주시던 어린 시절로 돌아간 듯하다.

아이의 '후각 민감도' 관찰하기

- 아이는 서로 다른 냄새나 향기에 어떻게 반응하는가? 냄새를 알아차리거나 불평하는가? 어떤 냄새를 맡기만 하면 구역질하는가? 그렇다면 아이는 냄새에 과잉 반응한다는 신호일 수 있다. 아니면 아이가 당신이나 다른 사람들같이 냄새를 쉽게 알아차리지 못하는 것 같은가? 그 말은 아이가 냄새에 둔하게 반응한다는 뜻이다. 아이들은 우리와 마찬가지로 비누, 샴푸, 음식이나 방향제 등에서 풍기는 특정 냄새에 긍정적이거나 부정적인 반응을 즉각적으로 보일 수 있다.
- 아이는 어떤 냄새를 맡으면 계속해서 부정적인 반응을 하는가? 특정 음식을 먹지 않겠다거나 음식점이나 백화점 향수 매장처럼 특정 냄새가 나

는 곳에는 가지 않겠다고 완강히 거부하는가? 냄새를 맡으면 구역질하거나 화를 내는 것처럼 신체 반응이나 감정 반응을 보이는가?

• 아이는 어떤 냄새를 맡으면 차분해지거나 기분이 좋아지거나 즐거워하는가? 특별히 더 좋아하는 냄새가 있는가? 특정 냄새를 계속 찾는가? 냄새에 반응할 때 아이와 함께 그 냄새에 주목하라. 아이에게 그 냄새의 특징에 관해 이야기하거나 자세히 설명해달라고 하라. 아이에게 감각 인식 발달을 시작할 유용한 기회이자 자신의 감정을 알기 위해 내딛는 첫걸음이다.

사례 낙농장 딜레마

한 가족은 매년 여름이면 캘리포니아 하이 시에라 산맥에서 휴가를 보내러 떠난다. 가는 길에 지독하고 강렬한 거름 냄새가 코를 찌르는 낙농장 옆을 지나갈라치면 삼 형제 중 하나는 늘 구역질을 했다. 나머지 둘은 그 아이가 냄새에 너무 민감하게 군다며 심하게 놀려댔다.

이 아이는 그저 후각이 과잉 반응했을 뿐이었는데 나머지 형제들은 그러지 않았다. 아이의 후각계는 냄새를 맡자마자 즉시 불쾌한 내수용감각 지각력이 이루어져 신체 경보가 촉발되어 구역질 반사를 일으켰지만, 나머지 형제들은 멀쩡했다. 나는 아이들에게 감각 반응도에 대해 가르쳐서 냄새에 대한 민감도는 사람이 선택할 수 있는 게 아니라는 걸 확실히 하는 것이 좋겠다고 아이의 부모에게 제안했다. 이것은 우리 모두에게 매우 중요한 교훈이다. 어떤 사람이 선호하는 감각이 있다고 할 때, 이것은 그의 감정과 행동에 영향을 줄 뿐이지 결코 성격이나 인격의 결함이라고 판단해서는 안 된다.

자기 몸을 자각하는 감각: 자기수용적감각

우리 대부분은 자기수용적감각에 대해 잘 알지 못한다. 그것은 뇌에 우리의 신체 위치를 알려주는 놀라운 시스템이다. 에이레스에 따르면 자기수용적감각은 근육이 언제 어떻게 수축하거나 늘어나는지, 관절이 언제 어떻게 구부러지거나 늘어나거나 당겨지거나 눌러지는지에 대한 정보를 뇌에 전달하여 우리의 신체 위치를 알린다. 다시 말하면, 자기수용적감각은 우리가 일어서 있거나 앉아 있거나 몸을 구부리거나 손발을 쭉 뻗을 때 여러 신체 부위가 어디에 있는지 알려준다. 언젠가 몸의 위치를 약 몇 센티미터 잘못 추측해서 테이블이나 다른 딱딱한 물체의 가장자리에 쾅 부딪혔을 때를 생각해보라.

우리 몸의 근육과 관절은 몸의 위치 정보를 뇌로 끊임없이 보낸다. 자기수용적감각은 우리가 효율적으로 움직이고, 무엇을 하고 있는지 알도록 도와주는 감각이다. 자기수용적감각이 있어서 셔츠 단추를 능숙하게 잠글 수 있다. 뇌는 손 근육과 관절에서 피드백을 받아 눈으로 꼭 확인하지 않아도 단추를 잠그는 동작을 할 수 있는 것이다. 자기수용적감각에 문제가 있는 아이는 연필이나 펜을 얼마나 세게 잡아야 하는지 피드백을 약하게 받으므로 글씨를 엉망으로 쓸 때가 있다. 자기수용적감각을 약하게 느끼는 아이는 또래 친구들과 함께 놀거나 같은 공간에 있을 때 너무 가까이 다가오거나 세게 밀어버릴 수도 있다. 다른 사람과 함께 있거나 가구 같은 물건 가까이 있을 때 몸의 위치를 아는 건 중요하지만, 특별히 문제가 발생하지 않는 한 우리는 그다지 중요하게 생각하지 않는다.

대학 1학년 때 바이러스 감염으로 귓속에 염증이 생긴 적이 있다. 그 때문에 일시적으로 공간 인식과 균형감각이 모두 사라졌다. 내가 서 있는 건지 앉아 있는 건지 알 수 없어서 너무 이상하게 느껴졌다. 몹시 메스꺼웠고 세상이 빙빙 도는 것 같아서 눈을 감고 있어야 했다. 먹을 수도 없었고 내 몸의 위치를 알아내거나 중력조차 느낄 수 없었다. 유일한 치료라고는 병원에서 진정제를 과다하게 투여받는 것 외에는 없었다. 다행히 일주일 후 염증이 가라앉으면서 회복했고, 아주 약한 부작용만 오랫동안 겪었지만 그건 내 삶에서 가장 혼란스러운 경험이었다. 이후 공간 지각이나 균형 유지에 어려움을 겪는 아이들을 보면 깊이 공감할 수 있었다.

아이의 '자기수용적감각 민감도' 관찰하기

• 아이는 자기 나이와 발달 단계에 맞춰 효율적으로 알맞게 움직이는가? 물론 아기들과 유아들은 효율적으로 몸을 움직이는 능력을 계속 개발한다. 조금 더 성장한 아이가 신발 끈 묶기나 단추 잠그기 같은 일상생활의 자질구레한 일을 할 때 손이나 몸을 눈으로 일일이 다 확인해야 한다면 자기수용적감각의 피드백 순환 기능이 아직 발달하는 중일 것이다.

- 아이는 근육과 관절에서 피드백을 받아야 하는 팀 스포츠나 다른 체육 활동처럼 신체 자각이 꼭 필요한 상황에 부정적인 행동 패턴을 보이는 가? 다른 사람들이나 가구 등에 쾅 부딪히거나, 물건들을 얼마나 세게 밀거나 당겨야 하는지 잘 판단하지 못하는 듯 보이는가? 아이는 당신에 게 매달리고 싶어 하는가? 어떤 아이들은 좀 더 중심을 잡고 안전하다고 느끼고 싶어서 자신의 몸을 다른 사람에게 무의식적으로 기대기도 한 다. 그렇게 하면 근육이나 관절에 피드백을 더 많이 전달하여 차분해진 다. 아니면 아이는 신체적으로 그저 서로 가깝고 친밀한 느낌을 좋아하 는 것일 수도 있다!

자기수용적감각과 다른 감각계와의 통합이 아직 진행 중인 어떤 아이들 은 상호작용이 과격해서 사회생활의 어려움을 초래할 수 있다. 그런 아 이들은 형제나 또래 친구들을 너무 자주 혹은 세게 껴안기도 한다. 다른 사람을 살짝 두드리려고 한 건데 그만 너무 세게 칠 수도 있다. 의도하지 않은 이런 행동들은 아이의 또래 관계에 나쁜 영향을 줄 수 있다. 또래들 은 상대방의 행동이 자기와 친해지고 싶어서라기보다는 당연히 너무 공 격적이라고 오해한다.

아이가 신체 감각에 어려움을 겪는다면 자기수용적감각이 다른 감각계 들과 통합되도록 다양한 경험을 더 많이 하게 해주면 도움이 된다. 체육 관에서 놀기, 담요를 써서 아이를 '부리토'처럼 돌돌 말아주기, 아이가 느 끼는 다양한 감촉이 얼마나 가볍거나 무거운지 '등급' 매기기 같은 놀이 는 아이가 자기수용적감각을 통합하는 데 도움이 된다.

- 어떤 활동을 하면 아이가 사람들과의 관계에서 즐거움을 찾거나, 자기

몸이 어떤 공간의 어디에 있는지 아는 데 도움을 받는가? 정글짐 올라가기를 좋아하는가? 그때 또래 친구들이나 당신과 동시에 상호작용할 수 있는가? 어쩌면 아이는 어떤 구조물 위로 올라갈 때나 자전거를 탈 때 정서적 지지와 도움이 필요할 수 있다. 그것들은 확실히 자기수용적감각의 피드백이 필요한 활동이다. 아이는 담요를 두르고 놀기를 좋아하는가? 아니면 담요 밑으로 들어가 노는 걸 좋아하는가? 나는 부모들에게 아이가 어떤 압박감을 느낄 때 안정감을 느끼며 좋아하는지 실험해보라고 자주 권한다. 예를 들어 만약 아이가 장난으로 두 개의 베개나 소파 쿠션 사이에 몸을 끼우는 걸 좋아한다면 아이와 인간 '샌드위치' 놀이를 하면 된다. 아이가 즐거워할수록 더 좋다!

사례 축구선수 엄마의 아들

한 어린 소년이 축구 경기에서 처음으로 뛰고 난 후 온몸으로 분노를 표출했다. 아이의 엄마는 대학 때 축구선수였고, 자기가 매우 좋아하는 축구를 아들과 같이할 수 있다는 생각에 흥분하여 아들이 속한 팀의 코치에 자원했다. 하지만 엄마는 아들이 자기 앞에서 축구를 한다는 사실에 부담을 느낄까 봐 걱정되었고, 그 때문에 아들이 문제 행동을 하는 것인지 아니면 잘하려는 노력을 아예 하지 않으려는 것인지 알고 싶어 나를 찾아왔다. 엄마는 아들이 달릴 때 계속 자기 발만 쳐다보느라 눈이 공을 잘 쫓아가지 못하는 듯 보였고 자주 넘어진다는 것도 알았다.

부모로서 기쁨 중 하나는 자신이 좋아하는 활동을 아이와 함께 즐기는 것이다. 하지만 항상 예상대로 진행되지 않는다. 아이가 축구를 할 때 자기 발을 왜 내려다보는지 이유를 알고 싶어 엄마는 소아 작업 치료사와 상담했고, 치료사는 아이가 몸통과 다리를 인식하는 감각이 약하다는 사실을 알아냈다. 아이의 자기수용적감각계는 다른 감각계와 원활하게 통합되지 않아 공으로부터 자기 몸이 어느 위치에 있는지 알기 위해 시각을 사용하고 있었다.

하지만 축구처럼 잽싸게 움직여야 하는 경기에서 그건 바람직하지 않았고 아이는 자주 넘어졌다. 자꾸만 넘어지자 아이는 당황하고 불안해했으며 자제심을 잃고 버럭 화를 냈다. 경기를 즐기기는커녕 스트레스만 잔뜩 받을 뿐이었다.

매주 작업 치료 시간에 치료사는 엄마에게 아이가 점점 발달하고 있는 신체 자각을 더 잘할 수 있도록 방법을 알려줬다. 마침내 아이는 축구를 좋아하게 되었고, 축구는 자신의 신체 자각을 다른 감각과 통합하는 완벽한 방법이 되었다. 엄마는 계속해서 아이가 속한 팀을 지도하고 아들을 정신적으로 지지하면서, 축구 경기는 아이의 가족 모두에게 만족스러운 유대감을 형성하는 뜻깊은 경험이 되었다.

신체 균형에 대한 감각: 전정계

우리는 몸을 통해 자신을 이해한다. 전정계(내이의 달팽이관과 반고리관 사이에 있는 부분)는 다른 감각계와 함께 우리 자신을 느끼는 감각에 도움을 쥐서 자신의 신체로 사는 게 어떤 느낌인지 알게 한다. 전정계는 말 그대로 우리 몸의 평형을 유지해준다. 귓속에 있는 감지기들이 중력, 움직임과 관련하여 머리와 몸 전체의 위치 정보를 뇌로 보내 몸의 균형에 영향을 준다. 이 중요한 시스템은 어떤 공간에서 몸이 어디에 있는지, 움직이는지 혹은 정지했는지, 얼마나 빨리 가는지, 그리고 중력과 관련하여 지금 어디에 있는지 알려준다. 만약 멀미한 적이 있다면 그건 앞서 말한 정보를 인식하여 전정계가 아프거나 어지럽게 했기 때문이다.

조절받는다는 느낌에 이 전정계가 얼마나 중요한 역할을 하는지 평소 우리는 과소평가하기 쉽다. 예를 들어 카시트에 앉아 차로 장거리 이동하는 걸 힘들어하는 어린아이들이 많다. 아이가 카시트에 앉으면 여러 종류의 감각이 아이에게 전달된다. 가슴을 가로질러 몸을 고정하는 안전띠에서 오는 촉각과 자기수용적감각, 자동차 소리, 차 안과 밖을 볼 때마다 펼쳐지는 시각적 변화, 그리고 아이의 전정계에 인풋을 강하게 주는 모든 움직임 등이 있다.

아이들은 트램펄린에서 점프하며 뛰어놀 때 시각, 자기수용적감각 인풋input(입력)뿐만 아니라 전정 인풋도 상당히 많이 받는다(아이들이 밖으로 떨어지지 않도록 옆에 난간이 붙어 있는 트램펄린을 이용하길 바란다). 점프는 전정계에 도전하는 훌륭한 활동이지만, 안전한 바닥에 착지하는 건 자기수용적감각과 밀접한 관련이 있어 근육과 관절에 압력을 가한다.

아이의 '전정계 민감도' 관찰하기

• 아이는 특정 움직임에 대해 일정한 반응을 보이는가? 그네타기처럼 특정 유형의 움직임을 굉장히 좋아하거나 혹은 회피하는가? 높은 곳으로 오르기나 점프하기, 그네와 미끄럼틀 같은 운동장 놀이기구를 피하는 아이들도 있다. 에스컬레이터를 무서워해서 그 위에 올라서는 걸 아예 거부하거나 차멀미를 자주 하는 아이들도 있다. 샴푸로 감아준 아이의 머리카락을 물로 헹궈주려고 머리를 뒤로 젖히게 하면 힘들어하는 아이들도 있다. 이런 아이들은 전정계 문제로 고생하고 있는지도 모른다.

• 아이는 어떤 움직임을 했을 때 차분해지고 즐거워하는가? 여기저기 돌아다니려 하는가? 당신과 노는 동안 춤추거나 그네를 밀어달라고 하거나 몸을 움직이는 걸 좋아하는가? 아이가 좋아하는 몸의 움직임은 무엇인가? 어쩌면 아이는 당신과 상호작용하며 같이 놀 때 주로 한자리에서 놀며 몸을 크게 움직이지 않는 편일 수도 있다. 아이의 몸이 어떻게 움직이는지 알면 아이와 유대감을 쌓고 공동 조절하며 즐겁게 지낼 방법을 찾을 때 그 정보를 활용할 수 있다.

사례 놀이터의 고집쟁이

한 엄마는 내게 다섯 살 된 아들이 놀이터에서 다른 친구들과 놀 때 타이어 그네 혹은 양동이 모양 그네에서 내려오지 않을 때가 자주 있다고 했다. 그네를 타려고 다른 아이들이 줄 서서 기다리는데 자기 차례가 끝났어도 그네를 멈추려 하지 않았다.

아이는 자기 몸이 공중에 붕 떠 있을 때와 그네 위에 앉은 느낌을 아주 좋아했다. 다만 그네를 아무리 타도 싫증을 내지 않아서 아이의 엄마와 교사들은 다른 아이에게 그네를 양보하기 싫어 울고불고 화를 내는 아이를 달래야 했다. 아이는 또래 친구들과 같이 돌아가며 그네를 타야 한다는 사회적 규칙을 알았지만, 몸은 계속 그네를 타고 싶어 하는 욕심에 이끌려갔다.

나는 관찰을 통해 그 아이가 전정계에서 감각 갈망을 경험한다는 걸 알았고, 아이가 엄마와 함께 아이의 전정계가 시각계, 자기수용적 감각 같은 다른 감각계와 잘 통합되도록 도와주는 놀이를 비롯한 작업 치료를 받으면 좋겠다고 제안했다. 치료사는 아이가 마당에서 통나무를 실은 수레를 끌어보게 하고, 엄마 아빠는 쇼핑할 때 아이에게 카트를 밀게 했다. 또 여러 가지 놀이기구를 이용해 아이와 놀기 등 재미있는 활동을 했다.

감각 갈망을 가진 아이 중에는 작업 치료가 도움이 되는 아이들이 있다. 전정 감각을 다른 감각계와 통합하기 위해 숙련된 작업치료사들이 정확한 작업 수행법을 가르치기 때문이다. 몇 달간 작업 치료를 받고 나자 그 아이는 그네를 다른 아이에게 양보하자는 요청을 받아도 거부하지 않았고 놀이터에 있는 다른 놀이기구에서 몸을 활발히 움직여 친구들과 노는 걸 좋아하게 되었다. 아이는 몸속이 더 차분해졌다고 느꼈다. 다른 친구에게 그네를 양보하지 않아 문제 행동으로 보였던 것은 근본적으로 감각 통합 문제였음이 밝혀졌다.

아이의 신체 반응을 존중하라

거듭 강조하는데, 아이가 느끼는 모든 감각에 대해 좋다, 나쁘다고 판단하지 않고 있는 그대로 인정하고 도와주는 것이 중요하다. 그러면 자신의 감정과 기분에 더욱 친숙해질 수 있다. **신체는 육아에 필요한 훌륭한 로드맵을 제공한다. 그럼에도 불구하고 우리는 신체에 그다지 관심을 두지 않는다.** 심지어 좋은 의도로 하는 말이지만, 아이더러 몸이 보내는 신호에 신경 쓰지 말라고 하기도 한다. 우리는 "벌써 그렇게 배고플 리 없어. 방금 간식 먹었잖니?" 혹은 "조금 긁힌 것뿐이야. 아프지 않을 거야"라고 아이에게 말한다. 이런 상황에서 우리는 아이에게 힘이 되고 있다고 생각하겠지만, 몸의 느낌을 무시하라는 뜻이므로 아이가 자기 조절을 하기 위해 신경 써야 할 바로 그 신호들을 평가절하하게 된다.

정말 괜찮지 않은데도 아이한테는 다 괜찮다고 설득한다면 우리는 아이의 현실 그리고 아이의 몸이 전달하는 중요한 신호를 무시해버리는 셈이다. 머리를 감겨줄 때 불같이 화를 내는 아이의 경우처럼 객관적으로 안전한 상황인데도 아이의 안전 감지 시스템이 위협을 인지할 때면 더욱 그렇다. 우리는 아이의 고통을 그냥 지나치지 말고 감정적으로 공동 조절을 하며 아이의 신체 반응을 존중해야 한다. 그렇게 해서 감정의 토대인 신체 감각을 존중하는 법을 설계할 수 있다.

아이들 대부분은 크게 힘들이지 않고 감각을 통해 정보를 처리한다. 하지만 행동 문제나 다른 문제들이 어렸을 때부터 시작되었고 왜 그런지 쉽게 설명할 수 없다면 아이마다 다른 감각 처리상의 차이가 한 요인인지 살펴봐야 한다. 만약 아이가 어떤 감각 자극에 극도로 민감해하거나 과잉 반응, 둔한 반응을 보이거나 특정 감각 경험을 피하거나 어떤 감각 경험을 매일같이 갈망하고 만일 그걸 얻지 못할 때 조절 장애를 겪는다면 전문가와 상담하는 게 좋다. 감각 처리 훈련을 잘 받은 작업치료사나 발달치료사는 아이를 보고 개입하는 것이 좋을지 말지를 결정할 수 있다.

신체 신호를 자각하여 회복탄력성을 키운다

신경과학자들은 최근 우리 몸의 감각 감지 능력과 감정 조절 능력 사이에 밀접한 관계가 있다는 사실을 발견했다. 나 같은 뇌-신체 치료사에게 이것은 대단한 소식이긴 해도 놀라운 일은 아니다. 나는 몇 년 동안 수많은 아이를 치료하는 과정에서 자기 몸이 보내는 신호와 감각에 주의를 기울이면 자기 조절력을 키우는 데 도움이 된다는 사실을 알았다. 부모는 성급히 판단하지 않고 조용히 관찰하여 아이 스스로 감정적으로 잘 대처할 수 있는 힘을 길러줄 수 있다. "아이가 너무 예민해"처럼 판단하는 말 대신 감각을 통해 세상을 경험한다는 걸 이해하면 아이가 좋아하는 것에 호기심을 느껴 감각 경험하는 것을 존중할 수 있다.

아이들은 감각을 통해 이 세상과 다른 사람들을 인식한다. 그런데 우리는 이를 자주 간과한다. 예를 들어 아이가 아는 사람 혹은 가족 구성원을 무시하거나 부적절하게 대응하면 부모는 즉시 아이에게 공손하게 행동하라거나 "착하게 굴어야지"라고 타이르기 바쁘다. 그 대신 그 상황에 적절한 방식으로 공동 조절할 수 있다. 그렇게 함으로써 아이가 자신도 모르게 보인 반응을 존중할 수 있다. 그러지 못하면 의도와 다르게 아이가 우리를 기쁘게 하려고 자신의 진실한 감정을 숨길 수 있다. 반면, 아이의 반응을 인정하면 아이의 회복탄력성과 자기주도성을 키우며 자신의 본능을 믿도록 격려할 기회가 생긴다. 이것은 사회성이 일찍 발달해 다른 사람들의 요구에 맞추는 일이 잦은 여자아이들에게 특히 중요하다.

아이들 대부분은 일부러 뭔가를 심각하게 혹은 강하게 느끼거나 까다롭게 구는 것이 아니다. 사실은 그것보다 훨씬 더 복잡하다. 아이가 새로운 방식으로 감각을 참고 적응하고 분류하는 법을 배울 수 있도록 우리는 과거 힘들었던 기억을 능가하는 새로운 기억을 만드는 데 공동 조절과 참여를 사용한다. 부정적인 기억을 덮으려면 긍정적인 경험을 더 많이 해야 하지만, 시간이 흐르면서 진전이 이루어진다. 사랑을 베풀고 아이를 따뜻하게 연민하며 조율하는 관계를 통해 우리 아이들은 수많은 긍정적이고 부정적인 감각, 생각과 감정을 다루는 방법을 배운다.

자신의 몸에서 무슨 일이 일어나는지 정확히 찾아내고 확인할 수 있는 아이는 심리적 회복탄력성과 어쩌면 평생 건강의 토대를 쌓을 수 있다. 아이들에게 자기 몸에 관심을 보이고 주목하는 일이 중요하다는 것을 가르치자. 그래야 아이들이 마음과 신체 건강을 최대한 누릴 수 있다. 다음 장부터는 출생부터 시작해 아이의 나이와 발달 단계에 따라 이 능력을 더욱 키워나갈 방법을 집중적으로 알아보겠다.

디즈니랜드의 교훈

딸이 디즈니랜드에 가지 않겠다고 거부한 후 어떻게 되었을까? 우리는 디즈니랜드 여행 계획을 취소하기로 했다. 남편과 나는 디즈니랜드로 휴가를 갈 생각에 들떠 있었지만, 딸은 그걸 선물로 받아들이지 않았다. 그 대신 우리는 딸의 생일날 이웃집 수영장에서 수영하며 놀았다. 딸은 무척 즐거워했다.

몇 년이 지난 후에야 나는 딸이 디즈니랜드에 왜 가고 싶지 않았는지 알 수 있었다. 감각 처리를 더 많이 배운 나는 디즈니랜드처럼 볼 것이 넘치고 시끄러운 소리가 끊이지 않으며 이런저런 냄새가 나고 그 밖에 다른 감각 인풋이 뒤섞여 불협화음을 이루는 장소는 딸에게 크나큰 부담이었다는 사실을 깨달았다. 딸은 다중감각처리에 특히 어려움이 있었다. 다시 말해 딸은 동시에 여러 감각에 노출되면 과잉 반응을 심하게 보였다.

아이는 세상을 예측할 수 없다고 판단하면 자신이 처한 환경에 어떻게든 대처하려고 더 경직되거나 통제하려는 모습을 보인다. 아이는 서로 다른 환경에서 자신에게 어떤 느낌이 들지 예측할 수 없으면 삶을 혼란스럽다고 느끼고 융통성 없는 태도를 보이며 적응해간다. 딸이 디즈니랜드 여행을 거부한 건 딸의 신경계가 훌륭하게 적응한 결과였다. 딸의 뇌와 신체는 자신의 여러 감각을 통합하는 방법과 그 감각들이 위험하지 않다고 느끼는 법을 알아내려면 시간과 경험이 더 필요했다.

이 사실을 알게 되자 남편과 나는 딸을 향한 연민의 마음이 생겼고, 우리가 딸의 선호와 선택을 얼마나 존중하는지 딸에게 잘 알려줄 수 있었다. 우리는 딸에게 몸이 보내는 신호를 무시하라고 부추기거나 "분위기를 맞추지 못한다"고 실망감을 표출하는 대신, 딸이 자기 몸의 신호를 인식했을 때 관심을 보이고 인정해줬다. 아이의 몸이 어려움을 겪는다는 걸 공감하고 인식하며 정신적으로 지지하고 수용할 때마다 아이는 여러 감각을 잘 참아내는 능력이 강화되었다. 사람들과의 유대 관계가 끈끈하면, 최고의 능력을 발휘하고 부정적인 경험을 참는 능력이 향상된다. 신체가 뇌에 어떻게 정보를 제공하는지 알면, 우리는 아이들이 자신의 감정과 완전히 새로운 관계를 형성하도록 도울 수 있다.

그리고 이 이야기에는 끝이 있다. 시간이 많이 흘러 중학생이 된 딸은 친한 친구 둘과 함께 디즈니랜드에서 자기 생일을 축하해달라고 했다. 나는 아직도 그때 디즈니랜드에서 찍은 사진을 가지고 있다. 아이들 셋이 디즈니랜드에서 가장 높이 올라가는 롤러코스터에 탄 사진이다. 딸은 함성을 지르며 두 손을 허공으로 쭉 뻗고 있었고, 친구들은 눈을 질끈 감고 머리를 딸의 어깨에 파묻고 있었다. 나는 그 사진을 볼 때마다 미소가 절로 나온다. 그리고 딸이 어릴 때 겪었던 감각의 어려움을 성장하면서 얼마나 끈기 있게 극복해냈는지, 그리고 딸의 신체와 뇌가 우리의 정신적인 지지에 힘입어 성장하면서 얼마나 훌륭하게 잘 구성되었는지 깨닫는다.

내 아이의
회복탄력성을 위한
조언

아이들이 감각계를 통해 외부 세계, 자신의 몸속, 다른 사람들로부터의 정보를 받아들이는 방식은 서로 다르다. 이러한 아이들의 개인차를 이해해야 한다. 아이가 이 세상을 부모가 경험하는 방식대로 똑같이 경험하리라고 추측하지 마라. 아이 관점에서 이 세상은 어떤 느낌일지 궁금해하라. 이걸 아는 것이야말로 아이들의 감정 표현 능력을 키우는 첫 번째 관문이다.

3부

혼내지 않고 함께하는 문제 해결

Brain–Body
Parenting

7장

매우 특별하고 소중한
내 아기에게 반응하려는
자신의 본능을 믿어라.

0~1세, 기쁨과 혼돈의 나날들

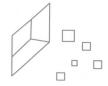

"어떻게 하면 아기가 밤에 깨지 않고 푹 자나요?" "울게 놔둬도 될까요?" "아기들이 TV를 봐도 되나요?" "아기 띠로 아기를 안고 다니는 건 얼마나 중요한가요?" "아기에게 수화를 가르쳐줘야 할까요?" "아기를 잘못 키울 수도 있나요?" 이제 막 부모가 된 사람들은 아기에 대한 질문이 끊이질 않는다.

소아청소년과 의사가 진료를 의뢰하여 나를 찾아온 케리와 벤도 이런 질문을 많이 했다. 그 의사는 내가 처음 엄마가 되었을 때 수면 부족과 스트레스로 고생한 걸 잘 알고 있었다. 두 사람의 딸 셀윈은 당시 생후 3개월이었다. 첫 번째 상담을 시작할 준비를 마치자 잔뜩 지쳐 있던 두 사람이 들어왔다. 그들은 편안한 임신 기간을 거쳐 달을 다 채워 건강한 아기를 낳았다고 했다. 부모가 된 기쁨, 그리고 양가 부모님들이 드디어 조부모가 된 사실에 흥분한 이야기를 자세히 들려주었다.

셀윈이 태어나자 가족들은 모두 마법에 걸린 듯 황홀한 기분이었다고 했다. 하지만 이들 부부는 육아를 즐기기는커녕 하루하루를 간신히 버텨가고 있었다.

생후 8주 차 때 셀윈은 잘 먹고 체중도 정상적으로 증가했다. 하지만 낮 동안 너무 많이 울어서 부모는 달랠 방법을 찾느라 어려움을 겪었다. 셀윈을 먹이고 기저귀를 갈아주고 산책을 하고 살살 흔들어줘도 아무것도 효과가 없는 듯했다. 밤이라고 해서 더 나아지는 건 아니었다. 아기는 서너 번씩 잠에서 깨어 울었고 다음 날 아침이면 엄마 아빠는 잠을 못 자서 두 눈이 퀭했다.

시간이 좀 더 흐르자 케리와 벤은 걱정거리가 하나 더 있다고 고백했다. 셀윈을 진료한 소아청소년과 의사가 유아 돌연사증후군의 위험성을 경고했고, 그걸 예방하기 위한 주의사항을 줄줄이 언급한 것이다. 아기에게 잠옷을 잘 입히고 똑바로 눕혀 재워야 하며 잠자는 공간에는 침구류나 다른 물건들을 같이 놓지 말라고 했다. 의사가 꼭 필요하다고 생각해서 선의로 한 경고는 아기에게 끔찍한 일이 일어날 수도 있다는 불안감을 주었다.

아기는 낮에도 수차례 정신없이 울어댔고, 밤에도 자주 깨 울었으며, 아이를 잃을지도 모른다는 공포와 무엇보다도 부부 두 사람의 수면 부족이라는 고단한 일이 동시에 발생했다. 그리고 이 모든 힘든 상황 때문에 부부는 간신히 제정신을 유지하고 있다는 생각이 들었다. 이 훌륭한 부모는 최선을 다했지만, 부모가 된 후 힘들어하고 있었다.

출생부터 생후 6개월까지

나의 뇌리에 생생하게 남아 있는 기억 세 가지가 있다. 이 세상에 태어난 내 아이들 셋을 각각 처음 봤을 때다. 아이들의 눈을 바라보면서 뭔가 익숙한 걸 느꼈다. 나는 아이들이 내 몸속에서 커가고 있을 때 아이들과 이미 유대감을 형성했기 때문이었다. 아이들이 태어나기 전에는 엄마가 된다는 것이 내 인생을 얼마나 근본적으로 바꿔놓을지 깨닫지 못했다.

별로 유쾌하지 않은 기억도 있다. 간호사가 내게 조산아로 태어난 첫째 아기의 기저귀를 갈아보라고 했을 때 나는 눈물을 왈칵 쏟았다. 내 품에 안긴 조그맣고 힘없는 생명에 대한 무거운 책임감에 짓눌려 너무 무능하고 감당하기 벅차다는 기분이 들었다. 딸아이는 울기만 하고 말을 할 줄 모르는데 뭐가 필요한지 내가 어떻게 알겠는가? 나는 이전에 아기들을 자주 접하지 않았으므로 기저귀를 갈 줄도 몰랐다.

겉싸개로 싼 아기를 안고 병원을 떠나 집에 도착하자 나는 어렸을 때 갖고 놀던 인형에게 맞을 만큼 아주 조그만 조산아용 아기 옷을 입혔다. 딸에 대한 사랑과 딸을 지키려는 욕구는 내가 경험했던 것 중에서 가장 격렬한 힘이었고, 거기엔 흥분과 공포가 섞여 있었다.

간호사가 딸의 혈액 샘플을 채취하러 집에 들렀고 하루에도 몇 번씩 딸의 상태를 확인했다. 딸은 빌리루빈 효소 수치가 증가하여 빛이 환하게 비치는 상자 모양의 기기에서 잠을 자야 했고, 의료진들은 조그만 눈 보호대로 아이의 눈을 항상 가려줘야 한다고 조언했다. 빛을 직접 보면 시력을 잃을 수도 있기 때문이었다. 이제 막 부모가 되어 수면 부족에 시달리는 사람들이 새겨듣기에 결코 쉬운 경고가 아니다! 처음 몇 주 동안 남편과 나는 아기가 특별 고글을 계속 쓰고 있도록 번갈아가며 밤낮으로 주의 깊게 살폈다.

그런 경험을 한 만큼 새롭게 부모가 된 케리와 벤에게 깊이 공감했다. 아기의 출생처럼 우리를 걱정하게 하고 생활 리듬과 일상을 바꿔놓는 건 없다. 인간은 예측 가능성을 매우 좋아하지만, 아기가 우리 삶에 들어오면 예측 가능한 건 아무것도 없다. 수유하기, 낮잠 재우기, 밤잠 패턴에 익숙해질 때까지 우리의 일상생활은 오롯이 아기를 중심으로 돌아간다.

수면 부족 외에도, 새로 부모가 된 사람들은 아이를 돌보는 방법에 대해 차고 넘치는 조언과 압박이라는 또 다른 골치 아픈 문제에 대처해야 한다. 물론 아이는 세상에 하나밖에 없는 존재이므로 아무도 단한 가지 '옳은' 방법을 알려줄 수 없다. 배울 수 있는 건 육아 이론이 아니라, 아기의 신호를 읽은 후 양육 계획과 결정을 아기에게 맞춰 개인화하는 것이다.

부모가 되면 우리는 '옥시토신oxytocin'이라는 사랑의 호르몬에 자극받아 성인으로서 가장 중요한 변화를 경험하며 몸과 뇌가 변한다. 이것은 엄마와 아빠 모두에게 해당한다. 연구에 따르면 전업으로 아기를 돌봤던 아빠들도 뇌 속 호르몬에 변화를 겪었다. 이것은 가능한 한 일찍 아이들을 돌보는 아빠의 중요성을 보여주는 증거다. 이 사실을 알고 많은 병원과 조산원은 출산 직후 아빠가 아기와 피부를 맞대 접촉하고 부드럽게 안아 아빠와 아기가 유대감을 형성하도록 장려한다. 부모의 호르몬 변화는 아이와 더욱 밀접하게 연결된 느낌을 준다.

그 과정에서 우리의 첫 번째 과제 중 하나는 공통의 리듬을 찾는 것이다. 서로의 춤동작이 조화를 이루도록 연습을 거듭하는 댄서들처럼 부모와 아이가 공유하는 공통의 리듬 말이다. 새로운 파트너와는 어떤 춤을 추든 연습이 필요하다. 본능에 따라 우리는 아기를 진정시키고 세상에 적응하도록 도와주기 위해 아기의 반응을 살피고, 목소리의 톤을 바꾸고 다양한 표정을 지어가며 아기를 쓰다듬고 안아준다. 모든 아기에게는 엄마 아빠와 공유하는 자기만의 댄스 패턴이 있다. 그건 이해하기 쉽고 즐거우며 예측 가능할 때도 있지만, 벤과 케리, 아기 셀윈이 그랬듯이 배우는 데 시간이 오래 걸릴 수도 있다.

다행히 여러 연구조사와 내 경험에 따르면 아기가 세상을 신뢰하는 법을 배우는 데에는 한 가지 중요한 요소가 있다. 그것은 바로 부모다. **부모가 아기를 사랑하고 조율하며 요구 사항에 반응하면 아기는 세상을 더욱 신뢰하며 배워갈 수 있다.** 이 책에서 사용하는 '반응한다'는 말은 아이의 몸에 주의를 기울이라는 뜻이다. 우리는 아기가 보내는 신호 읽는 법을 배워서 아기를 도와줄 수 있다.

아기가 보내는 신호에 즉각 반응하라

아기들은 욕구가 충족되면 건강히 잘 자라지만, 아직 말을 배우지 못한 아기는 필요한 것을 말로 알려줄 수 없다. 그러니 시행착오를 거치면서 알아내야 한다. 나는 유아 정신 건강을 공부하는 동안 건강하게 성장하도록 도와주는 비결은 **'반응형 육아'**라는 걸 알게 되었다. 반응형 부모들은 마음이 따뜻하고 애정이 깊으며 아기의 요구에 잘 반응한다. 그들에게는 다음 세 가지를 잘한다는 특징이 있다.

1. 아이가 보내는 신호를 관찰한다(하품하고 눈 주위를 비빈다).
2. 그 신호를 정확하게 해석한다(아기는 지금 졸리고 휴식이 필요하다).
3. 아이의 요구 사항을 즉시 충족시켜준다(아기를 낮잠 재우려고 내려놓는다).

연구원들은 부모가 아기의 욕구에 적절히 반응하면 아기는 잠을 더 잘 자고, 무서움을 덜 타며, 자라서 건강한 식습관을 갖게 되고, 스트레스를 덜 겪는다는 사실을 밝혀냈다. 게다가 이렇게 성장한 아이는 유치원 생활에 더 순조롭게 적응하고, 성급한 행동과 충동을 최대한 자제하며, 다른 사람과 협동을 더 잘할 가능성이 크다. 왜 그럴까? 부모가 예측할 수 있고 사랑을 베풀며 아이와 조율하는 상호작용을 통해 신뢰 관계를 구축하면 아이가 잘 자라는 데 도움이 되기 때문이다. 아기를 위해 우리가 할 수 있는 최선은 아기가 보내는 신호를 애정 어린 눈으로 관찰하고 그게 무슨 뜻인지 해석하며 그 요구 사항을 충족하기 위해 행동하는 것이다. 처음에는 잘하지 못할 수도 있지만, 마음을 편하게 가져야 한다. 우리는 시행착오를 거쳐 아기의 욕구를 알 수 있다.

이 일은 왜 그렇게 중요한가? 아기들은 부모의 도움을 받아 몸의 내부 감각(내수용감각)과 몸 밖에서 벌어지는 현상(소리, 광경, 감촉, 냄새, 맛 등)을 느끼며 의미를 만들어내기 때문이다. 아기들은 자신의 뇌가 기대하는 안전과 신뢰와 관련된 기억을 만들어내도록 부모와 애정 어린 유대감을 맺고 부모가 자신을 신체적으로 도와주기를 바란다. 우리는 아기와 같은 의미를 공유하며 도와줄 수 있다.

아기와 함께 만들어가는 나만의 육아법

우리는 아기의 경험과 이 세상을 이해하는 방법을 설계하는 건축가다. 갓난아기는 세상에 태어나기 이전 과거에 대한 기억이 전혀 없다. 아이가 혼자 힘으로 또는 부모와 함께 보고 무엇인가를 경험하는 모든 것은 아이가 이 세상을 이해하는 방식이고, 아이의 뇌가 미래를 예측하는 방식에 영향을 미친다. 부모는 아이가 자신과 세상을 어떻게 이해하는가에 가장 중요한 영향을 미친다.

우리는 시행착오를 통해 아이 키우는 법을 배우지만 쉽지 않은 일이다. 나는 처음 엄마가 되었을 때 아기와 강한 애착을 형성하려고 내가 아는 모든 걸 해보려 애썼다. 항상 아기와 함께해 혼자가 아니라는 걸 알려줬으며 아기가 울면 언제나 달랬다. 하지만 자기 몸을 쉽게 진정시키지 못했던 내 아이를 달래줄 특별한 도구는 가지고 있지 않다. 아기는 악을 쓰며 울어댔고 내가 뭘 해도 울음을 그치지 않았으며 육아 이론은 전혀 도움이 되지 않았다. 나는 내 딸이 세 시간 동안이나

한 번도 그치지 않고 심하게 울었던 그날 밤을 결코 잊지 못한다. 나는 너무 무서웠고 또 무력했다.

지난 몇 년 동안 나는 그날 밤 나처럼 갓난아기가 됐든 아장아장 걷는 아기가 됐든 더 큰 아이가 됐든 아이의 울음 때문에 힘들어하는 부모들을 수없이 만났다. 나는 당신들만 그런 게 아니라고 늘 강조해 말한다. 기억하라. 아기들이 너무 어리고 작으면 우리는 아기가 보내는 신호를 정확하게 읽지 못한다는 사실을. 여러 방법을 바꿔가며 시도하고 아기에게서 배우고 또 아이와 함께 배울 때 발전할 수 있다. 아기의 반응을 근거로 아기를 관찰하고 방법을 바꿔야만 효과 있는 학습이 가능하다. 중요한 건 완벽해야 하는 게 아니라, 우리가 말하고 행동하는 모든 것이 아기에게 이 세상이 안전하고 믿을 만한 곳이라는 기억을 만든다는 사실이다.

그렇다고 어릴 때 그렇게 해주지 못한 것이 걱정되는가. 신경과학 분야에서는 아이가 어렸을 때 어떻게 아이에게 반응하며 키웠는지 걱정할 필요가 없다고 한다. **뇌와 몸은 새로운 경험을 과거의 경험과 끊임없이 비교해 업데이트하고 변화시키기 때문이다.** 앞으로 아이와 새롭게 맺어갈 유대 관계가 있으므로 우리에겐 희망이 있다. 경험을 통해 성장하고 변화하며 우리와 세상에 대한 아이의 예측을 끊임없이 업데이트한다.

영양 공급, 안전과 안도감을 원하는 아기의 기본 욕구를 충족하는 일은 생후 6개월 동안 특히 중요하다. 아기가 태어난 직후의 경험은 앞으로 발달할 뇌-신체 네트워크의 기초를 마련하기 때문이다. 배고플 때 수유하고, 제때 달래주면 건강한 출발을 할 수 있다. 아기가 성장하여 자율 조절을 하도록 도와주는 방법은 먼저 일관성 있게 공동 조절하는 일이다.

우리는 짜증을 잘 내거나 자주 우는 아기를 시행착오를 겪으며 키운다. 먼저 어떻게 하면 아기가 진정하는지 알아보라. 어쩌면 그건 상냥한 엄마의 얼굴과 "괜찮아, 아가야. 엄마 여기 있어"라는 따뜻한 말과 차분함과 신뢰감을 심어주는 목소리일 수도 있다. 목소리만으로는 충분치 않을 수 있으므로 아기가 진정될 때까지 목소리를 들려주며 아기를 안아주거나 살짝 흔들어줘야 할 수도 있다. 아니면 특정 리듬이나 패턴에 맞춰 흔들어줘야 아기의 몸이 진정될 수도 있다. 여러 방법을 시도해도 아기가 계속 울고 투정을 부리면 살며시 내려놓아 자극을 줄이는 것이 자기 조절을 하는 데 도움이 되는지 살펴볼 수도 있다.

까다로운 아기에게 어떤 방법이 효과가 있는지 실험해보라. 그것이 바로 반응형 육아다. 즉, 우리 자신과 아기를 위해 인내심을 갖고 아기의 요구 사항을 적극적으로 해석한다는 뜻이다. 반응형 육아는 양방향 과정이라는 사실이 연구 결과 밝혀졌다. 아기를 달래는 동안 우리의 심장 박동은 아기의 것과 일치한다. 그것은 부모의 사랑을 느끼고 신뢰를 구축하는 진정한 신체 경험이다. 케리와 벤처럼 처음으로 부모가 된 사람들이라면 당연히 그럴 수밖에 없듯이 우리가 불안하거나 화날 때 이 반응형 육아가 얼마나 어려운지 인정하자.

기본 욕구를 채워줬다면 아기가 가지고 있는 제한된 통제력으로 자기 몸을 발견하고 주변을 탐색할 시간을 준다. 아기들이 자기 몸의 경계를 느낄 수 있는 시도를 마음껏 하게 하여 아주 어렸을 때부터 회복 탄력성을 키워준다. 예를 들어 수유를 마치고 기저귀를 갈아준 후 조금 짜증을 내는 아기를 안전한 곳에 눕히면 아기는 자기 손을 발견하고 빨거나 어떤 물체를 몇 초 동안 가만히 응시할 수도 있다. 혹은 자기 다리가 아기 침대 옆면에 닿는 것을 느낄 수도 있다. 이런 순간들은 아기들이 자기 자신을 달래는 연습 기회가 된다.

아기들이라고 해서 아예 무력한 건 아니다. 아기들은 몸 자세를 바꿀 수 있다. 손을 입 가까이 끌어 올려 주먹이나 손가락을 빨 수도 있다. 주위를 둘러보고 소리에 집중하거나 눈을 감고, 때로는 고개를 돌리기도 한다. 당연히 아이마다 성취 수준은 다르다. 조산아로 태어났거나 질병을 안고 태어난 아기들은 아직 울거나 본능에 따라 몸을 움직이지 못할 수도 있다. 아기에게 도움이 필요하면, 아기가 혼자 힘으로 최대한 노력했다고 생각될 때 도와준다.

반응형 육아의 세 단계, 바로 아이의 신호를 관찰하고 그 신호가 무슨 뜻인지 해석한 후 행동을 취하는 것은 훌륭한 육아 지침이다. 아이의 신호를 관찰한다는 말은 아이의 몸이 보내는 신호에 주의를 기울인다는 뜻이다. 그 신호를 해석한다는 말은 아기를 잘 파악하여 행동의 명백한 원인을 찾아 문제를 해결해준다는 의미다(예를 들면 아기에게 수유하거나 혹은 기저귀 갈기). 행동을 취한다는 말은 명백한 요구부터 먼저 처리하고 나서 아기를 잠시 더 관찰하며 다음으로 어떤 행동을 하는지 조용히 지켜본다는 뜻이다. 아기가 엄마를 쳐다본다면 서로 교감하기에 좋은 때라는 신호일 수도 있다. 하지만 휴식이 필요하면 아기가 다른 곳으로 눈길을 돌릴 수도 있다. 이것은 아기의 몸이 보내는 신호를 바탕으로 지혜롭게 아기를 존중하고 반응해주는 소소한 방법들이다.

아기에게 반응을 잘하는 부모가 되려면

아기가 태어나고 몇 달 동안 수면 부족이 계속 이어지면 부모의 플랫폼은 약해질 대로 약해져 사소한 모든 일이 비상사태처럼 다가온다. 아기 일로 내게 도움을 청했던 벤과 케리 부부도 그랬다. 케리는 내게 처음 전화했을 때 지쳐서 목소리는 힘이 없고 단조로우며 조용했다. 부부가 나를 만나러 왔을 때 나는 두 사람의 얼굴, 특히 케리의 눈 밑 다크서클을 보고 얼마나 고생하는지 알 수 있었다. 케리는 엄마가 되어 기쁘지만, 엄마 노릇 하기가 너무 벅차다고 눈물을 흘리며 말했다.

최소한의 수면 지키기

부모가 제일 먼저 최소한의 수면 기준을 세워야 한다. 5장에서 봤다시피 수면은 생명 유지 장치다. 벤과 케리는 똑바로 생각하고 예전 모습을 되찾고 식구가 세 명이 된 후 새로운 생활 리듬을 찾기 위해 충분히 잠자야 했다. 수면은 양보 불가한 필수품이다. 며칠이나 몇 주 동안 잠을 제대로 못 자도 살 수는 있지만, 이들 부부는 수면 부족이 몇 달 동안이나 계속되어 그 피해가 눈에 띄게 나타났다.

두 사람이 원래대로 회복하도록 우리는 셀윈의 수면 패턴이 어느 정도 일정해지고 밤중 수유를 덜하게 될 때까지 부부가 서로 번갈아 자면서 매일 밤 할 일을 처리하기로 계획을 세웠다. 늦게 잠자리에 들곤 했던 벤이 먼저 아기를 돌봤고, 케리는 몇 시간 동안 잠을 잘 수 있었다. 그전에 케리는 모유를 미리 짜서 벤이 젖병으로 아기에게 먹이도록 했다. 벤은 육아 휴가도 연장하여 서로 모자랐던 잠을 보충할 때까지 낮 동안에 케리와 교대로 낮잠을 잤다. 그러자 이들 부부의 플랫폼 변화는 놀라웠다. 푹 쉬고 나자 모든 게 절망적이었던 부부가 갑자기 희망을 보기 시작했다.

다른 사람의 도움 받아들이기

수면 부족 문제를 극복하려면 창의적인 해결책을 찾아내는 일이 중요하다. 예를 들어 아기가 낮잠을 자는 동안 잠깐씩 눈을 붙인다. 또는 자는 동안 친구나 친척에게 잠시 아기를 봐달라고 한다. 수면 부족으로 몽롱한 상태에서는 생존 모드의 에너지를 아껴야 하므로 다른 사람들과 어울리지 않으려는 부모들도 있다. 그렇게 힘든 상태라면 도움이 정말 필요해도 친구나 가족에게 연락할 마음이 생기지 않을 수 있다. 뇌-신체 연결과 관련해 이유가 있기 때문이다. 과도한 스트레스를 받으면 우리는 에너지를 보존하기 위해 뒤로 물러선다. 너무 지쳐 고갈되면 다른 사람과의 접촉이 가장 필요한 바로 그 순간에 사람들과 거리를 두는 편을 택한다.

친구와 가족들이 안부도 물을 겸 "내가 해줄 만한 일이 있을까?"라고 도움을 제안하면 거부하지 말고 손을 내밀어라. 가까운 사람들이

해줄 수 있는 간단한 일의 목록을 만든다. 예를 들어 식사를 준비해 가져다주기, 아기의 언니 오빠를 공원에 데려가 몇 시간씩 놀아주기, 빨래해주기, 수업을 마친 아이를 집에 데려오기, 30분 정도 말벗 해주기 등이 있다.

아이들이 어렸을 때 내가 좋아했던 재충전 방법은 아주 가끔 하는 파자마 데이였다. 나는 친구나 가족에게 아이들을 데리고 가 그들 집에서 재워달라고 부탁했고, 그동안 나는 집에서 푹 쉬었다. 보통 때의 내 삶은 일정이 꽉 잡혀 있지만, 이날만큼은 계획을 전혀 짜지 않고 그때그때 생각나는 일을 했다. 책을 읽고 차를 마시며 쿠키를 굽고 TV를 봤다. 하지만 파자마 데이에서 가장 중요한 일은 알람을 맞추지 않고 낮잠 자기였다.

다음 날 저녁 친구와 가족이 아이들을 데리고 집에 데려올 즈음이면 나는 새로운 사람으로 다시 태어난 기분이었다. 인내심이 커졌고 아무 생각 없이 애들을 돌본다기보다는 함께 있는 시간을 다시 즐길 수 있었다. 어린 자녀들을 둔 부모에게는 육아가 우리의 몸과 마음에 끼칠 수 있는 희생을 인정하고 부끄러워하지 않는 태도가 중요하다. 5장에 소개했던 육아 주문을 기억하라. '이건 힘든 거야. 나만 그런 게 아니야. 나 자신에게 친절하길.' 자기 자신을 친절하게 대하는 한 가지 방법은 다른 사람의 도움을 받아들이는 일이다.

벤과 케리가 그동안 못 잤던 잠을 보충할 방법을 알아내자 우리는 그다음 문제로 넘어갔다. 바로 셀윈이 심하게 우는 문제였다.

우는 아기가 보내는 신호 읽기

우리는 아기를 관찰하여 아기가 보내는 신호를 읽고 진정시키려면 어떤 방법이 효과가 있는지 시행착오를 거쳐 알 수 있다.

엄마 목소리

아기들은 목소리 톤에 반응한다. 차분한 목소리를 들으면 안심한다. 침착할 때 목소리가 좀 더 운율을 띠고 음악 소리 같은 명랑한 톤으로 바뀐다. 아기들이 부모의 부드러운 목소리를 좋아하는 이유다. 아기들은 자연스레 운율 띤 목소리로 말하는 사람이 안전하다고 느껴 진정한다. 어떤 아빠들은 아기에게 노래 부르듯 어르는 목소리로 말하는 것이 바보 같다고 생각할 수도 있지만, 그렇게 하면 아기들을 얼마나 안심하게 하는지 모른다.

목소리의 음량을 다양하게 조절해볼 수도 있다. 약하거나 크게 내보고 아기가 다르게 반응하는지 살펴본다. 속도에 변화를 줘 빠르게 혹은 느리게 말하거나 노래해보라. 여러 번 다르게 소리내보고 아기의 몸이 어떻게 반응하는지 관찰한다. 아기가 조용해지거나 진정하는가? 엄마를 바라보거나 몸의 긴장을 푸는가? 어쩌면 아기가 눈을 감고 고개를 돌릴지도 모른다. 만일 그렇다면 그건 이제 휴식해야 하거나 다른 것을 해봐야 한다는 신호다.

셀윈의 부모는 오후 시간에 딸이 심하게 울어댈 때 딸을 품에 꼭 끌어안고 리듬감 있게 "쉿, 쉿" 하고 크게 소리를 내면 딸이 진정한다는 사실을 알아냈다. 이렇듯 아기들은 선호하는 감각이 모두 다르다.

배경 소리와 음악

아기가 소리에 어떻게 반응하는지 관찰하라. 집에 주변 소음이 많이 들리거나 텔레비전 혹은 시끄러운 음악을 평소에 늘 틀어놓고 있다면 그보다 조용할 때 아기가 어떻게 반응하는지 살핀다. 때로는 아기들도 그저 '아무것도 하지 않고 가만히' 있기 위해 조용한 환경을 느낄 시간이 필요하다.

아기가 투정 부리지 않거나 이제 막 투정 부리려 한다면 배경 음악을 다양하게 들려줘 보라. 아기는 모차르트의 곡이나 여자가수가 부른 디즈니 영화 주제가, 혹은 로큰롤 음악을 좋아할 수도 있다. 나는 비치 보이스The Beach Boys의 〈코코모Kokomo〉를 얼마나 많이 틀어줬는지 모른다. 그 노래는 나의 세 아이 중 하나를 진정시키는 데 효과가 뛰어났고 아이를 웃게 했다. 아마 그 노래에 사람을 진정시키는 특징이 많아서일 것이다. 노래 박자는 예측할 수 있고 규칙적이며 목소리는 친근하고 반복되는 음이 많다. 모든 아기는 각자의 방식대로 소리와 모든 감각 자극을 처리하고 반응한다. 예를 들어 셀윈의 부모는 '백색 소음' 기기를 괜찮은 가격에 사서 사용해본 후 셀윈이 세차게 흐르는 물소리를 들을 때 차분해진다는 걸 알았다.

몸의 움직임

아기를 다양하게 움직여보고 어떻게 반응하는지 살펴보라. 아기를 안고 리듬과 패턴을 달리하여 움직여보라. 아기는 정면을 멀리 바라보며 엄마에게 안기거나 품에 꼭 안기거나 혹은 엄마가 마치 미식축구공을 들듯이 팔로 자기 몸을 든든하게 지탱하여 안아주기를 좋아할 수도 있다. 어떤 방식으로 움직였을 때 짜증이 나거나 우는 아이를 진정하는 데 도움이 되는지 알아본다. 아기를 안고 빠르거나 천천히 움직일 때 아기의 몸은 긴장이 풀리는가? 아니면 더 긴장하는가? 아기를 앞뒤로 살살 흔들거나 위아래로 흔들어주면 어떤가?

셀윈의 부모는 아기가 가슴과 배를 부모에게 꼭 붙이고 어깨 쪽으로 세워서 높이 안아주면 좋아한다는 사실을 알았다. 셀윈이 울 때면 그 자세가 가장 도움이 되었고, 시원하게 트림할 때도 많았다.

피부에 와닿는 촉감과 압박

어떤 촉감이 아기를 진정시키는지 알아보기 위해 여러 종류의 잠옷과 속싸개를 시험 삼아 써볼 수 있다. 아기들은 담요에 단단히 싸이면 편안하다고 느낄 때가 있다. 팔과 다리를 부드럽게 마사지하며 가볍게 톡톡 만져주거나 좀 더 압박을 가했을 때 아기가 어떻게 반응하는지도 확인할 수 있다.

셀윈은 아늑한 속싸개에 두 팔을 안으로 넣고 싸여 있으면 진정이 됐다. 생후 4개월까지 셀윈은 그 자세로 팔다리가 안전하게 고정되는 걸 좋아했고 이 자세는 아이를 재우는 데에도 효과가 있었다.

자극 제거

아기에게 더 많은 자극이 필요한 게 아니라 자극을 줄여줘야 할 때가 있다. 아기가 과도하게 자극을 받으면 다른 곳을 쳐다보고 고개를 돌리거나 눈을 꼭 감고 투정을 부리거나 울음을 터뜨린다. 생후 3~4개월이 지난 아기들은 자기를 안고 있는 부모를 밀어내기도 한다. 이런 행동은 피곤하거나 피로가 많이 쌓였다는 신호다.

이런 경우 아기를 계속 안은 상태에서 한 번에 한 가지 활동만 하여 아이가 받는 자극을 완만하게 줄여준다. 아기에게 말을 걸거나 노래를 부르며 아기를 흔들어주고 있다면, 다 멈추고 아이를 흔들어주기만 한다. 그래도 아기가 진정되지 않으면 계속 말을 걸고 노래를 해주되 흔드는 건 멈춰본다. 그리고 아이 반응이 달라지는지 살핀다.

아기의 울음에 주목하는 일은 대단히 중요하다. 아기가 이 세상과 자신의 몸에 대한 신뢰를 형성하는 데 필요한 진정과 예측 가능성을 알게 하기 때문이다. 하지만 아기들은 종종 에너지를 발산하기 위해 울기도 한다.

생후 몇 개월 동안 아기들은 자주 울고 투정을 부린다. 이때 수유하거나 달래주면 될지, 아니면 점점 커가는 몸으로 삶을 탐색하는 데 시간이 좀 더 필요해서 그러한 것인지 알아내는 건 우리의 몫이다. 아기가 너무 울어 걱정된다면 소아청소년과 의사나 의료 전문가와 상의해 다른 원인이 있는지 찾아본다.

벤과 케리는 셀윈이 오후 동안 낮잠을 잔 뒤 먹고 트림하고 기저귀를 갈아주면 어김없이 울음을 터뜨린다고 했다. 소아청소년과 의사는 셸윈을 검진했을 때 아기가 영아 산통을 앓고 있어서 우는 원인을 알 수 없다고 했다(영아 산통의 원인은 아직 밝혀지지 않았지만, 소화기관과 관련 있어 보이며 운이 좋으면 생후 3~4개월경에 사라진다).

다행히도 셸윈이 생후 3개월 반쯤 되자 두 시간씩 발작하듯 심하게 계속되던 울음이 사라졌다. 상담 치료를 시작한 지 두 달째 되자 셸윈의 부모는 다시 '제정신'이 된 것 같았으며 이제 또 다른 중요한 문제와 씨름하고 있다고 했다. 바로 셸윈의 야간 수면 문제였다.

밤낮으로 아기의 요구에 따라 모유 수유 혹은 분유 수유(선택이든 혹은 유일한 선택지였든)를 하는 것은 아기의 신체 욕구를 최대한 빨리 충족시키기 위해 우리가 아이에게 반응하며 돌봐주는 초기 방식 중 하나이다. 생후 몇 주, 몇 달 동안 수유는 아기가 이 세상을 신뢰하는 방법 그리고 우리가 아기의 생리 기능을 안정시키는 방법을 배우는 방식이다. 하지만 아기와 육아 철학, 소아청소년과 의사의 조언에 따라 아기들과 모든 연령대의 어린이들을 대상으로 야간 수면 패턴을 촉진하기 위해 할 수 있는 일이 또 있다.

야간 수면 패턴 만들기

아기나 어린아이를 잘 재우는 방법을 알려준다는 책들은 차고 넘친다. 각자가 처한 특정 상황에 대해서는 소아청소년과 의사 혹은 다른 믿을 만한 조언자들과 상의하는 게 좋다. 하지만 가족 모두를 위한 **수면 위생**sleep hygiene(잠을 잘 자기 위해 지켜야 하는 건강한 생활 습관)을 개선할 연구 사례와 유용한 정보도 고려할 만한 가치가 있다.

밤중에 서로 돌아가며 셀윈을 돌보기로 한 벤과 케리의 계획은 마침 효과가 있어서 두 사람은 태어난 지 얼마 되지 않은 셀윈이 주기적으로 심하게 울던 시기를 견딜 수 있었다. 셀윈이 한 살이 되자 두 사람은 셀윈이 좀 더 오랫동안 밤잠을 잘 수 있는 준비를 마쳤다. 그런데 잠잘 시간이 되어 벤과 케리가 긴장을 풀어주려고 하면 셀윈은 두 사람을 밀치기 시작했다. 이것은 셀윈이 스스로 조절하는 법을 탐색하고 있다는 걸 알려주는 많은 신호 중 하나였다. 그렇다고 혼자 자게 엄마 아빠가 자리를 뜨면 울음을 터뜨려 매일 밤 고통의 연속이었다. 부부는 어떻게 하면 딸이 졸음을 느끼고 혼자 힘으로 잠들게 할 수 있을지 궁금했다. 셀윈에게 수면은 얼마나 중요했을까?

수면은 어른들에게 중요한 만큼 아기들에게도 그러하다. 수면 연구가인 조디 민델Jodi Mindell은 잠을 더 잘 자는 아기들과 어린아이들이 언어 발달, 타인에 대한 애착, 읽고 쓰는 능력, 행동과 감정 조절에서 앞선다는 사실을 밝혀냈다. 잠을 잘 자면 우리는 모든 능력을 최대한 발휘할 수 있다.

수면 훈련이 아니라 수면 양육

이제 막 부모가 된 부부에게 사람들이 가장 많이 하는 질문이 "아기 잠자는 건 어때?"이다. 육아법 교육의 상당 부분이 수면에 집중돼 있지만, 나는 아이가 울다가 지쳐 잠들게 하는 **'수면 훈련**sleep training**'**이라는 용어 사용은 피한다. 그 말은 훈련할 수 있는 특정 방식이 있음을 뜻하기 때문이다. 사실 아이들은 다 다르므로 한 가지 '옳은 방법'이란 있을 수 없다. 아이들 각자에게 어떤 방법이 효과가 있는지 직접 확인해야 하고, 아이가 성장하면서 새로운 수면 문제에 직면하면 그 방법을 수정할 수도 있다. 물론 수면과 관련하여 부모들은 아주 다양한 선택지와 각자 선호하는 방식과 실천 방법을 갖고 있다. 선택이든 필요에 의해서든 어떤 부모들은 아이들과 같이 자기도 한다. 하지만 미국 소아과학회는 '아기들은 부모 방, 부모 침대와 가까운 곳에서 잠을 자되, 아이를 위해 설계된 별도의 장소에서 이상적으로는 생후 1년 동안, 적어도 생후 6개월 동안 재우는 것이 좋다'고 권장한다.

어떤 사람들은 수면 훈련을 하면 오랫동안 아기를 울게 놔두는 것으로 여긴다. 그건 바람직하지도 필요하지도 않다고 생각한다. 훈련이라는 말 대신, 나는 '수면 양육'이라는 용어를 쓴다. 낮에는 정서적으로 반응하며 아기를 양육하다가 밤이 되었다고 해서 갑자기 훈련사로 돌변할 필요는 없다. 사실 수면 양육이란 아기에게 반응하는 것이며 낮 동안 아기의 정서적 욕구를 맞춰주는 일과 일맥상통한다.

아이의 수면을 훈련한다기보다 양육하는 것으로 마음가짐을 바꾸면 그 과정도 달라진다. 아이들이 수면을 편안하고 예측할 수 있으며 안전한 것으로 기대하는 걸 목표로 하여 반응형 육아의 자연스러운 결과물이 되게 한다.

아이들에게도 수면은 몇 가지 어려움을 준다. 첫째, 누군가 도와줘야만 잠드는 습관이 생겼다면 그 패턴을 바꿔야 한다. 그렇게 하지 않으면 아이가 깰 때마다(90분에서 110분간 수면 사이클을 여러 번 거친 뒤 우리 모두 잠에서 깨듯이) 다시 잠들려면 엄마의 도움이 필요하다. 셀윈이 겪은 어려움 중 하나는 잠에서 깬다는 것이 다시 마음이 편안해지기 위해 엄마의 도움이 필요하다는 신호였다.

둘째, 수면이란 깨어 있는 상태와는 다르게 변화하는 것을 내포하므로 아이는 부모와 함께 자더라도 분리를 경험한다. 잠이 들면 보호자인 부모와 자신의 의식을 추적할 힘을 잃는다. 만일 아이에게 자신만의 수면 공간이 있다면 신체적으로도 분리가 일어난다. 이렇듯 수면에는 정서적인 요소가 있다. 수면이란 아이들 각자 해결하는 데 시간이 걸리는 발달 과정이라고 이해해야 한다. 한마디로 그건 큰 진전이며 인내심과 조율이 핵심이다. 다른 모든 것들과 마찬가지로 부모는 아이들이 신체 예산과 플랫폼을 존중하는 최적의 도전 지대에서 활동하도록 도와줘야 한다.

예측할 수 있고 즐거우며 유대감을 키워주는 수면

연구 결과에 따르면 아이들이 잠들도록 도와주는 한 가지 비결이 **수면 의식**bedtime routines이다. 이것은 '불 끄기 약 한 시간 전, 아이가 잠들기 전에 하는 예측 가능한 활동'을 말한다. 예측할 수 있는 수면 의식이 있는 아기들과 어린이들은 잠을 더 잘 자고 부모들도 마찬가지다.

잠들기 한 시간 전부터 하는 규칙적인 일들은 아이들을 진정시키고 긴장을 풀게 하며, 수면을 긍정적으로 생각하게 한다. 수면 의식을 수행하면 앞으로 무슨 일을 할지 예측할 수 있으므로 마음이 안정돼 나이에 상관없이 모두 안전감을 느낀다. 수면 의식은 낮잠과 취침 시간을 정할 때도 당연히 유용하다.

어린아이들이 잠드는 데 도움이 된다고 민델과 동료들이 밝힌 수면 의식에는 다음과 같은 네 가지 종류가 있다. 아이를 재우기 약 한 시간 전부터 시작한다.

1. **영양:** 식사하거나 건강에 좋은 간식 먹기 등
2. **위생:** 목욕이나 양치하기 등
3. **소통:** 자장가 부르기, 조용히 대화하기, 잠자기 전 동화책 읽어주기 등
4. **신체 접촉:** 껴안기, 안아주기, 마사지하기 등

이 네 가지 유형은 엄격히 지켜야 하는 요건이 아니라, 아이가 좋아하는 것, 부모의 육아 스타일 그리고 가족의 일정과 선호도에 맞춰 구성할 수 있는 일반 지침이다. 예를 들어 아기 피부가 물에 민감하다면 목욕하기는 수면 의식으로 좋은 선택이 아닐 것이다. 그리고 어떤 아기들은 꼭 안기거나 마사지 받기를 좋아하지만, 다른 아기들은 살짝 만져주거나 부드럽게 흔들어주기를 더 좋아한다. 위의 목록에 있는 활동 중 한두 개만 필요한 아기도 있다. 6장에서 소개한 감각적 진정 선호도에 대해 알게 된 내용을 바탕으로 아기 혹은 더 성장한 아이에게 어떤 방법이 더 효과가 있는지 알아보자.

셀윈의 첫 번째 생일 직후 벤과 케리는 딸이 밤에 더 오래 잘 수 있

게 묘안을 짜내고 싶었다. 우리는 좀 더 예측할 수 있는 수면 의식의 장점에 대해 논의했다. 그중에는 셀윈이 밤에 좀 더 오랫동안 혼자 잘 수 있는지 알아보기 위해 졸리긴 해도 아직 완전히 잠들지 않은 셀윈을 아기 침대에 눕히는 방법도 있었다. 두 사람은 수면 의식의 네 가지 유형별 특징을 통합하여 하나의 의식을 정했다. 두 사람은 잠자리에 들기 한 시간 전에 셀윈에게 고형 음식을 일부 포함해서 저녁을 먹였다. 그다음 목욕을 시켰고, 수유도 아직 초롱초롱 깨어 있을 때 했다. 그다음 약 10분 동안 조용히 놀아주었다. 그리고 셀윈의 등을 부드럽게 문지르고 블라인드를 내린 후 짧은 자장가를 불러주었다. 그다음 굿나잇 키스를 하고 셀윈을 침대에 내려놓았다. 셀윈은 이렇게 단계별로 진행되는 일들을 좋아했으며 엄마와 아빠도 편안함을 느꼈다.

그 후 몇 주 동안 셀윈의 부모는 아기에게 도움이 필요하다고 생각되면 방으로 들어가 조용히 달래주었다. 마침내 셀윈은 한밤중에 잠에서 깨더라도 몇 분간 투정을 부리다가 혼자 힘으로 다시 잠이 들었다. 한 달도 되지 않아 셀윈은 밤중 수유 때 한 번만 깼다. 이것은 케리와 셀윈이 해볼 만한 패턴이었다. 이제 둘 다 밤중에 한 번씩만 깼고, 케리는 조용한 밤에 아기에게 수유하는 데서 오는 친근하고 친밀한 느낌을 좋아했다. 몇 달 후 셀윈은 밤중 수유를 위해 한밤중에 잠에서 깨는 일이 사라졌다.

아이가 몇 살이든 수면 의식을 차분하게 진행하면 서로 유대감을 형성하고 긴장을 풀고 앞일을 예측하며 멋진 시간을 보낼 수 있다. 앞서 언급한 수면 의식의 네 가지 종류는 건강한 아동 발달의 기본이기도 하며 어린 시절과 그 이후에도 계속하여 좋은 습관을 갖게 한다. 부모와 함께 먹는 영양가 높은 식사, 저녁 식사와 목욕 시간을 이용한 여유 있는 소통, 애정 어린 신체 접촉처럼 건전한 활동은 모두 아이의 신체 예산에 큰 예금이 된다. 예측할 수 있고 즐거우며 유대감을 형성하는 경험이라면 아이를 재우기 위한 준비 활동으로 이용할 수 있다.

아기를 재우려고 최선을 다하는데도 효과가 없다면 다른 아기들보다 **수면-각성 주기**sleep-wake cycle(잠들기 직전의 순간)를 더 잘 따른다는 점을 기억하자. 희망을 잃지 말고 새로운 일들을 시도해보며 아기 주변을 안전하다는 신호로 둘러싸이게 한다. 못 견디겠다 싶으면 주변에 도움을 요청하자. 필요하다면 소아청소년과 의사 혹은 유아 수면 전문가가 상황에 맞게 도와줄 수 있다.

아이가 성장함에 따라 요구 사항이 한층 복잡해지면서 수면 의식도 덩달아 변한다. 하지만 유대감을 느끼며 정해진 활동을 하고 하루를 마무리하는 건 언제나 바람직하다. 생후 1년은 아기가 온종일 소통하고 자발적으로 탐색하며 여러 가지 놀이를 즐기는 시기다. 가족들이 모두 잠을 더 잘 자면 매일 폭발적으로 성장하는 이 시기의 아기와 더 즐겁게 보낼 수 있다.

생후 7~12개월

아기가 태어나고 몇 달 동안 얼마나 빨리 자라는지 알고 놀랄 때가 많다. "아기가 너무 컸어!", "하룻밤 사이에 이렇게 더 큰 걸까?" 그리고 아기가 너무 빨리 자라는 것 같다는 생각이 든다. "천천히 크렴." "이 상태로 며칠만 더 그대로 있으면 좋겠어!"

아기가 태어난 첫해의 성장 속도는 놀랍다. 아기의 뇌 속에서는 1초마다 신경세포 사이의 연결이 백만 번 이루어진다. 엄마의 얼굴을 응시하며 편안하게 안긴 신생아는 출생 순간부터 폭발적인 성장을 한다. 하루하루 일상이 빠른 성장과 새로운 탐색으로 가득 차 있다.

생후 7~12개월이 되면 아기들은 점점 더 조절할 수 있게 되고 이 세상은 하나의 커다란 과학 실험실이 된다. 아기들은 손을 뻗어 물체를 잡아 입안에 넣어보고, 쳐다보다가 떨어뜨리기도 하고, 서랍이나 상자에서 물건들을 꺼낸 후 다시 집어넣기도 한다. 아기들은 매일 조금씩 신체를 통제한다. 처음엔 모빌을 뚫어지게 바라보다가 팔을 어색하게 휘저으며 모빌을 툭 치고 그다음에는 특정 물체를 향해 힘 있게 팔을 뻗어 잡는다.

몸을 통제하고 싶은 강력한 욕구로 시작하여 조금씩 확장되다가 마침내 온몸을 통제하게 될 때 뒤따르는 희열을 상상해보라. 갑자기 팔을 마음대로 움직일 수 있고 아까부터 보고 있던 것을 이젠 손으로 찰싹 때릴 수 있다는 걸 알게 된다! 그렇게 손을 통제할 수 있으면 이번에는 물건을 움켜잡아 입안에 넣는다. 아기는 생후 1년 동안 처음에는 물건을 바라만 보다가 나중에는 온몸으로 세상을 탐색한다. 엄마의 도움을 받아 아기는 새로운 감각 경험의 세계를 즐기고 또 참는 법도 배운다.

아기는 새로 습득하는 모든 기술을 이용하여 더 깊은 탐험의 세계로 향한다. 앉는 법부터 시작하여 기어 다니고 뭔가를 붙잡고 천천히 이동하다가 마침내 혼자 힘으로 걷는다. 세상과 교감하는 일은 아기에게 매혹적이고 재미있다. 아기들은 자기가 직접 물건들을 조작하고 소리를 듣고 맛보고 찢어보고 움직여보고 떨어뜨리고 싶어 한다! 모든 게 새로우며 아기들은 원인과 결과를 실험한다.

그리고 아기들은 반복하기를 좋아한다. 같은 일을 되풀이하며 만족해하고 적극적으로 패턴에 대해 배운다. 아기들은 과학자이며 구경만하기보다는 자기가 직접 해봐서 새로운 걸 모두 발견하고 싶어 한다. 이를 염두에 두고 인내심을 가져라. 부모가 할 일은 아기를 안전하게 지켜주는 것이며 그렇게 하려면 늘 조심해야 한다.

어쩌면 아기가 한 살이 될 때까지 "안 돼"라고 말리고 싶은 마음이 굴뚝같겠지만, 타고난 탐구욕을 키워주는 것과 너무 빨리 행동 제한을 두는 것 사이의 균형을 잃지 말아야 한다. 아기들은 아직 안전이 무엇인지 모른다. 배우면서 안전을 터득한다. 아기들이 이 세상과 자기 몸이 어떻게 작동하는지 알고 싶은 건 정상적이다. 아기의 안전을 위해 필요한 제한을 두긴 해야겠지만, 동시에 여러 가지를 탐색하고 싶어 하는 아기의 놀라운 욕구도 키워줘야 한다.

놀이로 소통하라

아기들과 모든 연령대의 어린이들이 놀이에 한참 빠져 있을 때 이들과 상호작용하는 데 지침이 되는 말이 있다. **"아이들이 하자는 대로 해라** Follow their lead.**"**

스마트폰을 치우고 텔레비전을 끄고 아이와 함께 있는 것부터 시작해서 아이와의 놀이에 집중해 호기심을 보여라. 아기들은 지칠 줄 모르고 탐색하는 존재이므로 부모가 너무 앞장서서 지휘할 필요가 없다. 아기가 놀자는 대로 따라 하면 아기는 자기가 관심 있어 하는 것을 보여준다. 아기의 타고난 호기심은 태어난 첫 1년간 여러 발달 단계를 거치면서 매우 중요한 서브와 리턴 과정을 통해 유대감을 쌓고 소통하고 싶은 욕구로 자연스럽게 이어지는 원동력이다.

놀이는 크게 세 가지 유형으로 나뉜다. 자기 주도적인 탐구 놀이, 부모 혹은 다른 어른과 함께하는 놀이 그리고 또래 친구들과의 놀이가 있다. 생후 6개월간 아기의 놀이 대부분은 처음 두 가지 유형으로 이루어진다. 아기는 물체들을 바라보고 만지고 조작하거나 입에 넣어보며 그 경험을 공유한다. 이러한 놀이는 아기가 세상을 탐색하는 중요한 수단이다. 또래 친구들과 노는 건 좀 더 있어야 한다.

부모는 아기가 하자는 대로 하다 보면 자기가 탐색하고 있던 물건을 부모에게 보여주거나 건네주는 것처럼 마법 같은 일이 일어난다. 이 단순한 상호작용은 아기가 자신의 세상을 보여주면서 부드러운 눈빛을 주고받는 데서부터 시작하는 서브와 리턴의 연장선인 의사소통의 기본 구성 요소다.

아기는 딸랑이를 잡아 건네며 반응을 기대할 것이다. 뭐라고 대답할 것인가? 아기는 나무 숟가락으로 냄비를 툭 쳤다가 그 소리에 깜짝 놀라 엄마를 바라보며 자기를 안심시켜주기를 바랄 수도 있다. 엄마는 "이런, 정말 시끄러웠겠다!" 또는 "아가야, 괜찮아"라고 말해줄 수도 있다. 아기는 자기가 먹고 난 뒤 엄마가 입을 벌리면 입속에 음식을 넣어줄 수도 있는데, 이것은 아이가 무엇인가를 처음으로 다른 사람과 나누는 경험이다. 엄마는 환한 미소를 지으며 말한다. "정말 맛있구나! 고마워!" 아기는 미소를 짓고 엄마에게 먹을 걸 또 주려고 한다. 이것이 바로 놀이이며 아기가 하자는 대로 따라 하면 일어나는 일이다.

생후 6개월 동안 서로 웃음과 옹알이를 단순하게 주고받다가 이후 6개월 동안 엄마와 물건을 공유하는 것으로 바뀐다. 그러고 아기는 드디어 자기가 원하는 것을 손으로 가리킬 수 있게 된다. 엄마와 의사소통할 수 있는 능력이 크게 진전한 것이다. 손으로 가리키는 행동은 사람들과 어울려 살며 발생하는 문제를 해결할 수 있다는 전조다. 같이 놀이할 때 아기가 하자는 대로 하는 것은 아이가 살아가면서 부딪히는 문제를 잘 해결할 힘을 키워주는 강력한 구성 요소다.

서브와 리턴이 점점 많아지면서 놀라운 일이 일어난다. 서로 주고받는 행동이 정교해지면서 놀이는 플랫폼 강화 운동이 되어 아기는 새로운 방식으로 움직여보고 더 다양한 감정도 느낀다. 그런 이유로 놀이는 '신경 운동' 혹은 '뇌 운동'이라고 불린다. 사실 놀이는 최고의 뇌-신체 운동이며, 아이가 부모와의 관계에서 얻는 안전이라는 재미있고 흥미로운 전체적인 맥락에 다양한 감각과 생각, 감정을 통합하면서 아기의 자기 조절력을 키운다. 대표적으로 까꿍 놀이가 있다.

까꿍 놀이의 마법

까꿍 놀이를 하면 아기는 스트레스나 긴장을 잠시 참다가(같이 놀던 사람이 사라질 때) 해소(그 사람이 다시 나타났을 때)하는 연습을 할 수 있고, 아기도 즐거워한다. 까꿍 놀이는 누군가가 자기 시야에서 사라지더라도 여전히 존재한다는 걸 반복해서 배우고 확인할 수 있어 어린 아기에서 유아로 성장해가는 아이들에게 알맞은 도전이다.

어린이로 성장한 후 숨바꼭질처럼 좀 더 복잡한 게임도 까꿍 놀이처럼 참을 만한 긴장감, 즉 숨은 사람을 찾아내거나 술래가 나를 찾아낼 때 해소되는 긴장감을 안겨준다. 이러한 놀이 활동은 수많은 문제해결 기법을 가르쳐주는 동시에 아이들을 즐겁게 한다. 놀이를 통해아이들은 즐겁고 유쾌하게 독립심을 키운다.

뇌-신체 연결의 토대를 다지는 생후 1년

셀윈의 첫 번째 생일 직전에 셀윈의 가족이 나를 찾아왔다. 낯을 가리는 듯한 셀윈은 엄마의 손을 꼭 잡고 사무실로 들어왔다. 우리 모두 바닥에 앉아 있을 때 셀윈이 상자에서 장난감을 꺼내 아빠에게 보여주었다. 나는 셸윈의 가족이 노는 모습을 보고 싶어 서둘러 그 옆으로 자리를 옮기면서 문득 6개월 전 엄마 아빠의 초췌한 얼굴이 생각났다. 이제 튼튼해진 플랫폼을 반영하듯 환하게 미소 짓는 지금의 얼굴과는 완전히 비교되었다. 그다음 예기치 않았던 놀라운 일이 벌어졌다. 셸윈이 혼자 일어나더니 방을 가로질러 뒤뚱거리며 걷기 시작했다. 셸윈은 바로 그 주에 첫걸음마를 시작했다고 했다. 셸윈은 복도로 이어진 방 끝에 다다르자 엄마 아빠 쪽을 돌아보고 환하게 미소를 지었다. 그 미소는 셸윈의 가족이 그동안 함께 쌓았던 신뢰와 안전을 나타내는 신호였다. 그리고 셸윈은 다시 플레이룸 안쪽 엄마 아빠가 있는 곳으로 아장아장 걸음마를 하며 다가왔다.

셸윈을 바라보고 있자니 두뇌-신체 연결을 튼튼히 구축하는 데 생후 1년 동안이 얼마나 중요한지 새삼 깨달았다. 아기의 요구 사항을 충족해주면 아기는 안전하다고 느끼고 세상에 대한 신뢰를 쌓기 시작한다. 그리고 그 신뢰를 바탕으로 세상에 손을 내밀고 소통하며 자유롭게 탐색한다. 이것은 언젠가 아이가 자기 생각을 다른 사람과 나누고 아이에게 필요한 걸 엄마에게 알려주며 아이가 함께 문제를 해결할 능력을 길러주는 든든한 기반이 된다.

내 아이의
회복탄력성을 위한
조언

아기의 욕구에 반응하려면 보디랭귀지body language 를 유심히 관찰하여 의미를 파악한 다음, 이를 충족 시키기 위해 아기에게 애정을 담아 조율해야 한다. 동 시에 아기가 혼자 힘으로 진정하는 능력도 존중해준 다. 쉽지 않겠지만 엄마의 직감에 어긋나는 시끌벅적 한 다른 사람의 육아 조언에 흔들리지 말고, 매우 특 별하고 소중한 내 아기에게 반응하려는 자신의 본능 을 믿어라.

8장

깊이 공감하기의 본질은
아이를 포용하고 같이 있어주겠다는 뜻을
아이의 시선에서 전달하는 것이다.

유아기, 세상을 배워가는 아이들

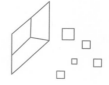

유아를 키우는 삶은 험난한 여정이다. 하지만 유아들의 감정과 행동을 발달 과정상의 맥락을 고려하여 이해하면 삶이 좀 더 수월해지며, 이 세상을 탐색할 때 유아들이 보여주는 타고난 호기심, 창의성, 용기와 활기를 제대로 인식하고 칭찬하는 데 도움이 된다.

　나는 얼마 전 공항 보안검색대 줄에 서서 사람들과 천천히 앞으로 이동하고 있었다. 그때 바로 앞에서 점점 더 짜증을 내는 어린아이를 둔 부부가 눈에 띄었다. 그 남자아이는 징징대며 울기 시작했고 부모는 부드럽게 아이를 달랬다. 하지만 사람들이 구불구불 늘어진 줄을 따라 모두 이동할 때 아이의 칭얼대던 소리는 자기 곰 인형을 다시 가져다 달라는 시끄러운 소리로 바뀌었다. 그 인형은 수화물로 보낸 여행 가방에 실수로 넣은 게 분명했다. 부모가 교통안전청 직원에게 신분증을 제시하자 곰 인형을 달라고 애원하던 아이는 당장 내놓으라고 큰 소리로 요구하며 바닥에 벌렁 드러누웠다.

익숙한 이 장면을 바라보자 심장 박동이 조금 빨라졌고 내 머릿속 거울 뉴런들이 발화했다. 나는 스트레스 받은 부모가 바닥에 드러누워 발버둥 치는 아들을 끌어안고 진정시키려 최선을 다하는 모습을 바라봤다. 교통안전청 직원에게 양해를 구한 아이의 엄마는 뒤로 물러서며 내게 먼저 앞으로 가라고 손을 흔들었다. 나는 그 부모가 큰 소리로 대화하는 걸 들으며 앞으로 나아갔다. "얘를 업고 나갈까?" 아빠가 묻자 엄마는 고개를 가로저었다. "그냥 기다리자." 엄마가 말했다. 두 사람은 아이가 몸부림치는 동안 다른 사람들과 부딪치지 않도록 옆으로 비켜섰다. 터미널을 향해 걸어가는 동안에도 아이의 울부짖는 소리가 계속 들렸다. 나는 아이들과 멀리 여행할 때 얼마나 힘들었는지 돌이켜봤다.

몇 분 후 공항 터미널에서 그 가족을 다시 발견했다. 조그만 남자아이는 아빠 어깨에 기대 잠들어 있었다. 나는 수년 동안 나와 상담했던 유아들과 그 부모들이 생각나 미소를 지었다. 그들 중 많은 이들이 이 가족과 같은 문제로 고심한다. 유아는 빠르게 성장하고 감정과 행동이 급변하는 데다 막무가내로 짜증을 내기 일쑤인데 부모로서 어떻게 대처해야 할까?

나는 로저와 그의 남편 빈스가 생각났다. 부부는 위탁 양육 시스템을 통해 두 살 때 입양한 아들 조던에 관한 문제를 논의하려고 최근 나와 상담했었다. 조던은 네 살이 되었을 무렵 다니던 유치원에서 두 번이나 정학을 맞았다. 그리고 유치원장이 내게 도움을 요청했다. 조던이 얼마 전 모래 놀이 통에 있는 장난감 때문에 한 친구를 밀쳤고, 조던의 부모는 아들이 화를 다스릴 힘이 모자란 건 아닌지 걱정하고 있었다. 유치원장의 말에 따르면 교사들은 조던이 행동 말고 '대화로 해결하도록' 도와주려고 안 해본 일이 없었지만 모두 효과가 없었다고 했다. 로저와 빈스도 혼란스러웠다. 조던이 차분할 때면 두 사람은 아들을 쉽게 설득할 수 있었지만, 다른 때에는 사소한 일에도 자제력을 잃고 화를 냈다.

유아들은 예측할 수 없을 때가 많아 아이의 갑작스런 행동이 곤혹스럽다는 부모들이 많다. 유아를 키우는 부모들이 흔히 겪는 어려운 점에는 다음과 같은 것들이 있다.

- 막무가내로 떼를 쓴다.
- 기 싸움을 한다.
- 까다롭게 군다.
- 칭얼댄다.
- 악을 쓰며 소리를 지른다.
- "싫어"라는 말을 입에 달고 산다.
- 한계를 시험한다.
- "공정하다"라는 말이 자기가 원하는 걸 모두 가질 수 있다는 뜻이 아니라는 걸 이해하지 못한다.
- 뭔가 달라고 해서 주면 필요 없다고 한다.
- 끊임없이 협상하려 든다.

- 자기가 원하는 것이나 필요한 걸 모르거나 말로 표현하지 않는다.
- 깨문다.
- 때린다.
- 머리카락을 잡아당기거나 할퀸다.
- 음식이나 물건을 집어 던진다.
- 형제간에 경쟁한다.

또 부모들이 들려준 몇 가지 이야기를 읽고 잘 생각해보자.

- "아이는 버터 바른 토스트를 만들어달라고 조르고 또 졸랐어요. 어쩔 수 없이 아이한테 양보해서 토스트를 구워 아이한테 줬어요. 그랬더니 아들이 갑자기 흐느껴 우는 거예요. 아들은 '토스트 정말 싫어!'라며 소리를 꽥 지르더니 토스트를 바닥에 집어 던졌어요."
- "동물원에서 하루를 즐겁게 보내고 난 뒤 세 살배기 아이는 제가 기념품 가게에서 산 공룡 모양 사탕을 하나 더 달라고 했어요. 이제 곧 저녁 먹을 시간이니 아들에게 안 된다고 타일렀지요. 그래도 아들은 계속 조르다가 내가 물러설 기미를 안 보이자 집에 도착할 때까지 차 안에서 20분 동안 소리를 질러댔어요. 귀가 정말 멍하더군요."
- "아이가 한참 짜증을 내고 있을 때 저는 아이에게 어떻게 하면 진정하겠냐고 물었어요. 딸아이가 대답하지 않아서 저는 몇 가지 제안을 했어요. 딸은 '싫어! 난 그런 거 하기 싫어!'라며 거부했어요. 그래서 전 입을 다물고 가만히 있었어요. 그랬더니 딸은 즉시 나한테 '뭘 해야 하는데!'라며

따지는 거 있죠."

• "아들을 기분 좋게 해주는 게 말도 못 하게 힘들었던 시기가 있었어요. 피곤하거나 배고파서가 아니었어요. 원하는 걸 모두 들어줬다고 생각했지만 그래도 아들은 버럭 짜증을 냈고 난 도저히 아들을 달랠 수 없었어요. 아들한테 안아주면 마음이 안정될지 물어보곤 했어요. 아들은 가끔 그렇게 해달라고 했고, 전 아들을 안고서 화를 참느라 이를 악물고 도대체 아들에게 조금 전에 무슨 문제가 있었던 건지 너무 알고 싶었어요."

부모는 어떻게 해야 할까? 보고 싶지 않은 행동을 애서 무시해야 할까? 아이가 더 많이 했으면 하는 일에 좀 더 신경 써야 할까?

물론 이 문제에 간단하게 답할 수 없다. 수많은 책, 유튜브, 블로그와 육아 정보 제공자들이 다양한 의견을 제시한다. 어떤 사람들은 아이들이 떼쓰고 울면 사랑과 이해로 접근해야 하며, 한계를 더 명확히 하고, 아이가 부정적인 감정을 발산하도록 하는 동시에 아이에게 공감하고 지지하라고 조언한다. 다른 사람들은 아이가 원하는 걸 얻으려면 떼쓰는 것은 좋은 방법이 아님을 가르치기 위해 '타임아웃'을 사용하라고 제안한다. 어떤 전문가들은 인내심을 갖고 아이를 말로 설득하며, 아이의 행동과 그 행동의 의미에 대해 가르쳐야 한다는 인지적 접근법을 제시하기도 한다. 다른 사람들은 아이가 제풀에 지쳐 떼쓰기를 멈출 때까지 마음의 평정을 유지하며 기다리자는 덜 적극적인 방법을 선택한다. 아이들이 막무가내로 떼쓰는 건 불가피하다는 생각에서다. 소아청소년과 의사, 아이의 유치원 교사, 친구들, 양가 부모, 심지어 식료품점 계산대에 줄 서서 기다리다가 아이가 떼쓰며 울 때 한마디씩 해주고 싶어 하는 낯선 사람들에게서도 물론 서로 다른 내용의 조언을 듣는다.

이번 장에서는 지금까지 배운 모든 걸 유아에게 적용하는 방법에 관해 설명하겠다. 아이의 신경계에 맞춘 접근 방식이 오르락내리락 불안정한 유아기를 든든하게 지탱하는 핵심 전략이라는 사실을 알게 될 것이다. 플랫폼을 가이드로 이용할 것이며, 어떤 행동이 어떠하다고 단정하는 인식표는 사용하지 않을 것이다. **우리의 가이드는 아이의 신경계가 되어야 한다.** 즉, 아이가 적색 경로에 있으면 우리는 한 방향으로 움직인다. 그렇지 않다면 다른 방향으로 움직인다.

아이에게 무엇이 가장 최선인지 어떻게 알 수 있을까? 먼저 행동을 관리하는 방법이 아니라, 유아들의 자제력에 초점을 맞춰보자.

유아 발달에 관한 기초 지식

아이들은 신체를 거의 통제할 수 없는 영아기를 거쳐 무엇인가를 손으로 가리키거나 몸을 움직이고 최종적으로는 언어를 사용해 의사소통하는 유아기로 빠르게 성장한다. 이렇게 폭발적인 성장이 진행되며 아이는 믿을 수 없을 정도로 갑자기 훌쩍 커버린다. 유아들이 무엇인가 질문하고 보여주며 자신의 세상에 관해 이야기하는 걸 들어보면 다른 어른 같아 보일 수 있다. 하지만 그렇다고 해서 유아들이 믿을 만하게 행동을 통제하고 더 큰 그림을 보며 미리 계획하거나 바람직한 결정을 내릴 능력을 갖추고 있다는 뜻은 아니다. 그런 능력은 신생 기술emerging skills이라고 하며 아직 한창 만들어지는 중이다. 우리는 아이가 항상 이렇게 행동하리라고 기대할 수도 없다. 1장에서 배웠듯이 미리 생각하고 감정과 행동을 안정적으로 통제하는 법, 즉 실행 기능을 갖추는 건 유아기에 나타나기 시작해 20대 중반까지 계속되는 발달 프로젝트다. 간단히 말하면 우리는 유아들이 실제 할 수 있는 것보다 더 많은 일을 할 수 있으리라 기대할 때가 많다.

신경과학 측면에서 보면 치킨너겟을 찍어 먹어야 할 케첩이 접시에 있는 완두콩에 묻으면 아기가 왜 짜증을 내는지 설명할 수 있다. 그것은 기본적으로 패턴을 학습하는 뇌의 능력인 통계적 학습과 관련이 있다. 유아들은 삶의 경험을 쌓는 과정에 이제 막 들어섰으므로 자신이 처한 환경에 대해 정확히 예측하는 법을 아직 배우는 중이다.

또한 다른 사람들이 자기와 다르게 생각하고 의견을 낼 수 있다는 걸 이해하는 과정도 이제 시작되었다(엄마 아빠는 내가 완두콩에 케첩이 묻는 게 싫다는 걸 정말 몰랐어요?). 이것이 바로 겉보기에 말도 안 되고 사소한 이유로 유아가 자신을 조절하지 못하고 야단법석을 피울 때가 많은 이유다. 현실이 내 기대와 맞지 않으면 스트레스를 받는 건 당연하다. 이렇게 실망하는 일이 생길 때 아이의 반응은 당시 아이의 플랫폼이 얼마나 튼튼한지, 즉 아이의 신체 예산의 균형에 따라 달라진다. 이렇게 신경과학 관련 지식을 통해 왜 막무가내로 떼쓰는 행동이 유아기에 흔히 보이고 또 충분히 예상되는지 이해하는 데 도움이 되기를 바란다.

이 모든 일은 우리가 4장에서 논의했던 기대 수준 차이, 즉 아이의 뇌와 몸은 전혀 준비되지 않았는데 아이들이 여러 가지 일을 할 수 있다고 우리가 가정할 때 발생하는 오해다. 이 기대 수준 차이는 유아기 때 절정에 달한다. 우리는 유아들이 감정을 조절하고 예의 바르게 요청하고 때리거나 발로 차고 싶은 충동을 억제하고 지시를 잘 따를 수 있다고 생각한다. 하지만 유아들은 이런 능력을 이제 막 갖추기 시작했을 뿐이다. 이 때문에 아이들이 더 효과적으로 예측하고, 다른 관점을 이해하고, 감정적으로 더 유연해지는 법을 배우는 과정에서 아이들과 우리 자신에게 연민을 품어야 한다. 시간이 걸리고 우여곡절이 많겠지만, 모든 게 조화를 이루면 엄마는 아이가 언젠가 성장하게 될 미래의 모습을 살짝 엿볼 수 있을 것이다. 그리고 다음에는 아이가 토스트를 엄마 얼굴로 던질 수도 있다는 걸 알아둬야 한다!

'끔찍한 두 살', '떼쟁이 아기들' 같은 말은 어린아이에 대한 우리의 불합리한 기대 때문에 생겨났다. 하지만 관점을 바꿔야 한다. 유아의 행동을 '나쁜 행동' 혹은 바람직하지 않은 행동이 아니라 원기 왕성하게 성장할 때 나타날 수 있는 신호로 봐야 한다. 아이가 그렇게 행동하는 데는 다 이유가 있다. 자기 통제력이 조금씩 발달하면서 세상이 어떻게 돌아가는지 탐색하고 알아내는 건 유아에게 당연한 일이다.

우리는 유아들이 다음과 같은 행동을 하리란 걸 충분히 예상해야 한다. 아침 식사로 시리얼 대신 케이크를 달라고 한다. 립스틱으로 벽에 그림을 그리고 싶어 한다. 차고에 걸린 무거운 갈퀴를 끌어 내리려 한다. 형제자매가 손에 든 물건을 달라고 부탁하지 않고 확 빼앗는다.

좋아하는 활동을 그만두는 걸 온몸으로 거부한다. 이 모든 것이 아이가 자신의 세계를 탐색하는 과정이다!

나와 상담한 부모는 물론 함께 일하는 교사들은 유아의 감정과 행동 통제력을 과대평가할 때가 많다. 그래서 미국 내 유치원에서는 아이들이 정학을 맞거나 퇴학당하는 비율이 매우 높다. 우리는 먼저 이렇게 질문하는 데서 시작해야 한다. 아이의 행동은 하향식, 즉 어떤 아이디어나 가설을 시도해보려는 것인가? 아니면 아이의 신체 예산이 고갈되었으며 최적의 도전 지대를 벗어나 감당하기 힘든 도전 지대로 들어섰다는 지표인 상향식인가?

유아는 어떤 도전이 아주 대단하다고 결정하지 않는다는 사실을 기억하라. 유아의 신체는 자신을 위해서 결정을 내린다. 아이들은 자기 힘에 버거운 도전 지대에 들어오면 자신의 신체 예산을 부모가 감정적으로 조율해서 예금해주기를 바란다. 부모는 아이의 신경계가 차분해지려고 애쓴다는 점과 아이의 행동이 초기 발달 단계에 접어들었다는 걸 나타낸다는 사실을 잘 알아둬야 한다.

이 모든 일은 쉽지 않다. 유아를 키운다는 건 신체적으로나 정신적으로 지치고 피곤하며 위험이 크다. 유아는 자신을 안전하게 지키는 방법을 아직 모른다. 우리는 아이들에게 안전하게 지내는 법을 가르치고 계속해서 적절한 한계를 설정해주며 할 수 있는 것과 할 수 없는 것을 깨닫도록 도와야 한다.

유아들이 우리가 원하는 예의 바른 시민처럼 행동할 능력이 아직 없다는 사실을 이해하면 기대하는 바가 바뀌고 좌절하는 일도 줄어든다. 또한 유아들은 자신만의 성장 발달에 따라 자제력과 안전 의식을 획득한다는 사실을 기억해두면 좋다. 아이들은 모두 각각 다르며 성장 속도도 다르므로 아이를 다른 또래나 형제자매와 비교하는 건 전혀 도움이 되지 않는다. 아이가 할 수 없는 일을 다른 아이들이 하는 걸(혹은 그 반대의 경우도) 분명 보게 되겠지만, 기대 수준 차이의 희생양이 되지 않도록 주의한다.

유아들에게 비현실적인 기대를 할 때 우리는 그 아이들이 만약 자신을 통제하지 못하면 일부러 '나쁜' 행동을 하고 '버릇없이' 군다는 메시지를 잘못 전달하게 된다. 부모는 목소리 톤이나 표정으로 허락한다거나 허락하지 않는다는 메시지를 즉시 보낸다. "진정하지 않으면 오늘 놀이는 이제 끝이야!" 혹은 "당장 뚝 그치지 않으면 오늘 텔레비전 못 봐!" 같은 말을 할 때를 잘 생각해보라. 감정을 통제하는 사람에게는 잘 통하겠지만, 한창 떼쓰는 유아들이 그 말의 의미를 이해할 리 없다. 그 대신 아이들은 그런 말을 들으면 감정 조율이 부족하다는 걸 알아차리고 위협을 느껴서 진정하기보다는 오히려 더 화를 낸다.

우리도 그렇듯이 그럴 때 유아들도 당황하고 수치심을 느끼기 쉽다. 아이를 통제할 수 없을 때 부정적인 말로 아이를 훈육한다면, 수치심을 비효율적으로 사용하는 것이며 일부러 야단법석을 피우는 것도 아닌데 아이가 맘먹고 그랬다는 생각을 은연중에 드러낸다. 이런 일들은 아이의 자아상에 영향을 미친다. 당연히 예외는 있다. 만약 아이가 복잡한 길거리로 달려들면 우리는 아이의 안전을 위해 소리를 지르거나 붙잡을 수 있다. 하지만 아이가 감정 통제력을 잃었더라도 위험하지 않다면 좀 더 관대하게 대한다. 아이들이 자기가 하는 행동의 결과를 충분히 이해하려면 시간이 걸린다는 점을 명심하고 아이들의 타고난 호기심과 탐색 의지를 존중한다.

요약하자면 아직 통제할 수 없는 일을 놓고 아이를 비난해서는 안 된다. 일반적으로 유아들은 일부러 막무가내로 떼를 쓰는 것이 아니다. 오히려 자신의 의지와 관계없이 떼를 쓰느라 힘들어한다. 우리는 유아의 정서적 성장통이 그저 '부정적'이거나 '관심을 받으려는' 행동이 아니라는 걸 알아야 한다. 사실 이런 다양한 경험은 인간이라는 존재의 강력한 부분이고 변화에 반응하는 신경계의 힘을 나타내므로 우리는 아이들이 부정적이거나 긍정적인 감정을 다양하게 표현하기를 원해야 한다. 물론 애정을 담아 명확하고 확고한 경계를 설정하고 그것을 지키리라 기대도 한다. 아이들에게는 그런 것이 필요하다. 그렇다고 아이의 스트레스 행동 때문에 벌을 주면 안 된다.

떼쓰기와 한계를 시험하는 행동

자기 통제를 거의 할 수 없는 유아기 아이는 이 세상에 대해, 그리고 무엇이 좋고 나쁜지에 대해 점차 배워나간다. 이 과정에서 한계 시험이 포함되는 건 당연하다. 유아들이 자신에게 무슨 일을 했는지, 어떤 결정을 내렸는지 모두 생각해보자. 생각과 탐색하는 힘이 커감에 따라 그런 일들이 일어난다. 아이들은 자신의 작은 세계를 통제하기를 갈망

한다. 나는 유아 행동을 설명할 때 부정적인 의미를 내포한 '한계 시험'이라는 말보다는 '탐색'이라는 단어가 더 어울린다고 생각한다. 유아는 자기 생각을 실제 행동으로 옮기는 능력으로 연결하는 힘을 찾아내며 자율성의 한계도 발견한다. 그건 쉬운 일이 아니다! 우리는 이 세상을 마음대로 할 수 있다고 생각하지만, 다른 한편으로는 상상하거나 생각하는 모든 일을 다 할 수 없다는 사실도 안다. 그러므로 아이를 가르칠 때 인내하고 여유를 갖고 침착하게 하는 게 최선이다. 탐색은 아이가 성장하는 과정에서 자연스럽게 나타난다. 우리는 확고하며 분명한 경계를 유지하고 필요할 때 가르치는 동시에 아이의 부정적이거나 긍정적인 감정을 수용하여 탐색 욕구를 충족해줘야 한다.

다음 두 가지 예를 생각해보자.

- **한계 시험:** 아이가 냉장고 문을 몰래 열고 쿠키 반죽을 꺼내 먹는 모습을 봤다. 아이는 침착하고 행동은 신중하며 계획적이다. 사실 대단하다! 하지만 여기서 우리는 좀 더 생각해봐야 한다. 첫째, 그렇게 하면 안 된다. 둘째, 반죽에는 날달걀이 들어 있으므로 안전하지 않다. 지금이 바로 인내심을 갖고 한계를 정해줄 때다.

- **떼쓰기:** 생일 파티를 끝내고 가야 할 때가 되자 아이가 짜증을 낸다. 일부러 반항하는 행동이 아니라는 건 어떻게 아는가? 아이는 적색 경로에서 나타나는 투쟁 혹은 도피 반응을 보인다. 얼굴이 빨개지고 무섭게 노려보며 몸을 마구 움직이고 소리를 지른다. 목소리에서 스트레스가 느껴지며 발길질하고 도망갈 수도 있다(재미있지 않은가?). 이제 아이의 플랫

폼을 진정시켜야 한다.

유아가 자신의 감정과 행동을 통제하기까지 갈 길이 아주 멀다. 아이들은 공동 조절을 통해 자제력을 키운다. 아이가 느낌과 감정을 관리하기 위해 생각하는 법을 수년간 배우는 동안, 우리는 차분하게 아이 곁에 있어주고 조율하며 명확하고 일관되게 한계를 설정하고 꾸준히 유대 관계를 형성하면 아이의 자제력이 향상된다.

확고하고 분명한 한계 설정

어린아이들의 '버릇없는' 행동이 부모의 육아 방식에 문제가 있는 건 아닌지 궁금해하는 부모들이 많다. 아이의 행동은 부모의 육아 방식을 반영한다는 생각이 드는 건 당연하다. 하지만 사실을 말하면 우리가 나쁘다고 여기는 행동, 특히 유아기의 버릇없는 행동은 아동 발달 과정에서 나오는 자연스러운 부분이다. 유아들은 원인과 결과를 시험하는 능력을 통해 성장한다. **우리가 할 일은 아이가 타고난 주변 탐색 욕구를 실현하는 동안 안전하게 보호하는 것이다.** 제아무리 훌륭하게 아이를 잘 키워도 가끔 떼를 쓰고 우는 걸 막을 수는 없다.

기대 수준 차이가 발생하지 않도록 우리는 아이와 힘겨루기에 관한 예상과 해결책을 다시 조정할 수 있다. 무작정 힘을 겨루면 이제 싹트기 시작한 아이와의 관계에 큰 상처를 줄 수 있다. 감정을 조절하는 뇌 경로를 개발하려면 유아들은 수천 시간 동안 반응형 돌봄(7장 참조)을 받고 공동 조절(4장 참조)을 해야 한다. 이것은 유아들이 시간이 흐름에 따라 마음을 진정시키거나 감정상의 큰 어려움을 조절하거나 대처하는 법을 알아내는 방법이다.

따라서 우리는 아이에게 애정이 넘치지만 확고하고 분명한 한계를 끊임없이 설정해줘야 한다. 그렇다고 해서 그 한계에 대한 아이의 관점과 의도, 감정을 이해할 필요가 없다는 뜻은 아니다. 어쨌든 아침 식사로 건강에 좋은 시리얼 대신 케이크를 먹겠다고 주장하는 능력은 아이가 토론 기술을 갖추기 시작했다는 신호다! 집에서 쉬지 않고 왜 공원에 가고 싶은지 설명하는 것도 마찬가지다. 자기주장을 조기에 연습하는 것이며 이건 잘된 일이다. 우리는 서로에게 도움이 되는 좋은 토론의 의미를 진정 느낄 수 있고, 우리가 아이의 생각에 반대할 때 아이가 느끼는 분노와 좌절을 비롯한 여러 부정적인 감정을 올바르게 인식하는 동시에 아이에게 최선이라 믿는 것을 계속 유지할 수 있다. 이제 곧 알겠지만 그것들은 서로 공존할 수 있다.

하향식 행동과 상향식 행동의 차이

아이의 행동과 관련해 가장 중요한 질문인 "지금 우리 아이의 행동은 하향식인가요? 상향식인가요?"를 다시 검토해보자. 서로 다른 행동에 대한 해결책도 모두 다르며, 이 질문의 답변에 따라 다음에 할 일, 그리고 말로 설득하거나 공동 조절 시작 여부도 결정될 것이다. 두 가지 다 해야 할 수도 있지만, 첫 번째 단계는 하향식 행동과 상향식 행동의 차이를 이해하는 것이다. 먼저 떼쓰기 같은 상향식 행동에 대해 알아보자.

상향식 행동

상향식 행동은 본능에 따르는 행동이다. 아이의 신체 예산이 부족해지거나 적자 상태이고 아이의 안전 감지 시스템이 어려운 도전이나 위협을 감지하면 상향식 행동을 하게 된다. 이런 행동은 신체 내부에서 보내는 신호에서 시작되며, 고의적이거나 한계를 시험한다기보다는 아이의 생리 기능으로 유발되는 행동이 포함되므로 우리는 이런 행동을 '상향식'이라 부른다.

아이의 안전 감지 시스템은 객관적으로 안전할 때에도 위험 신호를 보낼 수 있다. 안전 감지 시스템은 위험을 매우 주관적으로 판단한다. 바나나를 두 조각 내지 않고 네 조각으로 잘랐다고 위협으로 받아들이는 유아도 있다! 당연히 그건 논리적인 설명이 불가능하다. 그래서 아이에게 마냥 다정하게 공감하기가 힘들 수 있다. 유아들은 어떤 게 합리적인지 아닌지 알아내고 모두 문제없다고 확신할 능력을 계속해서 개발하고 있다는 점을 기억하라. 아이들이 그렇게 하려면 부모의 도움이 필요하다.

아이들은 여러 상황에서 자신의 반응 강도를 조절하거나 통제하는 법을 계속해서 배우고 있다. 조절한다는 말은 측정한 결과와 그 비율에 따라 조정하거나 조율한다는 뜻이다. 최종적으로 아이들은 말로 표현하고 하향식 사고를 하는 능력을 개발하며, 실망했을 때 울거나 소리를 지르거나 버럭 화를 내지 않고 다른 방식으로 반응하게 된다. 시간이 흐르면서 아이는 사고력을 키운다. 바나나를 두 조각으로 잘라도 어차피 맛은 똑같을 것이므로 괜찮다고 생각하게 되거나 엄마 아빠에게 (무딘) 칼을 준비해달라고 부탁하여 바나나를 직접 잘라볼 수도 있다. 이러한 적응 과정은 단순해 보이지만, 사실은 유아들 대부분에게서 아직 발달 중인 복잡한 하향식 추론 능력이다.

유아들은 실망스러운 일이나 예상치 못한 사건에 대처하는 논리적 사고, 자기 대화, 자기 조절 같은 능력을 아직 안정적으로 갖추고 있지 않다. 그러므로 유아들이 하는 행동은 우리를 매우 힘들게 할뿐더러 비논리적으로 보인다. 또한 신체 예산의 균형이 어그러지며 눈 깜짝할 사이에 통제 불능 상태가 되기도 한다.

예를 들어 공항에서 봤던 그 남자아이는 부모에게 도움을 요청하거나 혼자 힘으로 진정하지 못했다. 그 아이는 상향식 행동을 하고 있었다. 부모는 곤란한 상황에서 벗어나려고 아들이 벌이는 소동이 잠잠해지기를 기다렸다. 부모는 아이가 스스로 떼쓰기를 그만두도록 놔두는 것 외에는 다른 전략이 없었다. 그것도 한 방법이지만, 앞을 내다보고 좀 더 적극적인 대처 전략을 마련하는 것이 도움이 된다.

갑자기 친구를 떠밀거나 친구의 장난감을 빼앗았던 유치원생인 조던 역시 상향식 행동을 하고 있었다. 조던의 플랫폼은 몸속 깊이 심한 불쾌감을 기억해둔 자신의 안전 감지 시스템에 갑작스럽게 변화가 감지되면서 상향식 행동으로 반응했다. 트라우마로 얼룩진 생후 2년간의 시기 때문에 조던은 사회생활에서 오는 신호를 잘못 읽거나 객관적으로 안전한 상황을 위협으로 인식하는 경향이 심했다(또한 조던은 흑인이며, 미국의 교육 시스템을 괴롭히는 암묵적인 편견과 인종차별주의 때문에 행동 문제로 백인 친구들보다 조던이 벌 받을 가능성이 더 크다는 사실에 주목해야 한다).

하향식 행동

하향식 행동은 계획적이면서 의도적이다. '하향식'이라 부르는 이유는 그 행동들이 우리 몸의 가장 윗부분, 즉 뇌의 실행 기능과 연결되어 있기 때문이다. 변화에 맞춰 유연하게 조정하고 큰 그림을 보되 세부 사항도 놓치지 않고 과거의 학습 내용과 예상 결과에 근거하여 의사 결정을 하는 능력 등을 포함하여 승승장구하는 경영진의 특징이 어떤지 떠올려보라. 유아들은 이제 나타나기 시작한 하향식 능력을 갖추고 그에 따른 행동을 하는 게 분명하지만, 그들이 성인처럼 잘하리라 기대할 수는 없다.

유아들의 자제력은 이제 막 생성되는 중이다

유아는 자신을 통제하는 듯 보일 때도 있지만 순식간에 돌변한다. 비명 지르기, 울기, 때리기, 발길질하기, 뛰어가기, 던지기 등의 통제 불능 행동은 대부분 교감신경계의 투쟁 혹은 도피 반응이 활성화된 걸 알려주는 본능적인 행동, 즉 상향식 행동일 때가 많다. 행동 문제는 적색 경로(투쟁 혹은 도피 반응) 활성화와 동반되면 상향식 행동으로 나타난다. 그럴 때면 아이는 생존 본능에 따라 행동하느라 생각할 여유가 없다. 유아들은 자신을 진정시킬 힘을 아직 완전히 갖추지 못했거나, 자기 조절을 하고 침착해지기 위해 논리, 계획이나 추론 기법을 사용할 생각을 미처 하지 못한다. 그런 능력을 발전시키는 데는 수년이 걸리며 그 문제로 여전히 힘들어하는 어른도 많다.

부모가 할 일

가장 최근에 아이들이 떼쓰듯이 짜증을 내고 행동이나 감정을 통제하지 못했던 때를 떠올려보라. 그때 당신이 같은 상황에서 다른 성인과 함께 있었다고 가정해보자. 그 사람이 당신에게 논리를 따져가며 설득하거나 생각을 바꾸도록 요구했는가? 만일 그랬다면 도움이 되었는가? 만일 그 사람이 갑자기 돌아서서 당신을 무시하거나 그 자리를 그냥 떠나버렸다면? 어쩌면 당신은 괴로워하는 모습을 보고 이해해주거나 받아주고 당신의 고통을 따뜻하게 품어줄 사람과 함께 있기를 원할 수 있다. 나이를 떠나 사람들은 대부분 판단 없이 있는 그대로 자신의 존재를 인정받고 싶어 한다.

유아에게 가르칠 수 있는 것과 없는 것

신경과학에 대한 인식이 높아지면서 아이들에게 뇌와 신경 경로에 대해 가르치려는 부모들이 있다. 하지만 가르치지 말고 아이와 유대 관계를 형성해 자기 조절과 자제력을 먼저 길러줘야 한다. 부모는 유아들이 발달 단계상 준비될 때까지 기다린 후 아이에게 자신을 통제하기 위해 뇌를 어떻게 사용해야 할지를 가르쳐야 한다. 자기 조절 전략을 가르치기 전에 우리는 아이가 공동 조절에 필요한 기본 준비와 토대를 갖추었는지 확인할 필요가 있다. 그렇게 하지 않으면 아이와 부모 모두 좌절할 뿐이다.

아이에게(아이가 몇 살이든) 자신의 행동을 조절하게 도와주는 전략을 가르치려 애써도 효과가 없었다면 그건 아마 가르치는 시기가 너무 빨랐기 때문일 것이다. 아이가 아직 충분히 성장하지 않아서 할 수 없는 일을 하라고 요구하고 있을지도 모른다. 아이들에게 감정을 정확히 표현하고 마음을 차분하게 하는 방법을 가르치기 위해 표정과 감정을 연결하는 사진과 차트를 이용하는 유치원이 많다. 이것은 과학적 근거가 없을 뿐만 아니라 문화적으로도 세심하게 주의를 기울인 방법이 아니다. 널리 알려진 바와는 달리 표정은 감정 상태와 꼭 일치하지 않는다. 어떤 학교에는 아이들이 마음을 진정시키기 위해 혼자만의 시간을 보낼 수 있는 장소인 '타임 인time-in' 코너가 있다. 누구나 가끔은 아늑한 장소에 있기를 좋아한다. 하지만 아이들이 자기 조절을 위한 뇌-신체 경로를 구축하는 데 진정으로 도와주는 것은 표정 사진을 감정을 나타내는 언어와 연결하는 활동이 아니라, 인내심을 갖고 자신을 보살피는 어른들과 함께 애정이 넘치는 조율을 경험하도록 도와주는 일이다.

우리는 아이를 가르치기 전에 꼭 필요한 유대 관계부터 먼저 형성해야 한다. **심리적 회복탄력성은 다른 사람들과의 관계를 통해 주로 형성된다.** 예의 바르게 행동하는 법을 알려주거나 아이들 특히 유아들에게 혼자 힘으로 자기 몸을 진정시키는 법을 가르친다고 해서 만들어지지 않는다. 그런데도 조기 교육업계는 아이들이 자기 조절에 대한 책임을 져야 한다는 교수 모델을 너무 빨리 도입해 활용하려고 한다. 우리가 공동 조절을 그만두고 규칙, 훈육, 그룹 가치(아이의 신체 신호가 아니라 행동 차트를 확인하여 돌보는 상황처럼)를 더 중시하면 아이가 자제력을 배울 때 필요한 플랫폼을 약화시킬 수 있다. 이것이 유아에게 자기 조절을 가르치는 일과 자율 규제를 위한 플랫폼을 구축하는 일의 차이점이다.

그래도 우리가 할 수 있는 일은 대단히 많다. 아이들이 신체 감각을 알아차릴 수 있게 도와줌으로써 감정을 정확히 읽어내는 **감정 파악 능력**emotional literacy을 어릴 때부터 키워줄 수 있다. 그다음 아이들이 간단한 단어를 찾아 자신이 느낀 감각을 표현하도록 도와줄 수 있다. 단어와 개념을 사용하여 경험을 이해하고 다른 사람들과 나누는 것은 인간이 가진 막강한 힘이다. 하향식 행동에 대한 해결책을 논의하기 전에 먼저 상향식 행동에 대한 해결 방안을 살펴보자.

아이들이 상향식 행동을 할 때

아이가 상향식 모드에 돌입해 본능에 따라 반응한다는 걸 알아차리면 상향식 해결책을 이용한다. 다시 말해, 몸으로 한창 떼를 쓰면(전형적인 상향식 행동) 첫 번째로 아이의 몸부터 진정시킨다. 행동이 변화하면 그건 신체 예산이 부족하다는 신호일 때가 많고, 아이가 적절한 도전 지대로 돌아가려면 아이에게 **정서적 버팀목**이 필요하며 추진 속도를 변경하거나 요구 사항을 줄여야 한다. 그 자리에서 무시하거나 엄격하게 훈육하는 건 필요하지 않다.

만일 아이의 행동이 상향식 스트레스 반응이라면 체크인 방법을 사용하라(3장 참조). 즉, 먼저 부모의 플랫폼을 확인한 후 아이의 플랫폼을 확인한다. 아이가 부모와 다시 유대감을 쌓도록 상향식 전략을 이용해 아이의 몸이 평온한 상태로 돌아올 수 있게 도와준다.

아이를 진정시키는 간단한 공식: 깊이 공감한 후 반응하라

아이는 컵케이크에 스프링클을 알록달록 뿌리고 싶어 했는데 평범한 색만 남아 있다는 사실을 알고 갑자기 울음을 터뜨린다. 유아들의 행동은 항상 논리적이거나 균형이 잡혀 있지 않다. 하지만 간단하게 두 부분으로 구성된 공식을 이용하면 아이나 어른 모두의 감정적 반응을 진정시키는 데 도움이 된다. 사실 이 두 단계는 부모와 자녀, 심지어 성인들 사이에도 흔히 벌어지는 기 싸움을 해결하는 데 도움이 된다.

아이가 막무가내로 떼를 쓰면 옆으로 다가가 잠시 관찰한 뒤 아이가 문제를 해결할 방법을 찾으려 하는지 혹은 혼자 힘으로 진정하려고 애쓰는지 알아본다. 아이가 혼자 힘으로 진정해가는 중이라면 자기 조절력이 새로이 자라난다는 점에 놀라워하며 아이 옆에 조용히 함께 있어주겠다고 제안한다. 아이가 요청하면 아이를 도와준다. 하지만 아이가 혼자 힘으로 진정하지 못하고 괴로워하거나 화를 내거나 불안해하고 걱정하며 집중하지 못하거나 정서적 지원이 필요하다면 다음의 두 단계를 실천해보자. 먼저 공감하고 그다음 반응하라.

깊이 공감하기

아이의 신경계에 가장 빨리 도달하는 반응부터 시작한다. 앞서 배운 바와 같이 아이는 상당히 불안해지면 부모의 말을 잘 듣지 못한다. 말을 듣지 않고 언제든 달려나갈 태세다. 그러므로 말을 하지 말고 감정적인 톤이나 목소리, 보디랭귀지 등의 비언어적 수단을 이용하여 공감해준다. 아이의 고통을 알고 있으며 비판하지 않고 감정적으로 함께한다는 점을 전달한다. 깊이 공감한다는 단어가 의미하듯 비유적으로 표현하자면 우리는 아이와 비슷한 에너지 혹은 감정 수준으로 반향을 불러일으키거나 진동하는 것이다. 우리는 아이 옆에서 차분하게 아이와 공동 조절한다.

아이에게 깊이 공감할 때 판단하지 않고 함께 있으려 애쓰며 아이를 고려하여 우리 몸의 위치와 자세를 조정한다. 아이 곁에 다정하게 무릎을 꿇고 앉는다. 그리고 아이가 편안해하는 방향으로 시선을 조절한다(어떻게 하는 게 편한가에 따라 아이를 똑바로 바라보거나 주변으로 시선을 돌리거나 아이와 눈을 마주치지 않을 수도 있다). 목소리 톤에 유의하여 온화하게 말하고 6장에서 논의한 대로 아이의 취향에 맞춰 조정하여 아이가 조금 누그러지거나 긴장을 푸는지 살펴본다. 어깨에 손을 얹거나 팔을 부드럽게 만지는 등의 신체 접촉을 추가할 수도 있지만, 그건 아이가 진정할 때에만 해당한다. 때로 공동 조절을 하는 가장 현실성 있는 방법은 아무런 말 없이 아이를 지지하며 애정을 담아 곁에 있는 것이다.

아이에게 어떤 방법이 효과가 있는지 알아내려는 시도는 어색하게 느껴질 수 있고, 서로 다른 방법을 해봐야 알 수도 있다. 아이를 따뜻하게 연민한다거나, 이해한다는 표정으로 바라보며 부드럽게 한숨을 쉬거나, 거울을 보듯 아이의 표정을 순간적으로 똑같이 따라 하면 부모가 자신을 이해한다고 생각하여 외로움을 덜 느낀다. 우리는 말로써 여러 상황에 대처하고 문제를 해결하려는 경향이 있어 말로 하지 않으면 공감하지 않으려 한다. 이 첫 번째 단계를 통해 아이는 다른 사람이 자기와 같은 편이라는 게 어떤 느낌인지를 안다. 아이가 느끼는 모든 감정을 수용하겠다고 전달하면 고통스러워하던 아이의 외로움이 줄어든다. 이것은 향후 아이가 자신에 대한 신뢰를 쌓을 수 있는 강력한 구성 요소가 된다. 심리 치료사 데이나는 이렇게 깊이 조율된 공동 조절은 신경계의 근본을 든든하게 유지해준다고 말한다.

이것이 바로 아이가 무작정 떼쓰기를 그만두고 원래 상태로 돌아오도록 도와주는 방법이다. 이렇게 우리의 신경계 경로를 아이와 공유함으로써 아이가 다시 안전하다고 느낄 방법을 찾도록 도와준다. 한 가지 주의사항이 있다. 아이가 떼쓰는 동안 흔히 있는 일이지만, 만일 우리의 분노가 촉발된다면 아이와 성공적으로 깊이 공감하기 어렵다. 이것은 매우 중요한 사항이므로 지금쯤이면 분명히 알고 있기를 바란다. 즉, 부모 자신의 신경계가 안정되어 있지 않으면 아이와 공동 조절을 효과적으로 진행할 수 없다. 앞 장에서 봤듯이 우리는 좋든 싫든 자신의 신경계 상태를 주위 사람들과 공유한다. 그래서 5장에서 배운 자기 연민이나 다른 기술들이 매우 중요한 이유이기도 하다.

물론 아이와 깊이 공감하는 동안 "오, 우리 예쁜 아가" 혹은 "아, 이건 너에게 힘든 일이야"처럼 아이를 비난하지 않고 포용을 담은 간결한 말을 친절하게 해줄 수 있다. 하지만 **깊이 공감하기의 본질은 아이를 포용하고 같이 있어주겠다는 뜻을 비언어적 수단을 통해 전달하는 것이다.**

정신적으로 힘들었을 때 누군가 당신을 판단하지 않고 곁에 있어주었을 때를 떠올려보라. 그 사람은 당신의 문제를 해결하려 하거나 더는 힘들어하지 말라고 설득하려 하지 않았다. 그 대신 보디랭귀지를 통해 당신을 사랑하며 당신 편이라는 뜻을 전달했다. 큰 힘이 되었다고 느꼈을 것이다. 만약 그런 경험을 한 기억이 없다면 마음속으로 상상해보자. 믿을 수 있는 친구나 사랑하는 반려동물의 다정한 얼굴을 떠올려보라. 그들은 당신이 혼자가 아니라는 걸 알려준다.

아이에게 깊이 공감하면 아이는 자아를 매우 튼튼하게 발달시킬 수 있다. 공감은 차분한 조율의 첫 번째 단계다. 우리는 유아의 행동을 무시하거나 상향식 경로에 있는 아이의 행동을 교정하려 들 때가 많다. 하지만 이때야말로 아이의 신경계가 우리와 밀접하게 연결되어야 할 때다. 이 시기에 우리는 관점을 바꾸고 아이에게 말하기 전에 먼저 어떻게 반응할지 준비한다. 신경과학자 스티븐 포지스는 "말하는 내용이 아니라 어떻게 말하느냐가 중요합니다"라고 말한다.

반응하기

첫 번째 단계인 공감은 아이에게 다음에 진행될 일을 잘 받아들이게 만든다. 그 일은 다음에 어떤 예금을 아이의 신체 예산에 해줄 것인지를 알아내는 일이다. 신경계가 안정되려면 아이에게 무엇이 필요할까? 만약 아이가 대답할 수 있는 나이라면 가장 좋은 방법은 "내가 널 도우려면 뭘 하면 되겠니?" 혹은 "아가야, 뭐가 필요하니?"라고 직접 물어보는 것이다. 아이가 대답하지 못하면 자신에게 물어보라. 내 아이는 간식이나 낮잠처럼 기본적인 뭔가가 필요하지만 지금 자기한테 그게 필요하다는 걸 모르는 걸까? 아이는 내가 먼저 행동해주기를 바라는 걸까? 자기를 안아주는 것처럼? (6장에서 배웠던, 아이를 진정시키는 감각 전략에 관해 써둔 메모를 검토해보라.) 아이에게 위로의 말이 필요할까? 이제 우리는 아이가 이해하는 말과 아이에게 공감하는 어조로 반응할 수 있고, 아이의 경험을 묘사하거나 나타낼 수 있다.

아이가 조금 진정되면 기분이 나아지도록 자신의 감정이나 상황을 이해하는 데 도움이 되는 간단한 말을 덧붙여준다. 아이가 왜 적색 경로에 들어섰는지 자문해보라. 아이는 기대했던 것과 달리 엉뚱한 걸 받았는가? 그렇다면 그 속상한 경험에 대해 아이와 충분히 이야기를 나눌 수 있다. "이런, 넌 엉뚱한 걸 받았구나! 깜짝 선물이네!" 혹은 "오, 너무 속상했겠다. 넌 그런 걸 기대하거나 원하지도 않았는데." 아니면 당신 생각에 아이가 촉발된 계기가 무엇인지 조심스럽게 언급해보라. "이런, 쿠키가 떨어졌네. 생각지도 못한 일이었어!" 혹은 "아가야, 얼마나 불만스러운지 알겠어. 넌 지금 이 파티를 끝내고 싶지 않은 거야." 여기서 요점은 문제가 있다는 사실을 단순히 인정하고 그에 대해 몇 마디 언급하며 계속해서 침착하게 그 상황을 중립적인 용어로 따뜻하게 공감하며 표현하는 것이다.

이때 아이에게 하는 말은 아이가 자신의 경험을 이해하는 데 개념을 사용하도록 도와준다. 그 목적은 상황을 해결하는 것이 아니라 부모가 조율하는 것을 아이가 좀 더 세심하게 느끼도록 하는 것이다.

사례 1 저녁 식사가 무엇인지 보자마자 네 살 된 아이는 울음을 터뜨리며 "저녁 안 먹어. 진짜야!"라고 소리를 지른다. 당신은 "그래, 먹지 마!" 혹은 "저녁 안 먹으면 텔레비전도 못 봐!"라고 응수하고 싶다. 아니면 "뭐라도 먹을 게 있으면 감사해야지!"라고 타이르고 싶을지도 모르겠다. 하지만 아이의 말을 개인적으로 받아들이기보다는 아이의 감정 이면에 숨은 에너지에 깊이 공감하려고 노력해본다. 아이의 행동 너머, 그 행동을 유발한 계기를 파악하라. 조절 장애라는 생각이 크게 들 것이다.

• **깊이 공감하기:** 차분하게 중심을 잡고 아이가 실망했다거나 괴로워하고

있다는 걸 충분히 안다는 표정으로 아이를 바라본다. 다 이해한다는 표정을 짓고 보디랭귀지로 표현하고 간단한 말도 해주면서 아이에게 깊이 공감하라. 그날따라 스트레스를 더 받아 아이의 플랫폼이 약하거나 전날 잠을 너무 적게 잤거나 다른 어떤 이유가 있든 우리는 '난 다 보여. 난 네가 이렇게 힘들어하는 걸 알아'라는 느낌을 전해 아이에게 반향을 불러일으켜야 한다. 아이들이 우리와 다른 생각이나 욕망, 의견을 가졌다는 이유로 실망하지 않길 바란다. 우리는 아이들이 자신의 감정과 느낌을 인정받고 있다고 느끼길 원한다.

- **반응하기**: "네가 얼마나 실망하고 있는지 알겠어. 넌 우리가 다른 걸 먹으리라 생각했던 거야." (예를 들어 마카로니와 치즈를 먹을 줄 알았는데 생선 요리가 나온 것처럼 아이가 무슨 일로 성질을 부리는지 추측해보라.) "어렵구나, 알겠어. 그래도 네가 그걸 조금 맛보면 좋겠는데." 혹은 "잠시 쉬었다가 몇 분 뒤에 다시 먹어보자." 아니면 "접시에 세 가지 음식이 있어. 배고프면 먹을 거야. 서두르지 말고 천천히 먹어보렴." 아이에게 맞춰 반응을 조금씩 바꿔봐서 그 순간 어떤 방법이 효과가 있는지 알아보라.

사례 2 세 살 된 아이가 당신이 형에게는 아이스크림을 두 번 주고 자기에게는 한 번만 줬다고 자제력을 잃고 울고불고 난리를 치며 형을 때린다. 당신은 본능에 따라 "네 형은 너보다 세 살이나 많잖니?"라고 해명하거나 "아이스크림을 먹은 것만 해도 다행인 줄 알아!"라고 소리 지르며 아이를 혼내고 싶다.

- **깊이 공감하기:** 먼저 큰아이가 괜찮은지 확인하고 이 사건에 관련된 모든 이들의 안전을 확보하라. 그다음 다른 사람을 때리는 건 좋지 않다고 알려줘서 아이에게 한계를 제시한다. 만일 그게 당신의 육아 가치관과 일치한다면 말이다. 다음으로는 당신의 감정 톤과 표정을 이용하여 아이가 과격하게 반응한다는 걸 인정하라. 아이가 주먹을 휘두르는 행동은 아이의 플랫폼이 불안정하며 적색 경로가 활성화되어 투쟁 혹은 도피 반응 모드로 돌입했다는 것을 의미한다. 당신은 다시 말로 표현하여 그걸 인정하거나 그렇게 하지 않을 수도 있다. 아이의 몸과 뇌가 겪는 고통을 직접 확인한다. 그것은 무의식적으로 유발되었으며 논리적이거나 조절되지 않는 아이의 보호 반응을 보여준다. 유아들에게 흔히 나타나는 상황이다.
- **반응하기:** 아이의 생각이나 느낌을 긍정하는 메시지를 전달하라. "네가 형만큼 얼마나 먹고 싶어 했는지 알겠어." 혹은 "너도 그만큼 먹지 못해 화가 났구나." 그다음 잠시 멈추고 아이가 어떻게 반응하는지 본다. 하지만 아이스크림 건에 대해서는 당신의 생각을 고수하여 부모의 권위를 유지하고 향후 이와 같은 상황이 또 발생할 때 아이들이 자신의 의사를 다르게 표현하도록 타이른다. 우리는 인정하고 상황을 설명하며 깊이 공감하는 동시에 한계를 설정할 수 있다.

짖는 개에 대한 두려움: 공감과 반응 사례

나와 상담했던 한 엄마는 딸이 아기였을 때 큰 소리로 짖는 개 때문에 너무 놀란 나머지 짖는 개에 대해 두려움이 생겼다고 걱정했다. 이를 극복하게 도와주려고 엄마는 공감-반응 도구를 사용했다.

그 여자아이는 개가 짖는 소리를 들을 때마다 울곤 했으며 그건 전형적인 상향식 바디업 반응이었다. 아이의 부모와 나는 먼저 몇 번 만나 유아들이 공포를 극복하는 방법을 이야기했으며 아이를 포함한 가족 모두가 사무실을 방문했을 때 그 방법을 시도해봤다. 우리는 창문을 열었고 엄마가 아이를 안고 말했다. "무슨 소리가 나는지 들어보자." 아니나 다를까 얼마 안 있어 멀리서 개 짖는 소리가 들렸다(나는 이 근방에 개 짖는 소리가 자주 난다는 걸 그제야 알았다). 아이는 두 눈을 꼭 감고 한 손을 귀에 대더니 훌쩍훌쩍 울기 시작했다. 엄마는 걱정스럽지만 온화한 표정으로 아이에게 깊이 공감했고 자신도 한 손을 들어 귀에 대고 딸의 반응을 거울처럼 그대로 따라 했다. 이것은 아이에게 꼭 말로 하지 않아도 정서적인 반향을 불러일으켰다.

그러자 아이는 엄마를 바라봤고 엄마는 상냥하고 자상한 목소리로 대답하며 반응했다. "응, 그래. 강아지가 멍멍해." 아이는 엄마를 바라보며 긴장이 좀 더 풀린 듯한 표정을 지었고 귀에 댔던 손을 아래로 내렸다. 그리고 아이는 다시 창밖을 내다봤다. 개가 다시 짖자 아이는 다시 한 손을 귀에 대고 재빨리 엄마를 바라봤다. 엄마는 아까 했던 행동을 똑같이 다시 했다. 공감하며 감정이 풍부한 목소리 톤으로 먼저 아이를 부드럽게 달래자 또다시 아이에게 반향을 불러일으켰다. 그리고 "그래, 강아지가 멍멍해"라고 대답했다. 개 짖는 소리가 또 들리기를 기다리며 아이가 귀를 막고 엄마를 쳐다볼 때 엄마는 "시끄러운 강아지" 같은 말을 대답에 추가해서 몇 번이고 되풀이했다. 며칠 뒤, 엄마는 딸이 귀에 손을 대고 "강아지"라는 말을 하루에도 몇 번씩 며칠 동안 계속 속삭였다고 내게 알렸다. 그 아이는 스트레스를 많이 받았던 옛날 사건을 재연하여 그 기억을 통제하고 있었다. 몇 주 뒤 엄마는 딸이 창문 너머 개들을 보고도 귀를 막고 울기는커녕 이제는 잔뜩 흥분하여 개들을 손가락으로 가리키고 산책할 때 개를 보면 "강아지" 하며 반가워할 뿐 이제는 울지 않는다는 반가운 소식을 전해왔다.

엄마와 딸이 나눈 행동과 대화는 간단해 보이지만, 사실은 상당히 복잡하다. 엄마는 먼저 딸의 고통을 직접 확인하고 그걸 강아지, 짖다, 시끄럽다 같은 말을 써서 딸의 감정을 표현할 수 있게 도왔다. 먼저 공감하고 그다음 반응하는 감정 조율을 통해 엄마는 아이의 두려움을 변화시키도록 도와주었다. 아이는 개 짖는 소리를 다시 들었을 때 '강아지'라는 말과 손가락으로 가리키는 몸짓으로 자신을 조절했다. 이제는 개가 무섭지 않다는 걸 아이는 행동으로 보여주었다.

아이의 상향식 반응에 효과적인 방법

아이가 상향식 반응을 보인다면 매번 다르게 인풋을 주면서 아이가 거기에 어떻게 반응하는지 알아낸다. 아이가 선호하는 감각에 따라 아이와의 상호작용을 조정할 수 있다. 아이를 달래는 몇 가지 기본 방법이다.

아이와 가까운 거리 유지

아이에게 가장 적합한 상향식 전략을 찾아내는 일은 시간이 걸리고 여러 번 시도해봐야 한다. 아이는 괴로워할 때 자기를 안아주기를 좋아하는가? 아니면 자기 옆에 서 있는 걸 좋아하는가? 어쩌면 아이는 부모가 약 1미터 정도 떨어진 곳에 서 있거나 방 저편 혹은 문 반대편에 서서 온화한 표정으로 차분하게 함께 있어주면 더 편안해할 수도 있다. 시행착오를 거쳐 어떤 방법이 가장 효과적인지 찾아보라.

목소리와 감정적인 톤 조절

감정적인 톤과 목소리를 이용하여 아이를 위해 안전 신호와 다음 메시지를 전달한다. "넌 혼자가 아니야. 엄마(혹은 아빠)가 여기 있단다", "난 너와 함께 있을 거야", "네가 이렇게 반응한다고 해도 난 널 나쁘게 생각하지 않아". 아이가 폭발하듯 화를 표출할 때 부모의 어떤 목소리가 아이를 진정시키는 데 가장 큰 도움이 되는가? 노래하듯 높낮이를 넣어 말할 때인가? 조용히 말할 때인가? 속삭일 때인가? 감정을 자제할 때인가? 단호하게 말할 때인가? 어쩌면 아이에게 도움이 되는 건 한두 마디, 즉 아이에게 반응하는 말 한마디일지도 모른다. "알겠어. 네가 왜 그러는지. 그래도 엄마는 널 비난하지 않아."

효과적인 신체 접촉

아이가 힘들어할 때 어떻게 신체 접촉을 하면 아이가 진정하는 데 도움이 되는가? 예를 들어 팔이나 손을 가볍게 접촉하기, 힘있게 안아주거나 꽉 끌어안기, 어깨나 이마에 손을 얹기, 아이가 좋아하는 특별한 담요나 장난감을 손으로 들게 하기, 혹은 신체 접촉을 아예 하지 않기 등이 있다.

움직임

아이는 화가 날 때 어떻게 움직이면 차분해지는 데 도움이 되는가? 아이는 안기는 걸 좋아하는가? 아니면 흔들어주기를 좋아하는가? 혼자 힘으로 안전하게 돌아다닐 공간이 필요한가? 거의 움직이지 않고 자신만의 공간에 있는 걸 더 좋아하는가?

시각 신호와 눈 맞춤

시각적으로 아이를 어떻게 도와주면 진정하는가? 아이는 부모와 눈 마주치기를 좋아하는가? 온화한 표정을 좋아하는가? 어쩌면 아이는 눈길을 돌리고 싶거나 부모가 다른 곳을 바라봤으면 할 수도 있다.

부모의 말과 생각

말은 부모의 생각과 아이의 생각 사이에 다리를 놓아주며 아이들이 걱정과 두려움을 극복할 수 있게 한다. 서로 다른 상황에서 아이의 몸과 감정 톤에 나타나는 긴장감, 침착함, 불안감 수준을 보고 어떤 말을 했을 때 아이가 공감하고 반응하는지 시도해볼 수 있다. 다만 아이의 기분을 부모가 대신 말해주면 아이가 방어적으로 나올 때가 있다는 걸 명심한다. 아이의 마음에 가장 와닿는 말을 선택하라.

아이의 상향식 행동을 완화하는 데 도움이 되는 몇 가지 아이디어를 더 소개하겠다.

아이가 피곤하고 플랫폼이 불안하다는 징후를 일찍 찾아라

아이에게 정서적으로 더 가까이 다가가 부모의 자기 조절력을 아이에게 미리 '빌려'주어라. 아이와의 유대 관계를 좀 더 튼튼히 쌓아가면 아이의 스트레스를 줄일 수 있으며 때로는 아이가 심하게 떼쓰기 전에 막을 수도 있다.

계획을 유연하게 짜라

아이가 야단법석을 피우고 칭얼대며 몸에 스트레스 징후가 나타나면 기대치를 조절하고 아이에게 요구하던 일을 그만둔다. 아이에게 한계를 이겨내라고 요구할 가장 좋은 시기는 아이의 신체 예산이 풍부하게 균형 잡혀 있을 때다. 예를 들자면 잠을 푹 자고 배가 부르며 안심하고 있을 때다.

소소한 일은 스스로 통제하게 하라

유아들은 자기 주변 일을 결정하고 통제하기를 좋아한다. 부모는 아이들이 이런 일에서 자신감을 보이길 원한다. 그러니 상황에 맞춰 적절하게 아이를 의사 결정에 참여시킨다. 아이와 함께 부엌에서 여러 물건이나 음식으로 창의력을 발휘해 놀게 하거나 식사 순서를 정하게 하거나 밤에 장난감을 어디에서 '재울'지 결정하게 한다. 지시를 받지 않고 혼자 힘으로 결정을 내리면 얼마나 뿌듯한지 그 기분을 느낄 기회를 준다.

아이들이 하향식 행동을 할 때

아직 유아들은 고도의 사고력을 갖추지 못했지만, 조금씩 자신의 몸을 통제하고 몸짓과 간단한 말로 세상과 소통한다. 유아들은 불안할 때 혼자 훌쩍대거나 우는 대신 "엄마, 내 옆에 앉아줄 수 있어?"라고 묻고 엄마의 어깨에 머리를 기댄다. 서로에게 반응하는 상호작용을 날마다 계속하면 아이들이 이러한 하향식 능력을 기르는 데 도움이 된다.

그렇다, 적당한 때가 되면 유아들은 원하는 물건을 와락 움켜잡는 대신 빌려달라고 예의 바르게 부탁하거나, 브로콜리를 먹지 않겠다고 집어 던지는 대신 지금은 먹고 싶지 않다는 의사를 전달할 때가 온다. 하지만 이제 막 그런 능력이 형성되기 시작했으므로 아직은 믿을 만한 게 못 된다.

하향식 능력은 서서히 나타난다

세 살 된 제나는 울면서 잠자기를 거부했다. 밤에 엄마와 떨어져 혼자 자는 걸 전부터 계속 힘들어했다. 제나는 음악가인 엄마와 같이 먼 곳으로 이동하는 일이 많았다. 엄마와 방을 같이 쓰면서 제나는 엄마와 한 침대에서 자지 않아도 쉽게 잠이 들었다. 하지만 집에서는 몇 분마다 엄마를 자기 방으로 불러 물 한 잔을 갖다 달라고 해 계속 질문하거나 어떤 일을 부탁하곤 했다. 침대에 누워 있으면 제나는 엄마가 필요하다는 생각이 머릿속에 꽉 찼고, 엄마에게 뭔가를 부탁하는 행동 외에 자신을 진정시킬 방법을 알지 못했다. 그건 하향식 행동이었다.

자신의 몸을 진정시키는 능력은 제나에게 이제 나타나기 시작한 하향식 기술이었다. 행동을 계획하고 의사 결정을 하고 선택지들을 비교하고 충동을 자제하는 이 모든 능력을 완전히 개발하는 데는 시간이 꽤 걸린다. 어떤 나이가 됐다고 이런 능력들이 마법처럼 절로 생기지 않는다. 그 능력은 아이가 성장하면서 주변 어른들의 도움을 받아 서서히 발달한다. 시간이 흐르면서 아이들은 몸을 움직이거나 혼자 힘으로 문제를 해결하기 위해 생각하는 것과 같이 자신만의 전략을 사용할 능력을 얻는다.

아이들에게 다양한 선택지를 만들어 시도하고 자기 조절력을 연습할 시간과 공간을 준다. 아이에게 감정을 이입하되 분명한 한계를 설정하고, 아이들이 뇌의 지시에 따라 안심하고 세상을 탐색하게 한다. 부끄럽다거나 비난받는 느낌이 들지 않게 도와준다. 또한 부모로서 권위와 리더십을 유지하면서 아이들이 하향식 사고력을 이용해 토론할 힘을 계속 키우도록 지원한다.

아이의 의견이 부모와 다를 수 있고 부모의 말에 동의하지 않아도 괜찮다는 것을 알게 한다. 이를 통해 아이는 자립심을 인정받는다. 부모의 말에 동의하지 않는다는 이유로 아이를 윽박지르거나 거부하면 결국 아이는 부모의 인정을 받기 위해 특정 방식대로만(긍정적이어야 하며 부모의 말에 순종하는) 행동해야 한다고 생각한다. 사례를 살펴보자.

사례 1 꼬마 과학자

두 살 된 아이가 엄마 화장품 파우치에서 내용물을 바닥에 쏟아붓는다. 엄마는 화를 내고 싶은 마음이 굴뚝같지만, 유아에게는 세상 모든 게 과학 실험이라는 사실을 기억하고서 이렇게 말한다. "이런, 엄마 화장품을 찾았구나! 이건 가지고 놀 수 있는 게 아니야. 엄마랑 다른 장난감을 찾아볼까?" 아이에게 부정적이거나 심하게 반응할 필요가 없다. 엄마는 분명히 아이에게 한계를 설정할 수 있지만, 자기 주변 탐색은 유아들의 타고난 특징이다.

사례 2 '나쁜 행동'을 일삼는 아이

네 살 된 아이가 남동생 접시에 있는 아기용 과자를 남몰래 가져다가 식탁 아래로 후다닥 내려가 숨어서 먹는다. 엄마는 곧장 아이를 혼내고 싶지만, 이 나이대 아이들은 사회생활에서 오는 문제와 다른 사람의 감정을 이제야 이해하기 시작한다는 사실이 떠오른다. 그래서 "그 과자 당장 버려!"라고 소리 지르는 대신, "넌 말도 없이 동생 과자를 몰래 가져갔어. 흠, 우리 집에서는(혹은 엄마가 아이에게 알려주고 싶은 어떤 가치관에 따르든) 그런 식으로 서로를 대하면 안 돼." 이렇게 하는 목적은 상황에 맞는 가족의 가치나 교훈을 알려주고 소통하는 것이지, 아이에게 너무 심하게 창피를 줘서 말도 하지 못하게 하려는 게 아니다.

아이가 남동생의 과자를 가져가는 건 정말로 나쁜 행동이 아니다. 이 세상이 어떻게 돌아가는지 배우는 것이다. 다른 사람의 입장이 되어보는 걸 배우고 있을 뿐이다. 유아들은 잠시 멈춰 자기 주변 사람들의 반응에 근거하여 자기가 한 일의 결과를 생각하려면 부모의 도움이 필요할 때가 많다. 유아들은 자기가 할 수 있는 행동을 다 해본 뒤 그게 어떤 결과를 가져오는지 탐색하고, 배우고 싶어 한다. 우리는 이러한 자연스러운 발달 과정에 참여하여 이런 행동에 침착하게 대처하고 충분히 생각하며 학습 효과를 올리려 노력해야 한다.

사례 3 협상하기, 흥정하기, 밀어붙이기

엄마는 세 살 된 딸에게 지난번에 요거트를 줄 때 아이가 직접 뚜껑을 열게 한 일을 깜박 잊어버리고, 이미 뚜껑을 뗀 요거트 컵을 아이에게 준다. 발끈한 아이는 자기가 직접 뚜껑을 열고 싶다고 소리를 지르며 냉장고에서 새 요거트를 꺼내달라고 요구한다(협상을 거쳐 문제를 해결하려는 기특한 행동이다). 하지만 엄마는 새 요거트를 또 꺼내고 싶지 않고 아이와의 권력 투쟁을 피하고 싶지도 않다. 엄마는 "안타깝네, 그냥 먹어라"라고 말하는 대신, 딸이 실망감을 이겨내도록 도와주려고 대화로 이끈다.

"이 일이 네게 큰 의미가 있구나." 엄마는 아이에게 말을 건넨다. "지난번엔 네가 직접 열어서 이번에도 또 열 수 있길 바란 거였구나. 실망감이 드는 걸 이해해." 엄마는 잠시 멈춰 방금 한 말을 아이 스스로 머릿속으로 정리할 수 있게 시간을 준다. 그다음 아이가 자기 감정을 표현한 말을 가지고 공동 조절을 할 준비를 한다. 아이가 계속 엄마와 협상한다면 훌륭한 일이다. 아이는 지금 토론 기술을 연마하고 있다! 단어를 사용한다는 건 딸이 미래에 감정을 처리할 지식과 어휘를 늘리고 있다는 뜻이며, 엄마는 딸에게 도움이 될 지식이 많다. 인내심을 갖고 아이에게 동의하거나 원하는 것을 주지 않아도 계속해서 공감할 수 있다는 사실을 기억하라. 별 도움이 되지 않는다는 걸 알면서도 아이에게 져준다면 회복탄력성을 길러주는 게 아니라 오히려 퇴보시킨다. 아이가 실망스러운 일을 겪고 참을 기회를 앗아가기 때문이다. 하지만 인간은 통제감을 느끼길 좋아하므로 엄마는 부모로서 권위를 포기하지 않고 아이의 감정과 의도를 이해할 수 있다.

유아들은 의사소통과 자기 주도의 힘에 흠뻑 빠져든다. 유아들은 자신에게 무엇이 필요한지 혹은 기분이 어떤지를 다른 사람들이 대신 추측해주던 아기 때를 지나 이제는 손가락으로 가리키거나 몸짓으로 의사소통을 하는 시기에 접어들었다. 아동기나 청소년기에 이르면 자신의 내면세계와 감정을 말로 표현할 수 있다. 세상이 자신의 통제 아래 있다고 느끼는 것은 기운을 북돋고 해방시키지만, 그럼에도 불구하고 할 수 없는 것들이 많다는 사실에 실망스러워한다.

놀이는 아이의 하향식 능력을 길러주는 강력한 도구

7장에서 우리는 아이들과의 놀이 방향을 이끌어주는 중요한 지침에 대해 논의했다. 그 지침은 '아이들이 하자는 대로 하라'이다. 그렇게 하면 우리는 아이의 관심 사항, 의도와 행동 동기를 꿰뚫어 보는 통찰력을 얻을 수 있다. 유아기 초기 시절의 놀이는 탐색이 전부이며, 우리는 아이들이 안전하게 주변을 탐색하게 한다. 이렇게 폭넓은 놀이 개념에는 아이가 부엌 캐비닛에서 냄비와 프라이팬을 꺼내 아무 곳에나 늘어놓고 유아용 높은 식탁 의자에 앉아 음식을 일부러 바닥으로 계속 떨어뜨리는 것도 포함한다. 따라다니며 아이의 관점에서 세상을 보는 일은 새로운 방식으로 삶을 관찰하는 연습이 된다. 아이가 주도하는 탐색을 받아들이면 우리는 아이와 함께 시간을 보내며 예상치 못한 새로운 방식으로 기쁨을 경험한다는 장점이 있다.

아이가 같은 동작을 계속 반복해도 인내하라

유아들은 같은 동작을 반복해서 사물의 작동 방식을 알아낸다. 열었다가 닫고 내용물을 꺼냈다가 다시 집어넣는 일을 계속해서 반복한다! 왜 그럴까? 모든 인간은 무슨 일이 일어날지 예측하거나 기대하는 걸 좋아한다. 그러면 안심할 수 있기 때문이다. 용기 뚜껑을 몇 번이고 열었다가 닫으면서 꽤 만족스러워하는 이유다.

그런데 여닫는 것만이 전부가 아니다. 아이는 어떤 일을 반복하여 자기가 사는 물리적 세계에 대한 모든 걸 배운다. 또한 패턴에 대해서도 익숙해진다. 패턴 인식은 수학과 다른 추론들에서도 찾아볼 수 있는 기술이다. 그러니 아이가 뭔가를 엎지르고 버리고 반복하는 것이 전혀 쓸데없는 일이 아니다. 모두 자신의 주변 환경을 탐색하는 일이며, 뇌와 신체를 이용하는 활발한 유아라면 누구나 하는 일이다.

유아들은 아기 때부터 물건을 손으로 만지고 입에 넣어보다가 엄마에게 건네어 상호작용하고, 나아가 좀 더 활발한 놀이라 할 수 있는 서브 앤드 리턴 단계로 발전한다. 아이는 엄마에게 공을 보여주고 엄마는 흥미 있다는 표정으로 반응한다. 아이가 엄마에게 공을 건네주면 엄마는 "공!"이라고 대답한 다음 공을 아이에게 돌려주고 아이가 다음에 무슨 행동을 할지 지켜본다. 어쩌면 아이는 공을 다시 엄마에게 건네거나 떨어뜨린 후 엄마가 다음에 어떻게 행동할지 기다릴 수도 있다. 이러한 감각 놀이를 시작하는 시기, 즉 생후 7~12개월에는 아이와 놀 때 한계를 일부러 두기보다는 서로 행동과 반응을 주고받은 뒤 상황을 지켜보는 것이 훨씬 바람직하다.

유아는 과학자이며 모든 것을 탐색해보려고 한다. 아이가 음식을 떨어뜨리거나 으깨고 뒤섞어놓은 뒤 색이 어떻게 변하는지 확인하는 일은 모두 현실 세계를 배워가는 과정이다.

성장함에 따라 감각 탐구에 집중됐던 놀이는 이제 인형을 흔들거나 모형 자동차를 잡고 앞뒤로 굴리는 등 장난감을 가지고 실감 나게 노는 것으로 변화한다. 그때부터 아이의 놀이는 자기가 관심 있는 생각과 주제로 발전한다. 그래서 놀이를 통해 아이의 생각과 걱정거리, 호기심의 대상과 불안 요소가 무엇인지 알 수 있다.

나는 유치원에서 잘 지내지 못했던 조던을 돕기 위해 놀이 기반 방법을 택했다. 조던의 부모는 아이가 어렸을 때의 경험이 지금 나쁜 영향을 끼치고 있다는 걸 잘 알았다. 조던이 공동 조절을 충분히 하지 못하면 자기 조절 힘도 약해졌다. 그래서 조던이 자기 행동에 대한 통제력을 기를 가장 좋은 방법은 더 많은 규칙을 조던에게 제시하는 게 아니라, 자기 자신을 조절하거나 실망스러운 순간에 나오는 반응을 어떻게 통제할지 등을 놀이를 통해 연습할 기회를 주는 것이었다. 조던은 놀이에 기반한 일상적인 공동 조절을 많이 해서 세상이 안전한 곳이란 확신을 키워야 했다. 조던이 아기였을 때와 유아기에 접어들었을 무렵에는 그런 확신이 전혀 없었다. 부모의 변함없는 도움과 지지를 받은 조던은 마침내 사랑받는 아들이자 모범 초등학생이 되어 세상을 안전한 곳으로 여기게 되었다.

조던의 사례는 아이들이 자신의 세계와 감정을 이해하고 탐색하며 자기 조절의 힘을 키우는 데 놀이가 어떻게 도움이 되는지를 보여준다(다음 장에서 우리는 놀이가 아이의 숨겨진 내면세계에 관해 어떤 사실을 알려주는지 알아보겠다). 하지만 내가 공항에서 본 아이처럼 유아들은 피곤하거나 배고픈 상태를 참는 기술이 부족하므로 상향식 반응을 한다. 이런 경우 꾸준한 공동 조절이 필요하다. 그 아이는 배고프거나 피곤할 때 부모에게 간식을 달라고 요구하거나 몇 시간 뒤 비행기가 도착하면 다시 곰 인형을 만나리란 걸 이해하기엔 너무 어렸다.

우리는 관계를 통해, 즉 다른 사람들과 상호작용하면서 이런 기술을 터득한다. 이 모든 상호작용은 아이에게 전 방면에 걸쳐 발생하는 여러 불편함을 참고 자기 조절을 더 잘하며 화를 내지 않고 자신의 느낌이나 요구 사항을 침착하게 말로 표현할 기회를 준다. 아이들이 공동 조절 과정에서 만들어진 든든한 토대를 바탕으로 유아기에서 다음 단계로 성장함에 따라 우리는 아이들에게 자신의 몸이 뇌로 보내는 놀라운 피드백에 대해 다양하게 가르칠 방법을 이제 찾아볼 수 있다. 다음 장에서 그 내용을 집중적으로 다루겠다.

내 아이의
회복탄력성을 위한
조언

부모가 아이의 감정과 행동 통제력의 발달에 맞춰 적절한 도전 과제를 제시하고 지원해주면 아이는 자기조절력을 발달시키기 시작한다. 주변을 탐색하는 놀이는 유아의 발달을 돕는 가장 자연스러운 방법이다.

9장

아이들은 많이 놀수록 더 행복하고,
스트레스에 덜 시달리며,
문제를 창의적으로 해결한다.

학령기, 마음의 힘을 배우는 시기

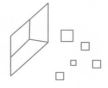

많은 부모가 아이에게 장난감을 쥐여주고 개인 교습을 받게 하며 학비를 대주는 등의 지원을 하면 아이의 미래 삶이 더 안전할 것이라고 생각한다. 다 좋다. 하지만 부모로서 해야 할 중요한 일은 아이의 정신 건강을 튼튼하게 하는 것이다. 그렇게 하려면 아이에게 꼭 필요한 중요한 특성을 키워줘야 한다. 그것은 바로 변화하는 삶의 요구와 도전에 대응하는 능력인 유연성이다. 유연성은 회복탄력성을 구축하는 기본 토대다.

어린 시절 내가 정신적으로 힘들어하면 부모님은 두려워할 것도 걱정할 것도 없다고 말씀하시면서 날 안심시키려 했다. 부모님 세대의 다른 많은 부모처럼 두 분은 부정적인 감정을 주의해야 할 중요한 신호로 여기기보다는, 다른 생각을 해서 잊어버리거나 무시하는 게 최선이라고 생각했다. 하지만 내 아이들이 어렸을 때 나는 부모님과 다른 접근 방식을 택했다. 나는 아이들과 공동 조절을 하기 위해 최선을 다했다. 큰 소리가 들리면 당연히 나도 무섭다고 아이들에게 솔직히 인정했다. 세 아이 중 하나가 친구와 같이 놀지 못하고 거부당했다며 슬퍼하면 아이에게 공감하며 끝까지 이야기를 잘 들어주었다. 그 결과 이제 어른이 된 아이들은 내가 저들 나이였을 때보다 사고가 훨씬 유연하고 회복탄력성이 뛰어나다.

아이가 어리면 우리는 아이와 공동 조절을 하여 신체 예산에 예금해준다. 어린 아기일 때는 달래주고, 성장하면 이야기를 들어주고 반응하며 아이를 돕는다. 아이가 커가면 우리에게는 새로운 우선순위가 생긴다. 아이가 자신의 신체 예산을 관리할 수 있도록 도와주는 일이다. 아이가 주요 경로를 통해 유연하게 문제를 해결할 수 있는 두 가지 방법이 있다. 바로 마법과 같은 효과를 가져오는 놀이, 그리고 감정에 대해 아이에게 말하는 방식이다.

학령기 아이들은 유아기를 통해 배운 모든 것을 갖추고 있지만, 이후 살아가는 데 필요한 능력은 여전히 개발 중이다. 아이들은 유아기가 지나면 학교와 또래 친구들이라는 새로운 세계를 누비며 새로운 요구 사항에 맞닥뜨리고 자기 자신에 대해 점점 더 많은 사실을 발견한다. 때로 그것은 아이들의 몸부림과 복잡한 감정을 수반해 부모들을 혼란스럽게 하거나 괴롭게 한다.

이번 장에서는 신뢰와 안전이라는 탄탄한 기반 위에 생각하기, 문제 해결하기, 예측할 수 없는 상황에 유연하게 대처하기라는 하향식 기술을 어떻게 키울 수 있는지를 살펴보겠다. 아이들이 자기주장을 펼

치면서 자신의 몸이 자기를 지지하도록 돕기 위해 마음의 힘을 이용하는 법을 배울 수 있게 부모는 도울 수 있다. 아이들이 살면서 접하게 될 모든 문제에 대한 '옳은' 반응과 답을 가르치라는 것이 아니다. 머리를 써서 몸이 차분해지게 하고 생각의 방향을 잡기 위해 자신이 주도하여 적극적으로 살고 정서적 유연성을 키우는 법을 가르치자는 것이다. 그것이 바로 이 장의 중심 내용이다.

지금부터 놀이가 어떻게 아이의 전반적인 발달을 도와주는 강력한 도구가 될 수 있는지 알아보겠다. 그리고 아이들이 자신의 신체 감각을 인식하고 이해하는 걸 도와주는 방식으로 아이들의 정신 건강에 관해 말해주는 법도 배울 것이다. 요약하자면 우리는 회복탄력성의 주요 원천과 내 전문 영역인 심리학의 기초 내용을 탐색할 것이다. 그것은 생각과 느낌을 바꾸기 위해 마음을 이용하는 능력이다.

형제간의 경쟁

앨런과 카밀라 부부는 틈만 나면 싸우는 자녀들을 말리느라 힘들어했다. 일곱 살 미라와 네 살 레오는 매일같이 다퉜고 장난감과 각자의 물건을 놓고 말다툼을 벌였다. 이 부부는 미라가 학교를 굉장히 좋아하고 학교생활을 잘했으며 선생님과 1학년 친구들을 늘 도와주는 세심한 아이라고 했다. 미라는 다음 일을 예측하기를 좋아했고 정해진 규칙에 따라 체계적으로 생활하는 걸 매우 잘했다.

하지만 미라가 수업을 마치고 집에 올 때마다 미라의 아빠가 쓴 표현에 따르면 '온 집 안은 지옥 같은 아수라장'으로 변해버렸다. 레오는 미라를 먼저 신나게 반긴 후 미라의 책가방에서 종이들을 와락 꺼내 들고 도망치거나 찢어버렸다. 미라는 동생이 엉망으로 만들어버린 학습지나 미술 작품을 보고 비명을 지르며 엉엉 울었다. 미라는 아빠에게 도와달라고 호소하고 아빠는 레오를 말리려고 쫓아다녔지만, 어린 레오는 이 모든 상황을 게임처럼 접근했다. 마침내 미라는 참지 못하고 동생을 확 밀어버린 뒤 자기 물건들을 되찾았다. 당연히 레오는 울음을 터뜨렸다. 시간이 좀 더 흐르자 미라는 다음과 같은 해결책을 찾았다. 미라는 동생에게 이래라저래라 거만하게 굴었고 상황을 미리 통제하려고 동생의 일거수일투족을 감시했다. 아이들이 시도 때도 없이 티격태격하면서 긴장감이 하늘을 찌를 듯했고 집은 끊임없는 전쟁터로 변했다.

나는 형제간의 경쟁이 비록 힘들긴 하지만 살아가면서 충분히 예상할 수 있는 삶의 일부이며 나름대로 장점도 있다고 이들 부부를 안심시켰다. 형제자매들은 문제가 있으면 협력하여 해결하는 방법을 배울 기회를 서로에게 끊임없이 제공한다. 하지만 이들 가족의 감정은 부정적인 기운으로 가득 차 있어서 나는 이 아이들 모두 문제 해결에 미숙하다는 걸 감지했다. 그래서 아이들이 도전 지대를 넓히고 혼자 힘으로 문제를 해결할 능력을 키우며 좀 더 안정적으로 균형을 잡고 형제간에 할 수 있는 즐거운 놀이를 소개할 수 있는지 알아보기 위해 아이들을 하나씩 따로 만나 평가해보겠다고 제안했다.

나는 먼저 이들 가족과 아이들 각자에 대해 적당한 접근 방식을 찾는 데 초점을 맞췄다. 나중에 알고 보니 레오와 미라는 놀이 치료의 도움이 필요했다. 놀이 치료는 둘 다 불만스러운 상황에 대한 관용과 대화로 싸움을 해결할 능력을 키워줄 수 있다. 결국 미라에게도 자신의 상향식 감정을 하향식으로 이해하는 걸 놓고 이야기해보는 좀 더 직접적인 접근이 필요했다. 다시 말하면 미라는 좌절감에 대처하고 해결책을 생각해내며 사회적·정서적 힘을 단련하기 위해 적극적인 자기 조절과 언어 사용을 비롯한 문제해결력을 배워야 했다.

나는 아이들의 부모에게 이러한 접근 방식을 소개했고, 그들은 자신들이 잘 이해할 수 있는 규범적인 행동으로 이 문제를 다룬다는 사실을 알자 희망을 품었다. 나는 아이들의 문제 해결 기술에서 가장 현실적이지만 활용도는 매우 낮았던 구성 요소부터 시작하자고 제안했다. 그것은 바로 '놀이'다.

놀이는 아이의 발달을 이끄는 강한 원동력

수십 년 동안 아이, 부모 들과 놀이 치료를 진행하면서 중요한 교훈을 배웠다. 아이와 놀 때 주도권을 아이가 잡으면 평소 무슨 생각을 하고 어떤 걱정에 시달리며 도움이 필요한 부분은 어디인지 알 수 있다는 것이다. 또한 놀이는 유아기에 나타나기 시작하는 실행 사고력을 키우는 데 유기적이고 효과적이다. 놀이는 아이들이 근본부터 철저히 기술을 쌓아가는 방식이다. 만약 힘든 일로 괴로워하는 아이에게 대화를 시도하려 애썼지만 별로 성공하지 못했다면 아이와 함께 노는 것이 좋은 출발점이 될 수 있다.

놀이는 아이의 발달을 이끄는 매우 강한 원동력이므로 미국 소아청소년과학회는 최근 소아청소년과 의사들에게 권고하기를, 발달검사를 하러 오는 아이들에게 놀이를 처방하라고 했다. 나는 이 마법 같은 현상을 여러 번 목격했다. 놀이는 아이들이 직면한 문제와 갈등을 안전하게 재연하는 연습을 하게 하여 아이들이 폭발하듯 분노를 표출하지 않고 자신의 감정을 차분히 이야기할 능력을 길러준다. **부모 참여 놀이**는 이미 알려진 바와 같이 아이들이 형제간의 경쟁, 불안 그리고 스트레스와 트라우마, 중증 질환과 사랑하는 사람을 잃는 것과 같은 더 심각한 문제에도 잘 대처할 수 있게 한다.

게다가 놀이는 부모가 자녀에게 갖추길 바라는 실행력을 키우는 데 도움이 된다. 미국 소아과학회 임상 보고서에 따르면, 아이가 부모 그리고 또래 친구들과 함께 발달 과정에 적합한 놀이를 즐기는 일은 뇌의 실행 기능과 친사회적 뇌pro-social brain를 만들어주는 사회 정서 기술, 인지 기술, 언어 기술과 자기 조절 기술을 개발하도록 촉진하는 훌륭한 기회다. 그만큼 놀이는 큰 효과가 있다.

친사회적 뇌란 타인과 협조를 잘하는 사람으로 성장하게 하고 다른 사람의 관점에서 문제를 바라보고 해결하도록 도와주는 뇌를 말한다. 미라와 레오 같은 아이들이 자기들 사이의 긴장을 풀고 처리하도록 도와주는 바로 그 능력을 말한다. 또한 친사회적 뇌는 아이들이 운동장에서는 열심히 뛰어놀고 교실에서는 학업에 집중하며 그룹 프로젝트와 학업 교류에 참여하게 하고 팀 스포츠를 함께하고 고등학교와 대학에서 맞이할 복잡한 사회생활에 잘 대처하도록 한다.

활동적인 놀이의 장점은 아이의 학교생활과 다른 주요 발달 부문에까지 확대된다는 사실이 또 다른 연구를 통해 밝혀졌다. 연구에 따르면 학교에서 쉬는 시간을 만족스럽게 보내면 아이의 통제력, 교실에서의 긍정적인 행동과 회복탄력성뿐만 아니라 아이들의 실행력(집중, 계획 수립, 효과적인 문제 해결)에도 상당히 기여하는 것으로 나타났다. 쉬는 시간에 더 오랫동안 논 아이들은 불행을 잘 극복하고 실수를 쉽게 만회하며 변화에 더 능숙하게 대처했다.

현재 교육 문화를 보면 놀이보다 교실 수업을 중요시하는 경향이 있다. 하지만 **아이들은 많이 놀수록 더 행복하고, 스트레스에 덜 시달리며, 문제를 창의적으로 해결한다.** 놀이를 아이 삶의 든든한 일부가 되게 하라. 아이들이 문제를 해결하고 자기 조절을 배우도록 도와주는 건 체계적인 학문이나 그룹 학습이 아니라, 바로 놀이다. 아이들은 방해받지 않고 자유롭게 놀면서 문제해결력을 훈련하며, 어떤 방법이 효과가 있는지 시도하고 탐색한다. 최근 한 여자아이가 혼자 노는 걸 지켜본 적이 있다. 아이가 저녁 식사를 차리듯 장난감 몇 개를 테이블 위에 놓은 뒤 환하게 웃으며 "내가 했어!"라고 혼잣말하는 모습을 보자 아이를 계속 생각하게 한 게 무엇인지 알 수 있었다. 자율적으로 놀고 탐색하면 회복탄력성이 길러진다. 아이를 자유롭게 놀게 하라.

아이와 상호작용하며 놀이하는 방법

엄마가 아이와 함께 즐기며 상호작용하는 놀이도 있다. 앞에서 아기 때의 탐색 놀이와 까꿍 놀이의 중요성에 대해 이야기했다. 또한 유아들이 과학자처럼 자신의 세계를 탐구하기 위해 감각을 이용하는 방법도 다뤘다. 이제 그다음으로 아이들이 자기 자신이나 장난감을 자신이 만든 드라마의 등장인물로 가정하여 노는 가상놀이pretend play가 등장한다. 이것은 상징놀이symbolic play로도 알려져 있다. 이러한 놀이 방식은 아이의 내면세계를 들여다볼 수 있는 유일하고도 멋진 기회다.

아이들은 가상놀이를 통해 감정 문제를 탐색하고 연습하며 해결할 방법을 자연스럽게 배운다. 아이가 하자는 대로 부모가 함께 놀이하는 동안 아이의 마음속 문제와 걱정이 놀이에 반영된다. 우리는 아이에게 도움이나 작업이 더 필요한 영역이 어딘지 알아낼 단서를 얻을 수 있다.

나는 운 좋게도 놀이 치료 분야의 세계 최고 전문가인 세레나 위더에게서(부모가 아이들과 함께 노는) 부모 참여 놀이에 관해 배울 수 있었다. 위더는 놀이 과정의 중요성을 깨닫게 해주었다. 아이가 하자는 대로 따르며 놀이가 어떻게 진행되는지 보는 걸 잊지 말라고 당부했다.

미취학 아이들이 또래 친구들과 놀면 인지 발달이 자극되는 등 장점이 많고, 아기들과 유아들이 혼자 놀면 주변을 탐색하며 자기 몸에 대해 더 많이 알게 되는 반면 부모 참여 놀이는 아이가 가장 자연스럽게 구사하는 모국어를 써서 아이를 더 친밀하게 알게 되는 기회가 된다. 이런 종류의 놀이는 분노, 질투, 공감, 긍정적인 감정과 경쟁심처럼 자연스러우면서도 당연히 예상되는 여러 감정을 위험하지 않은 방식으로 탐색하게 도와준다.

현대를 살아가는 부모들은 모두 바쁘다. 이런 유형의 놀이에는 시간을 많이 투자할 필요가 없다. 방해받지 않고 아이와 하루에 5분 동안 노는 것도 의미가 있다. 시간이 흐를수록 장점이 쌓인다. 게다가 엄마의 내면 아이inner child도 마음껏 놀게 하면 엄마도 놀이가 가져다주는 재미를 만끽하며 스트레스에 대항하고 폭발적인 분노 표출을 사전에 방지할 수 있다. 그렇게 건강에도 좋은 놀이 혜택의 핵심은 엄마와 아이 모두 즐겁다는 점이다. 놀이는 아이의 나이와 발달 단계에 따라 형태와 느낌이 다르다. 사춘기 이전 아이라면 엄마와 함께 쇼핑몰을 돌아다니거나 카페에서 맛있는 음식을 나눠 먹으며 웃고 떠드는 것도 놀이가 될 수 있다. 하지만 이 모든 건 가상놀이에서 먼저 시작된다.

놀이의 또 다른 장점은 민감한 문제를 직접 물어보기보다 아이와 놀면서 속마음을 알아내는 일이 훨씬 더 쉽다는 점이다. 예를 들어 내가 미라를 만났을 때 미라의 부모님은 미라에게 어젯밤 남동생을 밀쳐버린 사건에 대해 빨리 말하라고 재촉했다. 부끄럽고 당황하는 표정이 잠시 스친 후 미라는 단순하게 대답했다. "잊어버렸어요." 그때 미라는 상당히 당황했던 게 분명했다. 미라의 부모님은 상담에 필요한 정보를 내게 알려주려는 의도였지만 두 사람은 미라에게 부끄러운 마음이 들게 했다!

아이에게 대놓고 물어보기보다는 눈에 보이지 않는 빙산의 아랫부분에 관심을 집중하고 아이와의 놀이에 즐겁게 참여하며 신뢰를 구축한 다음 아이의 행동 동기와 행동 유발 계기를 탐색하고 이해하는 것이 더 바람직하다. 그렇게 유대감을 형성하면 나중에 아이와 좀 더 직접적으로 대화를 나눌 수 있다.

때마침 미라는 자신의 행동과 동기를 이미 말로 표현하는 초기 단계에 있었으므로 나는 먼저 놀이로 시작해야 한다는 걸 빠르게 깨달았다. 놀이는 미라가 감정적이고 문제 해결적인 근육을 발휘해 결국 자신의 감정과 생각을 단어로 표현할 수 있는 기회를 줄 것이다.

부모 참여 놀이에 필요한 것

내가 이제부터 설명할 놀이에는 값비싸거나 기계식으로 작동하는 멋진 장난감은 필요 없으며, 아이 각자의 관심 사항에 따라 상상력을 자극하고 역할 전환과 상황 재연을 하도록 도와주는 물건이면 충분하다. 보드게임과 퍼즐도 즐거운 활동이 될 수 있지만(보드게임과 퍼즐을 좋아한다면 가족들이 모두 참여하여 즐기기를 추천한다), 그것들은 더 기본적인 장난감만큼 아이의 감정적인 주제를 자극하지는 않는다.

부모의 집중력

적어도 5분 이상(가능하다면 그 이상) 여유를 갖고 놀이에 집중할 수 있어야 한다. 아이가 어려운 문제로 힘들어하고 있다면 그 이유가 자연스레 나타나는 데 보통 20분 정도가 걸린다. 긴장을 풀고 해야 할 일을 제쳐두고 호기심을 갖고 성찰하며 재미있게 아이와 놀면 아이는 자신만의 세계를 자기가 원하는 방식으로 엄마에게 알려줄 것이다.

장난감

만일 여력이 된다면 기본적인 장난감 몇 가지를 준비하라. 화려한 장난감일 필요는 없다. 사실 장난감이 꼭 필요한 건 아니다. 아이에게 다른 사람들이야말로 최고의 장난감이 될 수 있다! 아이들이 상상력을 발휘하고 우리가 역할을 기꺼이 바꾼다면 우리는 고양이나 사자, 공주나 왕 역할을 맡아 아이의 '장난감'이 될 수 있다. 내가 전에 상담했던 상상력이 풍부한 어떤 가족은 헌 양말을 이용하여 단추로 눈을 만들고 색실로 입을 수놓아 간단하게 인형을 만들었다. 그 마음씨 좋은 아이들은 내게 양말 인형 '가족'을 만들어주었다. 나는 지금도 그 인형들을 매우 소중히 간직하고 있으며 지난 몇 년간 내 사무실을 방문하는 아이들은 그 인형으로 여러 가지 역할놀이를 했다.

동물 모형 장난감(봉제 인형 혹은 다른 종류)

테디 베어나 강아지 인형처럼 우리에게 친숙하고 위협적이지 않은 동물 모형 장난감과 그것보다 덜 친근하고 좀 더 강렬한 인상을 주는 개, 곰, 호랑이나 공룡 모형 장난감을 준비해두면 좋다. 이 동물 모형 장난감은 피규어, 누르면 소리 나는 인형, 플라스틱이나 나무로 만든 모형도 될 수 있으며 아이의 관심을 끌고 다양한 감정을 불러일으키거나 끌어내는 것이면 무엇이든 가능하다. 폭신폭신한 고양이 인형이나 귀여운 강아지 인형만 준비하지는 마라. 아이들은 사자 혹은 야생 고양이 모형도 모든 인간이 직면하는 안전과 위협이라는 감정을 놀이 주제로 하여 갖고 놀 수 있기 때문이다. 사람 모양 피규어가 너무 사실적으로 보이면 놀이에 참여하는 걸 부끄러워하는 아이들도 있다. 놀이가 현실에 너무 가깝게 느껴지기 때문이다. 여기서 핵심은 동물 모형 인형들이 아이의 개인적 경험과 관련은 약하지만 그래도 그 인형들에게 감정을 투영할 수 있으므로 가상놀이를 하기에 더 쉽다는 점이다.

자동차, 트럭, 열차 같은 모형

이런 모형을 가지고 노는 것도 놀이 주제를 끌어낼 수 있고 아이들의 속마음을 보여주는 경로가 될 수 있다. 자동차와 트럭은 놀이 과정에서 '감정'을 가질 수 있고 서로 경쟁하며 모험을 떠나고 학교에 가고 할머니 집에 놀러 가거나 서로 충돌할 수도 있다. 즉, 아이들은 자동차, 트럭 같은 물체에도 인간적인 특징을 부여할 수 있다. 게다가 많은 어린이는 자동차와 트럭 장난감을 가지고 놀기를 좋아한다.

사람이나 슈퍼히어로 피규어

예를 들어 남자아이, 여자아이와 중성적인 외모의 인형, 아기 인형 혹은 사람과 유사하게 생긴 피규어나 인형 등이 있다. 가능하다면 엄마, 아빠, 아기, 형제자매처럼 생긴 피규어를 준비하라. 소박하게 생긴 인형 집이 있으면 좋지만, 꼭 필요한 건 아니다. 부엌에서 가져온 종이 접시, 플라스틱 스푼, 작은 그릇 같은 물건들도 아이가 놀면서 엄마나 아빠, 아기 혹은 형제자매가 '되도록' 영감을 주는 소품이 될 수 있다.

부모 참여 놀이의 원칙

원칙 1. 아이가 하자는 대로 하라

간단한 장난감 몇 개를 가지고 아이와 놀 준비를 마친 다음, 7장에서 이야기했듯이 마법 같은 일을 가능케 하는 "아이가 하자는 대로 하라"라는 말을 명심하며 앉아서 기다린다. 아이가 엄마와 시간을 보내면서 무엇을 하는지 지켜본다. 아이는 장난감을 아예 집어 오지도 않고 그저 이야기만 하거나 질문만 할 수도 있다. 잘된 일이다! 아이의 속마음에 귀를 기울여라. 어떤 뚜렷한 목적 없이 아이와 함께 시간을 보내면 그 자리에서 아이에 대해 많은 것을 알 수 있다. 하지만 얼마 안 있어 아이는 엄마와 함께 놀 것이며 그건 기다릴 만한 가치가 있다.

아이가 장난감을 집어 오면 어떻게 놀아야 하는지 지시하지 말고 아기가 놀자는 대로 해라. 아이에게 질문하려는 유혹을 이겨내는 것이 중요하다. 특히 엄마가 이미 정답을 알고 있는 질문은 하지 않는다(예를 들어, "저 동물의 이름이 뭔지 아니?", "그 자동차는 무슨 색이니?", "강아지가 몇 마리 보이니?"). 놀이의 목표는 아이에게 구체적인 개념을 가르치는 게 아니라 아이가 자신의 가상 세계를 마음껏 탐험하도록 하는 것, 즉 그 가상 세계를 상징적으로 경험하게 하는 것이다. 그건 아이들이 자연스럽게 하는 일이다. 그러니 아이가 아까 집어 들었던 물건을 가지고 뭘 하는지 가만히 지켜보라. 아이가 엄마를 놀이로 끌어들이면 그때 아이와 상호작용하면 된다.

어쩌면 아이는 고양이 인형을 집어 들어 무릎에 올려놓고 "여기 엄마가 있어"라고 말한 뒤 그 '아기' 고양이 인형을 엄마에게 건넬 것이다. 아이는 차 모형을 집어서 엄마에게 또 건넬 것이다. 잘됐다! 놀이가 시작되었다. 그건 엄마도 이제 놀이의 등장인물이 됐다는 신호다. 엄마는 아기 고양이를 대신해 '야옹'하거나 자동차가 '부릉'하는 소리를 내서 아이의 가상 세계 놀이에 합류했다는 걸 아이에게 알린다. 이제 마법이 시작된다!

아이가 다음으로 무엇을 할지 기다려라. 아이가 등장인물에 맞는 행동을 보이거나 말을 하면 엄마도 그에 맞춰 반응하라. 아이의 고양이 인형은 "안녕" 하고 작별 인사를 할 수도 있다. 아이는 방금 놀이 주제를 만든 것이다. 고양이나 자동차 혹은 다른 등장인물이 작별 인사를 하면 이별과 관련 있는 주제가 떠오른다. 만약 이 주제가 놀이 과정에서 계속 나타난다면 아이는 엄마나 다른 사람들과 헤어지는 감정을 놀이로 흉내 내는 것일 수도 있다. 엄마는 최대한 귀엽게 고양이처럼 야옹거리며 "안녕"이라고 인사할 수 있다. 아이가 자신의 등장인물을 계속 흉내 내도록 엄마도 맡은 역할에 충실하고 아이의 필요에 맞춰 즉흥 놀이에 열심히 참여한다. 아이가 담당한 등장인물이 무슨 일을 하는지 지켜보고 놀이 주제를 구체적으로 발전시키기 위해 아이에게 반응한다.

원칙 2. 놀이 주제를 조금씩 확장하라

아이가 놀자는 대로 계속 놀다 보면 놀이 영역이 확장되고 심화해 더 많은 걸 발견할 수 있다. 아이에게 간단한 질문을 하거나 뭔가 생각해보게 하라. 엄마가 이미 대답을 아는 질문이 아니라 아이가 자유롭게 답할 수 있어야 한다는 걸 잊지 마라. "고양이는 무슨 색이니?"처럼 이미 답을 아는 질문을 하는 대신, 고양이의 목소리를 흉내 내어 "귀여운 고양이야, 어디 가니?"라고 물어봐서 놀이의 영역을 확장하라. 엄마는 아이의 속마음을 알고 싶어 질문하고 있다. 아이가 "고양이 학교에 가요"라고 대답한다고 가정해보자. 아이의 호응을 끌어내다니 정말 운이 좋다! 이제 엄마는 아이의 마음속에 있는 무엇인가를 알게 되었다. 그것은 바로 학교다.

거기서부터 계속 확장하라. 인내심을 갖고 다음에 무슨 일이 일어날지 지켜보라. 고양이는 학교에 가는가? 아니면 학교에 가지 않으려 하는가? 고양이는 학교에서 기분이 좋은가? 아니면 슬픈가? 학교에서는 무슨 일이 일어나는가? 아이가 연기하는 고양이가 하자는 대로 따라라. 아이는 엄마에게 더 큰 고양이 장난감을 주고 선생님 역할을 부여할 수도 있다. 아니면 작은 고양이 장난감을 주고 자기가 선생님을 하겠다고 할지도 모른다. 이 기회를 통해 아이의 내면세계를 들여다볼수 있다. 이 놀이를 계속하라. 선생님 고양이와 학생 고양이들은 무슨 말을 하고 무엇을 하는가? 물론 정답이나 오답은 없다. 그저 가치 있는 탐색 과정이다. 엄마가 맡은 등장인물 역할을 유지하고 놀이의 재미를 깨지 않는 것이 중요하다. 느닷없이 "얘, 학교가 무섭니?"라고 묻지 마

라. 그 대신 가상놀이를 계속해 아이의 장단에 맞춰라. 나중에 구체적으로 질문할 시간이 올 것이다. 예를 들어 아이와 함께 산책하거나 여유롭게 쉴 때 말이다. 하지만 가상놀이를 하는 동안에는 놀이의 흐름을 끊지 말고 이 놀이를 신성시해야 한다.

아이와 함께 노는 동안 아이가 하자는 대로 따라가되, 서브 앤 리턴 방식을 유지하도록 필요한 만큼만 놀이를 확장하라. 아이는 그 주제에 따라 자기 필요에 맞춰 놀이를 다음 단계로 전개한다. 그래서 놀이의 효과가 그토록 강력한 것이다. 아이는 의식적이든 무의식적이든 자기가 하는 놀이를 열심히 발전시켜간다.

단언컨대 부모더러 아이의 놀이 치료사가 되라는 게 아니다. 그러니 가상놀이가 엄마에게 맞지 않거나 부자연스럽거나 불편하다면 억지로 할 필요는 없다. 시간이 지날수록 놀이가 점점 즐거워질 수는 있지만 이건 아니다 싶으면 하지 마라.

그렇지만 이 놀이를 해보면 놀이가 엄마와 아이 사이의 유대감을 안전하고 즐겁게 형성해주는 매우 효과적인 방법임을 알 것이다. 그리고 아이의 관심사와 걱정거리를 들여다볼 기회인 동시에 아이와 함께 즐거워할 수도 있다. 노는 동안 아이에 대해 뭔가를 고쳐야겠다고 생각하지 말고 그저 바라만 보고 아이가 엄마에게 부여하는 여러 등장인물을 연기하라. 다음은 마법 같은 놀이의 한 부분이다. 아이들은 '현실'의 삶에서 벗어나 여러 가지 개념, 생각과 감정을 자신이 직접 만든 시뮬레이션 상황에서 자유롭게 실험할 수 있다. 그 시뮬레이션의 힘은 결코 과소평가할 수 없다.

놀이는 아이가 어떤 문제에 대한 새로운 해결책을 의식적으로 혹은 무의식적으로 반복 연습하거나, 좀 더 익숙해지기 위해 뭔가를 계속 연습하여 자신이 겪는 일을 끝내도록 도와주는 일종의 재연 활동이 될 수 있다. 예를 들어 아이들이 자주 선택하는 놀이 주제인 주사 놓는 의사를 재연하는 것이다. 놀이는 치유 과정이다. 무서움을 불러일으키는 계기가 매우 효과적인 재연 활동을 거치면 그 무서움이 약해진다.

원칙 3. 부정적인 놀이 주제를 두려워하지 마라

아이와 놀다 보면 부정적 혹은 긍정적인 감정에 관한 주제를 자연스럽고 광범위하게 접한다. 이것은 사실 좋은 신호다. 아이는 현실의 삶에서 접하기 어려운 다양한 부정적인 감정을 활발하게 잘 처리하고 있다는 사실을 나타내기 때문이다. 부모로서 특히 아이가 다른 사람들을 때리거나 부정적인 행동을 하면 아이에게 그렇게 하지 말라고 가르치기 위해 이 놀이 기회를 활용하고 싶을 수 있다. 하지만 그런 충동적인 생각은 억누르자. 이런 종류의 놀이에서 아이가 공격적으로 나온다고 해서 현실에서 아이가 더 공격적으로 변하는 일은 없다. 아이와 노는 동안에는 아이를 조금이라도 가르치겠다는 생각은 하지 마라("있잖니, 아까 아기 고양이가 곰을 때리는 건 좋지 못한 행동이야!"). 그 대신 아이가 만든 등장인물의 감정을 관찰하고 그 감정은 아이의 마음속을 표현한다고 생각하라.

이상적으로 보면 놀이는 돌봄과 공감이라는 긍정적인 감정에서부터 경쟁, 질투, 분노, 슬픔처럼 좀 더 부정적인 감정에 이르기까지 다양한 주제를 끌어낸다. 우리는 모두 이러한 감정을 인간성의 한 부분으로 느낀다. 예를 들어 '현실의 삶'에서 학교와 지역사회에서 부정적인 감정을 표현하면 부끄러워해야 하고 긍정적인 감정을 표현하면 보상받는 일이 많다. 하지만 **놀이에서는 모든 감정을 동등하게 대한다.** 놀이를 통해 화가 나거나 질투가 나거나 슬퍼하거나 행복하다고 느끼는 점을 아이에게 전달한다. 물론 아이를 위해 모범이 되고 현실에서 이런 감정이 들면 어떻게 행동하는지 배울 때 지침이 되는 가치관을 심어주는 건 엄마에게 달려 있다. 우리는 아이들이 자신을 차분하게 대하고 자신의 모든 감정이 타당하다는 걸 이해하며 특정 감정을 '좋은 감정'이나 '나쁜 감정'으로 생각하지 않기를 바랄 뿐이다.

이러한 놀이의 잠재적인 이점을 보여주기 위해 내가 직접 확인한 몇 가지 상호작용 사례다.

- 만성 질환에 시달리는 한 아이는 동물 인형을 가지고 즉흥적으로 병원 놀이를 하면서 인형들을 구급차에 실어 가는 척했다. 아이는 자기 아빠에게 준 동물 인형들에게 의사, 구급차 운전사, 환자 등 각각 역할을 부여했다. 아이가 전에 겪었던 상황을 재연하고 번갈아가며 환자 혹은 의사가 '되기도' 하며 노는 시간은 현실에서 오는 스트레스를 풀어주는 강력한 배출구가 되었다.

- 부모님이 이혼 절차를 밟고 있는 한 아이는 내 사무실 옆 놀이방 여기저기에 놀이용 '집'을 여러 개 만들었다. 등장인물들은 각자 집이 있었고 베

개와 가구도 갖췄다. 그 여자아이는 가족이 모여 살던 집을 이제 곧 떠나야 하는 걸 미리 연습하듯이 각 놀이용 집마다 침실과 부엌도 만들고 있던 게 분명했다.

- 학교에서 괴롭힘을 당해 힘들어하던 한 아이는 공룡 인형들끼리 싸우게 하며 놀았고 슈퍼히어로가 악당들을 물리치는 모습을 놀이로 연출했다. 놀이에서 슈퍼히어로가 되었을 때 아이는 실제 상황에서 강력한 힘을 갖는다는 게 어떤 의미인지 상상하고 느낄 수 있었다. 힘이 세다는 느낌을 상상하는 일은 아이가 학교에서 느끼는 불안에 대처하고 문제 해결 방법을 머릿속에 그려보고 연습할 기회가 되었다.

- 교통사고에서 살아남은 한 아이는 자동차들이 계속하여 서로 충돌하는 장면과 악몽에 시달리다 잠에서 깨는 장면을 재연하며 놀았다. 그 여자아이는 또한 놀이방을 샅샅이 뒤져 자기가 교통사고를 당했을 때 타고 있던 차량과 비슷하게 생긴 장난감 자동차를 찾아냈다. 아이의 엄마는 놀이 과정에서 그때의 끔찍한 기억이 촉발되어 한 발짝 물러섰고 내게 자기 역할을 대신 맡아달라고 부탁했다. 그건 자기 연민에 의한 결정이었다. 아이는 몇 달 동안 자동차 충돌사고를 재연하는 놀이를 마치고 나서 놀이 주제를 바꿨다. 아이는 놀이를 통해 트라우마를 처리했으며, 이제 그 트라우마는 아이의 마음에서 그렇게 중요한 부분을 차지하지 않았다. 상황이 좋아지자 아이는 전보다 더 잘 잤고 악몽을 꾸지도 않았다.

놀이는 뇌 운동이다

아이들은 자신은 물론 다른 사람을 잘 이해하기 위해 놀이를 통해 여러 역할을 연기하고 재연하고 경험하며 역할을 서로 바꾸기도 한다. 놀이는 창의적인 표현을 키워가는 길인 동시에 여러 문제를 해결하는 길이기도 하다. 놀이는 아이가 다양한 감정을 표현할 공간을 제공한다. 그곳에서는 가상놀이에 등장하는 인물들이 분노, 슬픔, 질투, 기쁨, 돌봄처럼 인간의 모든 경험에서 나타나는 감정을 마음껏 느껴도 괜찮다. 우리는 놀이를 **신경 운동**neural exercise 혹은 **뇌 운동**brain exercise이라 부르기도 한다. 놀이는 아이들이 안전한 상태에서 서로 다른 감각, 느낌과 생각을 처리할 기회이기 때문이다.

아이들은 놀면서 현실 세계에서 맞닥뜨리는 스트레스를 주는 사건과 즐거운 일 그리고 골치 아픈 문제와 관련된 느낌과 생각을 자유롭게 이야기하는 능력을 키운다. 우리는 놀이를 통해 이 능력을 지지하고 강하게 키우길 바란다. 놀이는 어린 시절의 자연어natural language이기 때문이다.

한 가지 잊지 말아야 점이 있다. 놀이가 즐겁지 않거나 놀이 때문에 엄마 혹은 아이의 신체 예산이 고갈된다면 놀이가 별로 도움이 되지 않는다는 것이다. 놀이를 감당할 수 없거나 놀이 주제가 아이의 행동을 촉발하게 하거나 심하게 우려된다면 발달 놀이에 익숙한 아동 전문 치료사를 찾아가는 게 도움이 된다. 놀이가 스트레스를 심화하거나 아이와 엄마 관계를 긴장시켜서는 안 된다.

놀이는 부모와 아이 모두에게 재미있어야 한다. 분석하거나 뭔가를 고치거나 가르치려 들어서도 안 된다. 물론 엄마는 아이와 놀면서 배울 수 있지만, 진정한 놀이의 장점은 아이와 재미있게 놀고, 아이에게 충분한 관심을 쏟으며 자유롭게 놀이 주제를 선택해 즐거운 순간을 함께한다는 것이다. 그것이야말로 아이에게 주는 진정한 선물이다. 특히 우리의 빡빡한 일정과 아이의 학업 성취도를 중요시하는 이 세상을 고려하면 더욱 그러하다.

레오, 미라와 함께 놀기

나는 가족이 함께 노는 모습을 보면서 그 가족에 대해 많은 걸 알게 된다. 미라와 레오의 가족이 노는 걸 봤을 때, 미라와 아빠가 놀이방을 여기저기 탐색하는 동안 레오는 처음엔 머뭇머뭇하며 엄마 옆에 붙어 있었다. 얼마 안 있어 레오도 주위를 둘러보더니 유아용 미끄럼틀을 탔다. 그다음에 레오는 그전에 여러 아이가 카페, 의사 진료실, 동물병원, 학교, 어린이집, 그리고 무엇보다도 시장으로 가장 많이 썼던 커다란 놀이용 집을 탐색했다. 이것이야말로 놀이가 가져다주는 장점이다. 즉, 아이들은 자기가 원하는 방식으로 장난감이나 물체를 만든다. 그러므로 놀이용 집이나 커다란 골판지 상자를 가지고도 무수히 많은 놀이 시나리오를 만들어낼 수 있다.

미라는 그 놀이용 집을 맥도날드 햄버거 가게로 정하고 레오에게 요리사를 맡게 했다. 레오는 그 역할을 기꺼이 받아들였으며 누나가 자기에게 할 일을 줬다는 사실에 아주 기뻐하는 듯 보였다. 미라는 부모님인 앨런과 카밀라에게 손님 역할을 해달라고 했고 그 두 사람은 배고픈 손님 역을 맡아 특별 주문을 하기도 했다. 그들이 얼마나 쉽게 놀이 속 인물로 동화하는지 보자마자 나는 미라와 레오의 가족을 도와주고 아이들에게 자신의 서로 다른 부분, 감정, 걱정과 갈등을 탐색할 방법을 알려주는 놀이의 가능성을 재발견했다.

미라와 레오 가족의 협동과 역할놀이가 잘 이어지다가 그만 파열음이 나고 말았다. 이런 일은 보통 한 타임이 끝나갈 무렵 놀이에 참여한 모든 이들이 마음을 놓고 방심할 때 일어난다. 맥도날드 놀이가 싫증이 난 미라는 방 한쪽 구석을 서성이다 장난감 개구리가 가득 담긴 통을 찾아 자리를 잡고 개구리들을 둥글게 늘어놓았다. 많이 하지도 못했는데 갑자기 달려온 레오가 장난감 개구리를 몇 개 잡아챘다. "레오가 내가 만든 개구리 원을 망쳐버렸어! 레오, 안 돼!" 미라는 크게 소리를 치고 울며 엄마 아빠에게 도와달라고 했다. 부모님이 개입하려 했지만, 레오는 장난감 개구리들을 붙잡고 사무실 저편으로 도망갔다.

이후 진행된 몇 번의 놀이 시간에서도 미라와 레오는 처음엔 같이 잘 놀다가 레오가 엉뚱한 행동을 저지르면 미라는 분노하여 울음을 터뜨리고 부모님에게 도움을 청하거나 화가 나 씩씩거리며 장난감을 다시 빼앗아오는 등 이들 남매의 갈등은 끝이 없었다. 나는 아이들의 부모에게 아이들끼리 문제를 해결하게 놔두자고 조언했고, 아이들 각자의 문제에 더 집중하도록 다음 놀이 시간에는 한 번에 한 명씩 데리고 와달라고 했다.

자기 통제와 형제간의 갈등 해결을 위한 놀이 활용

나는 두 아이 각자의 도전 지대에 주력하여 아이들이 싸우거나 다투는 일보다 더 나은 방법으로 협상해서 문제를 해결할 수 있게 도와주고 싶었다. 내 목표는 남매간 갈등을 없애는 게 아니다. 두 아이가 좀 더 효과적으로 의사소통하여 불만스러운 상황을 더 잘 참고 대화로 해결하도록 도와주는 것이었다. 미라와 레오는 발달 차이가 너무 컸으므로 레오는 상향식 놀이 접근법, 미라에게는 하향식 문제 해결 접근법으로 시작했다.

레오의 경우: 다양한 감정을 느끼고 참을성을 키울 기회

미라가 없을 때 레오는 훨씬 더 협조를 잘했다. 그럴 만도 했다. 레오의 부모님은 잘 놀아주었고 누나처럼 스트레스를 주거나 경쟁을 유발하지 않았다. 레오가 건전한 도전 지대로 좀 더 나아가도록 나는 레오의 부모님에게 놀이 치료법을 지도했다. 이렇게 좀 더 직접적인 형태의 놀이에서 레오의 놀이 주제를 확장하고 즐겁게 놀면서 좀 더 다양한 감정을 느끼고 참을성을 키울 수 있게 하라고 주문했다.

레오는 개구리 장난감이 담긴 통을 가지고 노는 걸 좋아했으므로 나는 레오의 엄마에게 그의 형제 혹은 또래 친구 역할을 맡으라고 하여 레오에게 조금씩 스트레스를 주면서 놀이를 확장하게 했다. 레오가 맡은 역할이 아기 개구리라면 엄마는 누나 개구리가 되었다. 레오가 아빠 개구리를 하겠다고 하면 엄마는 아기 개구리가 되었다. 나는 레오의 엄마에게 그가 자기 통제력을 키울 수 있도록 레오에게 장난스럽게 접근해보라고 지도했다. 놀이하는 동안 레오는 역할을 서로 바꿀 수 있었다.

레오가 아기 개구리를 하겠다고 하면 엄마는 누나 개구리가 되어 레오가 맡은 개구리에게 장난치며 은근히 약을 올렸다. 예를 들어 누나 개구리는 아기 개구리의 가짜 음식을 훔쳐 도망쳤다. 이렇게 하자 레오는 안전하고 재미있게 상황에 대처할 자기 조절력을 발휘했다. 레오에게 도움이 필요하면 엄마와 내가 코치 역할을 하면서 레오가 역할을 바꾸도록 도왔다.

처음 몇 번 놀이를 할 때 엄마의 개구리 장난감이 레오의 개구리에게서 뭔가 빼앗아갈 때마다 레오는 그걸 다시 움켜잡고 가져오거나 엄마의 개구리 장난감을 공격했다. 하지만 세 번째 놀이 시간에서 엄마가 맡은 개구리 장난감이 레오에게 다르게 반응하도록 부드럽게 유도했다. "나한테 할 말이 있니? 귀여운 개구리 동생아?" 엄마가 레오의 개구리를 바라보며 물었다. "응" 개구리 역할 연기 중인 레오가 대답했다. "내 개구리 음식 가져가지 마!" 성공이었다! 레오는 행동이 앞서지 않고 말로써 해결책을 마련했다. 그건 유아들에게 큰 진전이다. 레오가 맡은 개구리는 자신을 옹호했으며 규칙을 어긴 개구리에게 그렇게 하지 말라고 했다. 본질을 살펴보면 레오는 현실 세계의 누나를 상징했고 레오는 집에서 벌어지는 문제 상황을 가상놀이를 통해 반복 연습할 수 있었다. 그리고 놀이하는 동안 통제력을 발휘하여 자기 자신을 통제할 수 있었다. 이렇게 놀이를 하면 아이들은 자신감이 솟고 그 힘을 온몸으로 느낀다. 그러니 아이들이 놀이를 좋아하는 건 당연하다!

이 접근 방법은 레오가 누나의 장난감을 빼앗아 도망갔을 때 부모님이 했던 조치보다 훨씬 더 효과가 좋았다. 예전에 부모님은 레오를 혼내거나 반성하라며 타임아웃 장소로 보냈다. 레오는 놀이를 통해 역할을 바꿔보고 서로 다른 접근 방법을 시도해보며 자신을 옹호할 수 있었다. 놀이는 레오에게 좌절감을 참는 힘과 사회성 문제 해결 기술을 경험하고 성장시키는 기회가 되었다. 놀이는 말을 사용하는 근육을 움직이게 하고, 감정 조절을 향상시키는 자연스럽고 발전적인 방법이었다. 놀이할 때 재미있고 위협적이지 않은 방식으로 침착함이나 불안한 마음의 정도를 서로 다르게 설정한 여러 시나리오로 실험하여 연습할 수 있었기 때문이다.

미라의 경우: 하향식 이해력과 상향식 감정 표현 개발

레오의 누나인 미라는 놀이에 아주 능숙했다. 부모님과 나와 함께 노는 동안 미라가 보여준 상호작용은 복잡하고 어딘지 모르게 미묘했으며 굉장히 발달해 있었다. 미라는 엄마나 선생님이었다가 아이나 아기 역할도 하는 등 역할을 능숙하게 바꾸기도 했다. 미라가 맡은 인물들이 놀이에서 유연한 모습을 보인 건 놀라운 일이 아니었다. 미라는 상황을 통제하길 즐겼고 교사나 부모 역할을 좋아해서 놀이에 등장하는 아이들을 상냥하게 가르쳤으며, 안전하고 위협받지 않는다고 느낄 때는 자신을 잘 통제하는 모습이었다.

그렇지만 미라는 부모님과 잘 놀았어도 남동생에게만큼은 문제해결력을 발휘하는 데 어려움을 겪었다. 이 사실로 봐서 나는 레오가 미라에게 대들거나 미라의 물건을 빼앗을 때처럼 골치 아픈 상황이 생길 때 발생하는 상향식 감정을 하향식으로 이해하는 방법을 미라가 배우고 실천할 시기가 되었다는 걸 알 수 있었다. 우리가 준비하던 작업은 어려운 도전에 대처하고 내부 갈등을 해결하기 위해 갖춰야 하는 강력한 도구를 미라도 개발하도록 도와주는 일로 바뀌었다. 즉, 우리의 생각을 이용하여 감정, 태도와 행동을 변화시키는 것이다. 부모라면 아이들이 행동하기 전에 자기가 하려는 행동을 생각해보고 부모의 양육 방식과 일치하며 그렇게 결정을 내린 합당한 이유를 갖길 바란다. 우리는 아이들이 몸에서 보내오는 신호를 이해하고 자신의 감정으로부터, 또 그 감정에 관해 배울 수 있는 모든 걸 제대로 인식하도록 아이들의 하향식 사고를 키워줘야 한다.

멋지고 커다란 문제 해결 도구상자 만들기

아이들이 문제 해결 방법으로 여러 가지를 생각해낼 수 있으면, 살면서 맞닥뜨리는 다양한 문제에 더 많은 해결책으로 맞설 수 있을 것이다. 우리는 아이가 삶의 문제를 해결할 도구들을 상자에 한두 개가 아니라, 가득 넣어두길 바란다. **아이가 자신만의 도구상자를 만들 수 있게 부모가 도와주는 방법은 바로 자신의 신경계와 친해지게 하는 것이다.**

6장에서 신체 내부의 감각을 느끼는 내수용감각 지각력에 관해 설명했다. 우리는 '감정이란 자기 주위의 세상에서 일어나는 일과 관련하여 신체 감각이 의미하는 바를 뇌에서 만들어내는 것'이라는 사실을 알게 되었다. 한 가지 덧붙이자면 연구원들은 이러한 신체 내부 감각 인식을 연결하면 감정 조절을 더 잘할 수 있다는 의견을 피력한다. 엄마와 아이가 엄마의 신체 감각을 더 잘 인식한다면 엄마는 정서, 정신 건강을 다른 이들보다 더 잘 지켜나갈 것이다.

이제 우리는 부모뿐만 아니라 아이의 정신적·육체적 건강을 지켜줄 완전히 새로운 방법을 알았다. 신체와 뇌를 동시에 고려하여 아이를 키울 수 있게 된 것이다. 이 개념은 기존의 감정과 행동의 개념을 재정의한다.

나는 이런 육아법이 이론화되거나 신경과학 분야에서 인기를 얻기 훨씬 이전부터 멘토들로부터 가르침을 받을 수 있어 운이 좋았다. 앞에서 언급했듯이 내가 여러 분야에 걸쳐 배운 내용은 아이가 감각계와 운동계를 통해 어떻게 세상을 인지하는지 알기 위해 양육 관계를 활용하자는 데에 기반을 두고 있었다. 임상 실습에서 내가 알아낸 사실은 오늘날 연구원들이 감정에 관한 사고 분야에서 내수용감각과 그 역할을 연구하며 발견하고 있는 내용이다.

아이의 신체 감각 지각력을 발달시키는 방법

마음의 여유를 가져라

아이의 신체 감각 지각을 발달시키는 첫 번째 방법은 마음의 여유를 갖고 아이와 함께 주변 환경에 주의를 기울이는 일이다. 이 일은 어른들보다 아이들이 더 잘 받아들인다. 잠시 여유가 있고 '녹색' 경로에 들어온 기분이라면 아이와 함께 자리에 앉아 아이가 하자는 대로 따라라. 아이들은 우리가 당연히 여기는 현상에도 매우 놀라워하는 경향이 있다. 자연은 우리와 공존하며 자기를 알아봐 주기를 원한다. 나무와 나뭇잎, 꽃이나 풀이 많은 곳 근처에 산다면 아이와 산책하거나 자리에 앉아 아이가 무엇에 주목하는지 보라. 주변에 자연이 없다면 보도의 갈라진 틈 사이로 자라는 잡초를 찾아내거나 구름이 뭉게뭉게 피어오르는 모습을 관찰하는 일도 놀랍다.

한 아이는 나와 함께 길옆에 앉아 개미들이 기어 다니는 걸 구경하기 좋아한다. 어느 날 아침 그 아이는 내게 개미들을 보라며 손으로 가리켰고, 우리는 꼼짝 않고 나란히 앉아 서로의 존재를 의식하며 개미들을 구경했다. 이렇게 뭔가에 몰입하는 경험을 하면 내수용감각 지각력의 기반을 형성할 수 있다. 아이가 무엇에 관심을 기울이는지 알아보라. 아이를 간섭하지 말고 그대로 두어라. 아이들은 자연에서 경외심을 느낀다. 우리가 해야 할 일은 바로 그 순간 아이와 함께 있는 것이다. 그 과정에서 우리는 자기 자신에 대해 더 많이 인식하게 된다.

모델링하라

아이의 신체 감각 인식을 발달시키는 데 도움이 되는 또 다른 방법은 아이에게 구체적으로 모델링하여 그것을 설계해주는 것이다. 엄마의 경험을 아이에게 이야기해주면 매우 효과적이다. 자기 관찰을 가족의 대화 주제로 포함하라. 어떤 감각이 느껴질 때 가능하다면 그걸 기분이나 감정 상태 혹은 감정과 연결해보라. 그렇게 하면 엄마가 어떤 경험이나 신체 감각을 특정 단어와 연관 지어 몸과 마음을 연결하는 걸 아이가 직접 보고 배우게 된다. 우리의 목표는 결코 우리가 가진 두려움이나 걱정거리로 아이들에게 부담을 주자는 게 아니다. 끊임없이 변화하는 세상에 대한 우리의 반응을 관리할 때 감각과 감정은 가까운 동맹 같은 존재라는 걸 보여주려는 것이다. 엄마가 이렇게 하는 데 익숙하지 않다면 엄마 자신의 정서적 건강을 먼저 돌본다. 엄마와 아이 둘 다에게 도움이 될 것이다!

몇 가지 사례를 들여다보자.

- 아이들을 자동차 뒤에 태우고 운전하던 중 요란한 사이렌을 울리는 소방차가 어디선가 나타나 가까이 다가왔다가 지나쳐 간다. 먼저 그 감각을 엄마의 신체 반응과 연결하라. "저 시끄러운 사이렌 소리가 신경 쓰이네!" 그리고 아이에게 질문하라. "넌 어때?" 혹은 "저 소리를 듣고 기분이 어땠니?" 아이는 당신 말에 호응하여 어떤 감각, 감정 혹은 그 두 가지 모두에 구체적인 이름을 붙여 엄마에게 말해줄 수도 있다. 아이가 동조

하지 않아도 괜찮다. 그다음으로 엄마는 그 신체 감각을 성공적으로 조절한 감정과 연결할 수 있다. "난 조금 무서웠지만, 이젠 소방차가 지나갔으니 기분이 다시 괜찮아졌어." 이렇게 말함으로써 방금 아이들을 위해 감각이 느낌을 거쳐 감정으로 가는 과정을 모델링하여 구체적으로 보여주었다.

- 초대받은 손님들이 집에 저녁을 먹으러 도착하기 직전에 엄마가 음식을 태워버렸다. 감각을 의식하게 한 이 사건을 구체적인 말로 표현한다. "이런, 뭔가 타는 냄새가 나는걸." 그리고 이런 상황에서도 엄마가 여전히 씩씩하고 유연하게 그 순간의 생각을 구체적으로 모델링해주는 회복탄력성을 계속해서 발휘할 수 있다면 아이에게 이렇게 말해보라. "상상력을 최대한 발휘해서 다른 요리를 만들어야겠다. 냉장고를 샅샅이 뒤져서 먹을 만한 게 있는지 알려줄 사람?"

- 슈퍼마켓 옆에 주차하려고 주차 공간을 기다리던 중 다른 차가 슬그머니 다가와 얌체같이 그 자리를 빼앗는다. "이런, 내가 이렇게 오랫동안 기다렸던 자리인데. 심장이 쿵쾅거리는구나(엄마의 기분을 정확히 묘사하는 다른 말로 대체해도 된다). 화가 막 나려고 해"라고 말하며 그 감각을 감정과 연결한다. 그다음 "이런 일은 언제든 생길 수 있어. 난 잠시 숨 좀 돌리고 몸을 진정시켜야겠다"라고 말하며 자기 조절을 모델링해서 보여준다.

몸속 감각 인식 과정과 긍정적이거나 혹은 부정적인 감정 수용 과정을 구체적으로 모델링하면 아이의 정서 지능을 높일 뿐만 아니라 아이도 엄마와 똑같은 경험을 하도록 매우 강력한 지침을 제공할 수 있다. 아이들은 부모처럼 되고 싶어 한다. **엄마가 자신의 경험을 자기수용적감각으로 말하는 것은 아이들에게 엄마의 유연한 태도와 회복탄력성을 구체적으로 모델링하는 것을 보여주는 것과 같다.**

모델링에 덧붙여 아이가 감각을 감정과 연결하는 걸 도와주는 질문도 친근하게 할 수 있다. 예를 들어 아이가 수업 시간에 발표할 일이 있을 때 초조해하거나 속이 울렁거린다고 말하면 그런 감정은 아이의 몸이 발표할 준비를 하도록 도와주는 신호라고 말해줄 수 있다. 우리는 아이가 신경계의 감각을 자신이 어떤 일을 성취하도록 준비시키기 위해 제 역할을 하고 있다는 신호로 재구성하도록 도와줄 수 있다. 그러면 아이들은 감정 조절에서 한발 앞서가게 된다!

아이의 플랫폼이 변하기 시작하는 조짐이 보이면 아이에게 "아가, 네 몸 안에 뭔가 느껴지니?", "네 몸, 그러니까 배, 심장, 머리 혹은 몸속 어떤 곳이든 어떤 느낌이 전해지니?" 같은 질문을 하여 아이들이 자신의 몸에 주의를 기울이도록 할 수 있다. 감정의 핵심에 도달하기 위해 혹시 몸속 어딘가에서 아이에게 '말을 걸고' 있는 곳이 있는지 물어보라. 만일 아이가 그 감각을 알아차릴 수 있다면 그것이 아이에게 기분 좋거나 불쾌하게 느껴지는지도 알아내면 유용하다. 아이가 느끼는 감각이 '걱정되는', '불안한', '무서운' 혹은 '슬픈'처럼 감정을 나타내는 단어로 심화해 분류할 수 있는지 알 수 있다.

자신의 감정을 인식시키는 연습

아이들이 자신의 플랫폼 상태를 관찰할 수 있으면 자제력과 자기 조절을 할 수 있다. 다시 한번 말하지만 하던 걸 멈추고 부모 자신과 아이들을 관찰하는 것이 공동 조절하는 비결이다. 많은 부모가 아이 혼자 힘으로 자신을 조절할 수 있기를 바란다. 우리의 목표는 아이가 조절 상태에서 벗어날 때 자신의 도구상자에 들어 있는 도구를 사용하거나 새로 추가하여 어떻게 다시 자기 조절을 하는지 섣불리 판단하지 않고 스스로 알아차리게 도와주는 데 있다.

우리 사회는 부정적인 감정, 파괴적이거나 '관심을 구하는' 듯한 행동에 대해 대부분 눈살을 찌푸린다. 그때마다 아이들은 자신이 비난받는다고 느끼기 일쑤다. 교사들은 긍정적으로 생각하고 말을 잘 듣는 아이에게는 환하게 웃는 얼굴이 그려진 스티커로 보상하지만, 말을 잘 듣지 않는 아이는 별도로 관리하거나 아이의 부모에게 신경 써달라는 내용의 메모를 보낸다. 또한 부정적인 감정, 그리고 자원이 고갈된 신체 예산과 그로 인해 불안해하고 의욕을 잃었거나 오해 때문에 발생하기 쉬운 신체 움직임에 대한 편견이 있다. 위협을 인지하고 안전감지 시스템이 작동할 때 우리를 보호하려는 '부정적인' 행동과 뇌-신체 연결을 통합하여 바라보고 이해하려는 노력이 부족한 교사와 일반인이 너무 많다.

아이에게 기분이 어떤지 엄마가 대신 말하지 말고 물어보라. 아이가 대답하지 못하면 아이가 어떤 기분일지 생각해봐도 좋다. 아이에게 공감하고 또 그 상황의 강도에 맞는 감정을 느끼며 지금 무슨 일이 일어나는지 알아차려라. 그다음으로 일방적으로 판단하지 말고 열린 태도로 긍정적이든 부정적이든 느낌이나 감정을 있는 그대로 환영하고 받아들여라. 이렇게 해서 아이가 자신의 다양한 느낌과 감정을 인식하고 수용하면 자신에 대한 연민의 감정을 키울 수 있다.

아이에게 기분이 어떤지 물었을 때 아이가 감정을 묘사하는 단어를 써서 대답할 수 있으면 아주 좋다. 일단 단어 하나를 써서 대략적인 감정 상태를 말할 수 있으면, 아이는 감정을 자세하게 표현하는 어휘를 조금씩 더 늘려갈 수 있다. 예를 들어 처음엔 "난 기분이 안 좋아요"라고만 표현하다가 나중에는 좀 더 정확하고 미묘한 뜻을 살려 "난 무서워요(난 슬퍼요, 혹은 화가 났어요)"라고 말할 수 있다(5장에서 우리는 이것을 '감정 입자도'라고 불렀다). 그렇게 아이의 감정 표현이 풍부해지면 아이의 속마음이 어떠하며 어떤 일에 직면해 있고 무슨 문제를 해결하고 싶어 하는지에 대해 대화를 나눌 수 있다.

아직 감정을 단어로 연결해 표현하지 못하는 아이들도 도와줄 방법이 있다. 한 가지는 엄마의 경험에서 나온 중립적이면서도 간단한 사례를 알려주며 아이를 격려하는 것이다. 예를 들어 아이가 질투한다는 생각이 들면 "그게 너한테 어떻게 느껴지는지 알고 싶구나. 엄마가 어렸을 때 남동생이 내 장난감을 가져가는 일이 많아서 굉장히 경계했던 기억이 나네"라고 말해보라. 아이와 한 편이 되어 아이가 느끼는 감정을 일반화해주면 아이가 깊이 공감하고 마음을 여는 데 도움이 될 수 있다. 만일 아이에게 도움이 필요해 보이면 "넌 몹시 화가 났어"라고 말하지 말고 좀 더 다정하게 표현해보라. "네 기분이 어떤지 알고 싶구나. 넌 그것(그 상황) 때문에 슬픈(화가 났거나 불만스러운) 게 아닐까?"

미라의 부모님은 감정에 이름을 붙이는 일이 중요하다고 어디선가 읽은 적이 있었지만, 미라에게 화를 내고 있거나 속상해한다고 지적하자 그녀는 발끈하여 자신을 방어했다. 예를 들어 엄마가 "오, 그래. 남동생이 널 화나게 했구나"라고 하면 미라는 더욱 화를 내며 "난 화나지 않았어!"라고 대꾸하곤 했다. 아이들이 자신의 감정을 정확하게 표현하도록 도와주는 건 좋은 생각 같아 보이지만, 만약 아이들이 기본적인 신체 감각을 풍부하게 표현하는 감정 단어와 연결할 수 없거나 부정적인 감정을 수치스럽게 여긴다면 오히려 역효과를 내고 아이를 더욱 불안하게 할 수 있다. 특히 서양 문화권에서 특정 감정은 부정적인 의미를 내포한다. 아이들이 자신의 몸, 감정 그리고 기분이 어떤지에 대해 스스로 결론을 내리게 한다. 이제부터 그 방법을 알아보자.

문제를 언어로 표현하도록 돕는 연습

아이들이 투쟁 혹은 도피 반응에 빠지지 않고 사회적 관계를 원만히 유지할 수 없을까? 그러기 위해서는 아이가 자신의 신경계를 이해하는 것이 먼저다. 우리는 아이의 플랫폼과 해결책을 만들어내기 위한 언어 표현을 개발하는 걸 도와줘야 한다. 우리는 무엇을 해야 할까?

나는 3장에서 배웠던 색상별 경로 개념을 활용하여 아이들에게 신경계를 가르치는 것은 추천하지 않는다. 이런 개념은 어른에게는 도움이 되지만 아이들에게는 그렇지 않다. 교육자들이 아이들의 행동을 추적 관리하거나 아이들에게 행동 조절법을 가르치겠다고 행동 차트 등에 색상을 너무 자주 사용하기 때문이다. 일부 사례를 보면 아이들은(혹은 교사들은) 동그란 점 모양의 스티커를 차트 위 자기 행동에 해당하는 색상에 붙인다(예: 녹색=착한 행동, 노란색=그리 좋지 않은 행동, 적색=나쁜 행동). 불행하게도 이러한 색상 차트는 시각적인 위협이 되어 좋지 않은 행동 스티커를 많이 받은 아이들은 자신의 행동 특징이 '좋지 못하면' 친구들 앞에서 창피를 당할까 봐 걱정하여 스트레스가 증가하는 경향이 있다. 3장에서 설명한 자율 경로 색상 상징은 행동 차트와 관련이 없다. 우리는 아이들이 부끄러워하지 않고 침착하게 모든 느낌과 감정을 바라보길 바란다. 느낌이나 감정 다 조정 가능하기 때문이다.

아이들이 경험을 개인화하고 삶의 어려운 문제에 직면할 때 몸에 나타나는 모든 방식을 제대로 인식하도록 도와주기 위해 나는 다른 방법을 제안한다. 그것은 아이들이 자신의 신경계와 그것이 자신을 어떻게 보호하는지 올바르게 인식하는 데서 시작한다. 그리고 아이들이 직접 수행한 자기 평가, 즉 어떤 방법이 자기에게 효과가 있는지에 근거하여 해결책을 체계적으로 준비하도록 아이들을 도와준다. 그렇다고 화려한 미사여구로 알려줄 필요는 없다. 아이들이 스스로 단어를 선택해 표현하게 한다.

아이에게 신경계에 대해 처음 알려줄 때 다음에 나오는 대본을 일반 지침으로 활용해보자. 물론 아이의 발달 정도, 언어 표현 수준과 이해도에 맞춰 대본 내용을 수정해도 된다. 종이와 크레용 혹은 마커를 준비하여 아이가 지금 무엇을 경험하고 있는지 그림으로 그리거나 글로 쓰도록 하여 학습적인 측면을 강화해도 좋다. 그리고 아이에게 익숙한 표현을 사용하도록 일부 표현을 조정해도 괜찮다.

몸의 신호를 아이 스스로 인식하게 하는 방법

아이에게 다음과 같이 이야기해보자.

"몸에서 생기는 느낌과 기분은 우리 몸이 자신을 보호하고 건강과 균형을 유지하게 도와주는 방식이란다." 그다음 아이 혹은 엄마가 최근에 겪은 스트레스 사례와 마음이 진정되었던 사례를 든다. "지난주에 우리가 네 축구 연습에 늦었을 때 내 목소리가 얼마나 컸는지 기억나니? 그건 네 잘못이 아니야. 엄마가 스트레스를 받아 힘들어서 목소리에도 다 티가 났어. 마음의 여유를 갖고 좀 쉬어야 한다는 신호였어." 혹은 "지난번에 같이 쿠키 굽고 영화 봤던 때 기억나니? 넌 그때 굉장히 행복하다고 말했지."

"우리의 몸은 서로 다른 방식으로 느끼고, 그것들은 모두 유용하고 중요해. 몸과 마음이 느끼는 세 가지 주요 방식에 대해 생각해보자. 몸이 평온하다고 느끼면 우리도 행복하고 편안하며 안전하다고 느낀단다. 이런 순간에 다른 사람들과 재미있게 놀고 싶어질 때가 많아. 너도 이렇게 느낀 적이 있을 텐데 이야기해줄 수 있어? 넌 그때 뭘 하고 있었니? 네가 평온하고 편안하며 안전하다고 느낄 때 네 몸과 마음을 설명하는 단어를 한두 개 정도 떠올릴 수 있겠니?" 시간을 충분히 주고 난 뒤 아이가 그 단어를 종이에 쓰거나 그림으로 그리고 싶어 하면 아이에게 그게 무엇인지 알려달라고 하라.

"이제 인간이 느낄 수 있는 또 다른 방식에 관해 이야기해보자. 우리는 속이 울렁거리거나 화를 내거나 무섭고 분노가 치밀거나 아니면 무작정 빠르게 달리고 싶거나 몸을 마구 움직이고 싶은 생각이 들 때가 가끔 있단다. 이런 느낌이 들면 다른 사람을 때리거나 밀치거나 나쁜 말을 하는 것처럼 예기치 못한 행동을 해서 나중에 후회하기도 해. 자신도 깜짝 놀라게 하는 말이나 행동을 할 수도 있어. 넌 속이 울렁대거나 화가 나거나 아니면 어떤 물건이나 사람에게서 도망가고 싶을 때 네 몸과 마음 상태를 단어로 표현할 수 있겠니?" 아이가 떠올린 단어를 다시 한번 쓰게 하거나 그림으로 그리게 하라.

"인간이 느낄 수 있는 또 다른 방식이 있단다. 우리는 슬프거나 외롭고 마음이 약해질 때가 있어. 이럴 때면 별로 몸을 움직이고 싶지 않고, 친구나 가족과 같이 함께하거나 심지어 재미있는 일에도 흥미가 사라져. 거의 움직이기 힘들어 몸이 '얼음처럼 꽁꽁 얼어붙은' 듯이 느껴질 때도 있어. 너도 그럴 때가 있었니? 몸이 느려지고 기분이 축 가라앉기도 하고, 다른 사람들과 놀거나 같이 있고 싶지 않을 때 네 몸과 마음 상태를 단어로 표현해볼 수 있겠니?" 아이에게 그 단어를 쓰게 하거나 그림으로 그려보도록 하라.

이제 아이에게 자유롭게 생각할 시간을 준다. 엄마는 다음과 같은 말을 꺼내어 아이의 신경계가 서로 뒤섞였다는 결론을 서둘러 내리고 싶을지도 모른다. "우리는 두렵거나 부끄럽거나 당황해도 겉으로 괜찮은 척할 때가 있단다. 마음속으로는 정말 힘든데도 말이야. 너도 그렇게 느껴본 적 있니? 또 뭐가 있더라? 네 몸의 다른 느낌도 말해줄 수 있니?" 인내심을 가지고 자연스럽게 대화가 흘러가게 하라.

자기 조절에 이르는 경로

세상에 대한 몸의 반응을 아이가 이해하면 더 심오한 일도 해낼 수 있다. 즉, 아이는 엄마와 함께 혹은 혼자 힘으로 문제를 해결하는 법을 연습할 수 있다. 아이가 자신의 플랫폼이 취약해지는 걸 인지할 수 있으면 자립심을 새롭게 키울 수 있다.

아이의 자립심을 키우는 데는 여러 방법이 있다. 엄마가 어려운 문제에 직면하거나 실수했을 때 자기 자신을 따뜻하게 연민하는 모습을 아이에게 보여주는 것도 방법이다. 우리가 배운 한 가지 방식은 엄마가 문제를 해결하고 엄마로서 인생의 불가피한 우여곡절에 직면할 때 다양한 방면에 걸친 자기 인식 그리고 자기 자신의 내적 감각에 대한 존중을 구체적으로 모델링하는 것이다. 우리는 인간으로서 느끼는 다양한 감정, 즉 침착하며 평정심을 유지하는 상태, 크나큰 감정을 감당하지 못해 당장 움직여야 하는 상태, 의욕을 잃은 상태 그리고 이 모든 상태의 중간쯤에 있음을 알아차리고 인식할 수 있다는 사실을 아이에게 보여줄 수 있다. 그러면 아이는 이 모든 건 인간이라면 당연히 느낄 수 있으며 나쁘거나 좋다고 판단하는 대상이 아니라 우리의 몸이 스스로를 보호하느라 필연적으로 발생하는 방식이란 걸 알게 된다. 4장에서 논했듯이 우리는 갑자기 분노를 표출했을 때 이를 바로잡고 사과할 수 있다. 예를 들어 아이에게 오늘 하루 어땠는지, 몸 상태가 변하는 걸 느꼈을 때 어떻게 했는지 물어보는 등 기본적인 대화를 나눠 아이가 감정 조절 방법을 배우게 할 수 있다. 그 과정에서 아이의 자기 조절력과 문제해결력이 길러진다.

설득하기와 문제 해결

미라가 감정을 분명히 표현하도록 부모님이 함께 작업한 후 그녀는 자신의 강한 감정을 표현한 그림 몇 장을 가지고 왔다. 미라는 종종 강렬한 감정에 휩싸여 여기저기 돌아다니고 싶어 했다. 특히 수업을 마치고 집에 왔을 때 자기를 쫓아다니는 레오에게서 도망치는 걸 아주 좋아했다. 가끔 미라를 폭발할 것처럼 극도로 흥분하게 하여 시끌벅적한 투쟁 혹은 도피 반응을 일으킬 때를 표현할 단어를 하나 골라보라고 하자 미라는 '폭죽'이라는 단어를 골랐다. 빨간색과 주황색 소용돌이로 가득 찬 미라의 그림을 보니 그 감정을 이해할 수 있었다. 슬프고 외롭고 활기가 없을 때를 묘사한 그림을 보여줬을 때는 '달팽이'라는 단어를 사용했다.

미라가 마지막으로 보여준 그림은 평온하고 안락하며 안전한 장소였다. 미라는 그걸 '피크닉'이라고 불렀다. 그림에는 가족 네 명이 잔디밭에 앉아 있었고, 쿠키가 담긴 접시가 사방에 놓여 있었다. 미라는 좋아하는 공원에서 가족과 함께 시간을 보낼 때 가장 행복한 느낌이 든다고 했다. 미라의 부모님은 그 말을 듣고 미라가 사실 남동생을 사랑하며 그가 (물론 가끔은 짜증 나게 할 때도 있지만) 미라의 삶에 없어서는 안 될 중요하고 긍정적인 한 부분이라는 사실을 알자 안도하는 표정을 지었다.

미라 같은 아이가 자신의 플랫폼이 변화하는 여러 방식을 설명하는 법을 잘 알게 되면 우리는 그 아이의 문제해결력 개선을 도와줄 수 있고 8장에서 소개한 '공감하고 반응하라' 기법을 좀 더 활용하여 아이가 자신만의 해결책을 찾아내도록 격려할 수 있다.

공감하라. 힘들어한다는 걸 잘 알고 있다고 아이에게 알려준다. 현실을 인정하며 방어적이 되기보다는 사려 깊게 반응할 기회를 주어 아이와 정서적인 관계를 공고히 맺는다. 이 일은 아이를 지지한다는 뜻을 암묵적으로 담은 침묵만큼이나 간단한 방법일 때가 있다. 그리고 관찰한 아이의 문제나 이슈에 관심을 기울이고 아이의 생각을 좀 더 유연하게 하며 아이의 도구상자에 도구를 더 채워서 여러 문제를 해결하려 애쓰는 아이에게 가능한 해결책을 여럿 생각해낼 기회를 준다.

다음은 한 상담에서 미라가 문제를 해결하도록 부모가 도와준 사례다.

아빠가 미라에게 말했다. "레오가 쏜살같이 네 학습지를 빼앗아 도망가는 걸 봤어. 이럴 수가!" 그다음 아이가 뭐라고 말하는지, 그 사건이 아이에게 어떤 영향을 주는지 지켜보며 기다린다. 아이는 자기 말이 옳다는 게 증명되었다고 생각하는가? 아이 표정은 이렇게 말하고 있는가? "네, 맞아요. 아빠 제 편이군요."

아빠가 그 말을 하자마자 미라는 깊이 공감하며 밝은 표정으로 소리쳤다. "맞아요! 레오는 내 가방만 보면 빼앗아가려고 해요!"

다음으로는 아이에게 무슨 일이 있었는지 설명해달라고 한 뒤, 아이가 직접 자세히 설명하도록 격려한다. 공감을 확장하여 아이가 생각하는 과정에 부모도 참여해 그게 어떤 느낌이었는지 아이 스스로 말할 기회를 준다. 아빠는 "그 일은 너에게 어땠니?" 혹은 "네 몸속에서는 어떤 느낌이 들었니?"처럼 단순한 개방형 질문을 할 수 있다.

아이가 단어를 사용하거나 그림을 그려서 느낌이나 기분을 설명한다면 아빠는 드디어 아이가 감정에 이름을 붙이도록 돕는 일에 성공했다. 어쩌면 아이는 아빠와 함께 생각해낸 그 특별한 단어를 감정에 이름을 붙이는 연습에 사용할 것이다. 화가 나요, 불만스러워요, 행복해요, 엄청 신이 나요, 슬퍼요, 뜨거워요, 쑥스러워요, 무서워요 등의 어떤 단어든 쓰게 된다면 아이는 사람을 때리거나 물건을 빼앗아가는 것처럼 몸을 쓰지 않고 이제는 자신의 감정을 전달하며 의사소통할 수 있다. 아이가 사용하는 단어가 정제되지 않은 감정을 나타낸다고 해도 괜찮다. 우리는 아이들이 그런 감정도 단어를 사용해 받아들이도록 도와야 한다.

아이가 단어를 떠올리지 않거나 설명하지 않아도 괜찮다. 아이는 표정으로 나타낼 수도 있으며 부모가 그걸 보고 공감해도 된다. 적절하다고 생각된다면 감정을 나타내는 단어 몇 가지를 제안한다. "아까 그 일 때문에 불만스러웠니? 아니면 몹시 화가 났니?" 그다음 아이가 어떻게 반응하는지 보라. 아이들의 감정이 어떻다고 우리가 대신 정의를 내리면 아이는 방어적으로 변하거나 더 불안해할 수도 있으니 가볍게 진행한다. 그리고 아이가 겪고 있는 것을 좀 더 구체적으로 표현하도록 돕는다. 아이가 자신의 경험을 묘사할 어휘를 늘리도록 도와라. 예를 들어 아이가 "토할 거 같아요"라고 말한다면, 이건 좀 더 구체적으로 아이가 아프다는 뜻인가, 화가 났는가, 좌절했는가, 당황했는가, 죄책감을 느낀다는 말인가? **단어가 좀 더 구체적일수록 아이의 감정 입자도는 더 좋아지고 감정을 표현하는 도구상자는 더 커진다.**

다음으로 아이가 질문의 의미를 성찰하여 미래를 위해 적극적으로 문제를 해결하도록 이끈다. "다음에는 어떻게 할지 궁금한데?"라고 말해보라. 아이가 해결책을 하나만 생각하는 것 같거나 부모 생각에 차선책으로 판단된다면 아이를 대신해 말하지 말고 "이 상황에 도움이 될 만한 게 또 뭐가 있을까?"처럼 성찰을 유도하는 질문을 한 뒤 인내심을 갖고 아이가 다른 각도에서 상황을 바라보도록 도와준다.

아이들은 혼자 힘으로 생각해낸 해결 방안을 실천해보려고 한다. 아이가 먼저 도와달라고 하거나 스스로 문제를 해결하는 데 몇 가지 제안이 필요하지 않은 이상, 부모가 먼저 나서서 해결 방안을 알려주지 않는다. 아이와 함께 문제를 해결하는 게 좋다.

문제 해결을 위해 자신의 마음을 활용하기 시작한 미라

우리는 한 상담에서 레오가 미라의 물건들을 가져갔을 때 미라가 무엇을 할 수 있는지 그녀에게 그 방안을 떠올려보게 했다. 미라는 관찰력과 자신이 만든 감정 도구를 활용하여 감정을 조절하는 방법을 알고 있었으므로 '폭죽'이나 '달팽이'가 연상되는 경험을 했을 때 자신의 감정과 느낌을 조절하기 위해 혼자 힘으로 무엇인가를 해야 했다. 다시 말해, 미라는 문제에 대한 자신만의 해결 방안을 생각해냈다. 협력적이고 선제적인 문제 해결 방법 모델Collaborative and Proactive Solutions(CPS) model의 설립자인 심리학자 로스 그린은 부모가 아이의 의견을 듣고 서로 협동하여 문제를 함께 해결하기 위해 적극적으로 아이와의 유대 관계를 형성하라고 권유한다. 미라의 사례에서도 그랬듯이 아이에게 문제를 해결해달라 부탁하고 문제에 대한 아이의 생각을 듣기만 해도 도움이 된다.

그 이야기를 듣자 우리는 미라가 동생과의 문제를 어떻게 하면 적극적이고 선제적으로 해결할지 고민하고 있었음을 알았다. 부모는 미라의 창의적인 생각을 칭찬했고, 미라가 새로운 도구를 더 확보하고 부모가 자기편이 되어주자 몇 주, 몇 달 후 남매간의 갈등은 눈에 띄게 줄어들었다. 그렇다고 동생과 싸움이 완전히 그쳤다는 뜻은 아니다. 내가 미라의 부모에게 설명했듯이 우리의 목표는 갈등을 없애버리는 것이 아니다. 형제간이든 아니든 모든 건강한 인간관계는 어느 정도의 갈등은 있게 마련이고 해결책도 있다. 그것은 우리가 사회적 문제 해결과 자기주장을 할 힘을 유연하게 기르는 방법이다. 부모가 너무 빨리 개입하지 않고 아이들끼리 갈등을 해결하도록 하는 것도 해결책이 된다.

또 다른 해결책은 아이들 각자를 개별 인격체로 간주하고 가끔 아이들의 상호작용이 왜 그리 복잡한지 그 이유를 알아내는 것이다. 우리는 미라와 레오가 자기 조절을 잘하고 자신을 제대로 표현하기 위해서는 둘 다 어느 정도의 연습과 도움이 필요하다는 사실을 알아냈다. 일단 미라와 레오가 각자 그 능력을 강화하도록 도와주자 두 아이는 서로의 갈등을 어른들의 개입 없이 더 잘 해결할 준비를 금세 마쳤다. 몇 달 뒤 미라의 부모는 남매간의 다툼이 이젠 참을 만한 수준이 되었다는 소식을 전해왔다. 최근 두 아이는 전과 다르게 사이좋게 잘 놀기 시작했고 얼마 안 있으면 귀여운 동생도 태어난다고 한다!

내 아이의
회복탄력성을 위한
조언

놀이는 아이가 감정을 읽고 표현하는 법과 친사회적 방법으로 문제를 해결하는 기술을 개발하는 데 매우 효과적이다. 또한, 아이들에게 우리가 느끼는 감각을 알려줘서 신경계가 우리를 보호하는 여러 방법을 구체적으로 모델링하여 보여주고 가르칠 수 있다. 감각을 기본 감정과 정서를 나타내는 단어와 연결하면 아이들은 자신의 신체 예산을 점점 더 스스로 관리할 수 있게 되어 자신이 만들어낸 문제 해결 도구들을 더 많이 활용하여 어떤 도전 상황에서도 유연하게 대처하게 된다.

10장

아이에게 가장 위안이 되는 건
사랑을 베푸는
차분한 부모다.

행복이 만개하는 아이들

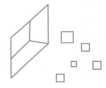

나는 엄마가 되기 전에 먼저 심리학자였다. 넘치는 이론 지식과 5천 시간의 임상 경험으로 단단히 무장하고 엄마가 된 것이다. 육아에 필요한 모든 해법을 갖췄다는 오만에 가까운 자신감으로 가득했다. 하지만 막상 아이들을 낳고 키워보자 육아에는 완벽한 해법이 없다는 걸 뼈저리게 깨달았다. 지금껏 내가 겪은 일 중에서 육아는 가장 어렵지만 의미 있는 일이었다.

솔직히 말하자면 나는 엄마로서 처음부터 늘 행복하거나 긍정적이지 않았다. 물론 나는 내 아이들, 외조에 적극적인 남편 그리고 성취감을 주는 내 일에 마음속 깊이 감사한다. 하지만 육아 전쟁의 최전선에서 고군분투하는 엄마였고, 마음을 좋게 가져야 한다고 자신을 설득하며 하루를 시작하는 날이 많았다. 나는 탈진하다시피 지치고 한계에 다다를 때가 많았으며, 매년 육아를 좋아하고 또 즐기려고 최선을 다했다. 돌이켜보면 그렇게 바쁘게 사는 삶을 택한 건 바로 나였고, 나는 내가 할 수 있는 최선을 다했다.

아이들을 키울 때 몇 가지 기억을 떠올려보면 아직도 얼굴에 미소가 번진다. 소중한 기억 하나는 어느 따뜻한 봄날, 학교 행사 때문에 딸 셋이 모두 집에 일찍 돌아왔을 때였다. 나는 최근에 이사 온 우리 집 뒷마당에 있는 커다란 단풍나무 가지에 남편이 매단 그네를 아이들이 서로 돌아가며 타는 모습을 바라보고 있었다. 그 나무에 물을 주려고 호스에 연결된 수돗물을 틀자마자 딸 중 하나가 달려와 자기에게 물을 뿌려보라며 장난을 쳤다. 내가 정말로 물을 뿌리려고 물 분사구를 딸에게 겨누자 아이는 킥킥거리며 도망쳤다. 그러자 나머지 두 아이도 같이 놀겠다며 여기저기 뛰어다녔고 땅바닥은 온통 진흙탕으로 변했다. 상황은 통제 불가능했고 진흙이 온몸에 튀었다.

나는 늘 깔끔을 떠는 사람이었다. 매일같이 빨래가 산더미처럼 쌓이는 건 두말할 필요도 없었다. 하지만 그 순간 내 마음속 깊은 곳에서 내면의 아이가 나타났다. 나는 앞뒤 생각할 겨를도 없이 소리쳤다. "진흙탕 목욕하자!" 나는 양손 가득 진흙을 퍼 담아 딸들에게 던졌다. 아이들도 잔뜩 신이 나서 놀이에 합류하여 내게 진흙을 던졌고 순식간에 우리 넷은 다갈색 진흙을 잔뜩 뒤집어썼다. 진흙은 머리카락에도 묻고 얼굴을 뒤덮었으며 발가락 사이사이에도 진흙이 스며들었다. 난 다시 열 살이 된 기분이었고 극도의 행복감을 느끼며 아이들과 함께 그 순간을 더없이 즐겼다.

기억에 관한 설문 조사

그때의 소중했던 기억을 떠올리자 나는 사람들이 어린 시절의 어떤 순간을 소중히 여기는지 궁금했다. 업무 특성상 나는 즐거웠던 시절보다 골치 아픈 문제에 관한 이야기를 더 많이 듣는다. 잘 지낸다는 이야기를 하려고 심리학자를 찾아오는 일은 없으니 당연하다. 하지만 나는 어린 시절 어떤 기억의 흔적이 오랜 세월이 흐른 후에도 계속 의미가 있는지 알고 싶었다. 그래서 나는 5세에서 88세에 이르는 아이들과 어른 수백 명에게 질문했다. "당신이 가장 좋아하는 어렸을 때의 기억은 무엇인가요?"

부모가 할 일

더 읽어 내려가기 전에 잠시 시간을 내어 그 질문에 답해보라. 가장 좋아하는 어린 시절의 기억은 무엇인가? 머릿속에 가장 먼저 떠오르는 걸 적어보라. 좋아하는 어린 시절의 기억이 없거나 전혀 생각나지 않는다면 자기 자신을 따뜻하게 연민하며 기분 좋게 하는 기억이나 생각, 그 어떤 것이라도 좋으니 그걸로 대체하라. 당신의 대답이 내가 한 설문 조사의 대답들과 유사한 점이 있는지 알아보자. 수백 명이 대답한 자기가 좋아하는 어린 시절의 추억 이야기 중 일부를 발췌하면 다음과 같다.

• "할머니 할아버지와 함께 밖에 앉아 커다란 수박 조각을 베어 먹었어요. 수박즙이 줄줄 흘러 온몸을 다 적셨던 때가 생각나요."

- "가족과 함께 미시간호로 일주일간 여행을 떠났어요. 뜨겁게 달궈진 모래 언덕을 내달려 차가운 호숫물에 발을 첨벙 담갔어요."
- "숲속에서 언니와 놀았어요. 아빠 무릎에도 앉았어요. 엄마와 몇 시간씩 이야기꽃을 피웠어요."
- "오랫동안 집을 비웠다가 돌아오신 아빠가 생각나요. 아빠는 비행기 조종사였어요. 아빠한테서는 비행기 연료 냄새가 났어요. 그 냄새를 맡으면 지금도 기분이 좋아요!"
- "할아버지와 빵집에서 크림빵을 먹었던 기억이 나요."
- "엄마 아빠 품에 꼭 안겨 하얀 눈밭을 걸었던 기억이 생생해요."
- "우리 가족은 모두 오르카스섬에서 온종일 블랙베리를 땄어요. 그걸로 잼과 파이를 함께 만들었어요."
- "가족과 함께 캠핑을 떠났는데 그 주 내내 비가 억수같이 쏟아졌어요. 하는 수 없이 우린 텐트 트레일러 안에만 있었죠. 엄마 아빠는 저한테 카드 게임 방법을 많이 가르쳐주셨어요. 우린 같이 책을 읽고 프로판 버너에 불을 피워 마시멜로도 구워 먹었어요."
- "할머니 옆에 앉아 할머니 팔의 늘어진 피부를 가지고 장난쳤어요. 정말이지 위아래로 튕기며 놀았어요! 난 할머니의 옛날이야기를 들으며 옆에 꼭 붙어 앉아 놀 때가 많았어요."
- "여름마다 할머니 할아버지의 산장에 놀러 갔어요. 퀼트 이불에서는 좀약 냄새가 희미하게 났어요. 맨발에 닿는 바닥은 매끄러웠고 밤에는 난로에서 불꽃이 탁탁 튀는 소리가 났지요. 밤이 되면 들판에 반딧불들이 반짝였어요. 귀뚜라미 소리를 들으며 스르르 잠이 들었어요."

• "세 살인가 네 살 때, 엄마는 휴식 시간에(전 그때 YWCA 어린이집에 다녔어요) 절 데리고 카페테리아에 가서 향긋한 시나몬 번을 먹곤 했어요."

인간관계와 친밀함의 중요성

하나의 주제에 매우 많은 대답이 나왔고, 그중에는 나의 진흙탕 놀이 기억과 겹치는 부분도 있었다. 답변한 사람들의 대부분 기억은 여러 감각 경험이 마음을 안정시키고 즐겁게 해주거나 긴장을 풀어주는 활동과 섞여 조화를 이루었다. 단물이 뚝뚝 떨어지는 수박, 뜨거운 모래 언덕, 조종사 아빠의 유니폼 냄새, 할머니 팔 피부 감촉에 대한 기억이 그러하다. 그리고 설문 분석 결과 놀라운 공식이 드러났다. 거의 모든 기억은 신체 기반 감각 경험, 그리고 안전이나 기쁨을 불러일으키는 경험뿐만 아니라 인간관계 경험, 즉 사랑하는 사람들과 뭔가를 나누는 일들로 마음속 깊이 새겨져 있었다.

놀랍게도 설문 조사에 응한 사람들이 들려준 기억에는 우리가 이 책에서 다룬 중요한 핵심이 모두 반영되어 있었다. 그것은 바로 우리의 감정적 기억의 기반을 형성하는 신체 기반 경험과 그 경험이 반영된 인간관계의 중요성이다.

당연히 사람들은 안전하고 긍정적이며 감각적이고 편안하며 새롭거나 흥미로운 인간관계와 그 활동을 기억한다. 우리는 사회적 관계를 통해 도움을 받을 때 가장 효과적으로 정보를 받아들인다는 걸 알고 있다. 그렇게 하면 몸은 새로운 경험을 잘 받아들이므로 어느 정도 새로운 것을 경험하는 순간에 기억이 만들어진다. 옷을 갈아입고 매일 학교에 가던 기억이 가장 좋아하는 어린 시절 추억이라 말할 사람은 아무도 없다.

인간관계의 중요성 외에도, 설문에 답한 많은 사람의 추억에는 또 다른 공통된 특징이 있었다. 바로 '친밀함'이다. 친밀함을 뜻하는 덴마크어 '휘게hygge'에 대해 쓴 글을 여기저기서 찾아볼 수 있는데, 이 말은 행복well-being을 뜻하는 노르웨이어에서 유래했다. 행복연구소the Happiness Research Institute 대표인 마이크 비킹Meik Wiking에 따르면 휘게라는 말에는 안전과 인간관계가 포함된다. 그는 이렇게 썼다. "사람들과 시간을 보내면 따뜻하고 여유롭고 친숙하고 현실적이 된다. 또 친밀하고 편안하고 포근하며 환영받는 분위기가 만들어진다. 여러 면에서 사람들과 같이 보내는 시간은 신체 접촉이 없는 기분 좋은 포옹과도 같다. 이런 상황이 되면 당신은 긴장을 완전히 풀고 온전한 자신이 될 수 있다."

이 말은 또한 내가 최고로 행복했던 어린 시절 추억에도 적용된다. 나는 나무 아래에 앉아 할머니와 보드게임을 했고 매일 오후 차를 마시고 쿠키를 먹었으며 할머니의 어린 시절 이야기를 들으며 할머니와 침대에 나란히 앉아 있곤 했다. 가끔 할머니와 내가 특별한 순간을 즐기고 있을 때면 할머니의 얼굴에 만족스러운 표정이 떠올랐고 그러면 할머니는 네덜란드어인 '게젤리그gezellig'란 단어를 말씀하시곤 하셨다. 난 그 말이 아주 좋은 무엇인가를 뜻한다는 건 알았지만 정확히 무슨 의미인지 알 길이 없었다. 몇 년이 지나서야 그 말의 뜻이 '다른 사람들과 함께 친밀하거나 편안한'이라는 걸 알았다. 분명히 다양한 문화권 사람들도 동의할 것이다. 친밀함, 휘게, 게젤리그 같은 말 모두 행복을 가까운 사람들과 유대감을 쌓는 순간으로 연결해주는 기분 좋은 단어들이라는 것에 말이다.

그것은 또한 어떻게 하면 행복해지고 삶에 만족할 것인가라는 질문에서 시작된 긍정 심리학 운동positive psychology movement에 의해 최근 많이 알려진 교훈이기도 하다. 긍정 심리학 운동은 긍정 육아 운동positive parenting movement에도 영향을 끼쳤다.

긍정 심리학에서 얻은 교훈

심리학 분야는 마음의 장애를 찾아내고 치유하는 데 초점을 맞춘 질병 모델disease model을 시작으로 네 번의 주요 기조 변화를 거쳐 진화했다. 지그문트 프로이트Sigmund Freud는 이 초기 기조에 속한 심리학자다. 그다음으로는 20세기 중반 심리학자 B. F. 스키너B. F. Skinner에 의해 유명해진 행동주의behaviorism가 나타났으며, 스키너는 보상과 처벌 혹은 결과 제시를 이용하여 인간의 모든 행동을 수정할 수 있다고 믿었다. 세 번째 기조는 인본주의 심리학humanistic psychology으로서, 이와 관련 있는 심리학자 칼 로저스Carl Rogers와 에이브러햄 매슬로Abraham Maslow는 인간의 잠재력, 존엄 그리고 전인whole person의 긍정적인 면을 강조했다. 인본주의에 영향을 받은 네 번째 기조는 긍정 심리학 운동으로서, 처음에는 행복이라는 문제에 집중했으며 긍정적인 육아 방법이라는 새로운 세대 개념에 영감을 주었다.

긍정 심리학의 창시자로 여겨지는 심리학자 마틴 셀리그만Martin Seligman은 행복이 삶의 만족도를 가장 잘 나타내는 척도라 생각하여 처음에는 행복에 관해 연구했다. 행복이라는 용어는 1990년대 말 그가 미국 심리학회 회장으로 일할 동안 연구할 주제로 직접 선택하면서 유명해졌다. 하지만 셀리그만은 연구를 진행하다 그만 문제에 부딪혔다. 셀리그만과 동료들은 삶의 만족도에 관한 설문 조사를 진행할 때 사람들의 대답이 조사에 임할 당시 기분에 따라 좌우된다는 사실을 발견했다. 조사 대상자가 기분이 좋으면 삶의 만족도를 높게 평가했다. 대상자의 기분이 가라앉아 있으면 삶의 만족도가 낮게 나온 것이다. 연구자들은 삶의 만족도가 아니라 그 당시의 기분을 측정한 게 분명해졌다. 이 책 전반에 걸쳐 설명했듯이 우리는 이제 그런 기본 감정이 우리의 플랫폼 그리고 신체 예산의 균형을 나타내는 것으로 볼 수 있다.

뇌-신체 관점에서 보면 이 현상을 이해할 수 있다. 몸은 끊임없이 정보를 제공하고 우리는 그 정보에 근거하여 얼마나 기분이 좋은지 나쁜지를 알게 된다. 문제를 깨달은 셀리그만은 행복에 관한 연구에서 더욱 포괄적인 개념인 **행복감**sense of well-being 연구에 주력했다.

번성한다는 것의 의미

셀리그만은 행복이나 긍정을 측정하는 대신, **번성**flourishing, 즉 행복 같은 긍정적 감정뿐만 아니라 다른 요소들도 포함하는 더 깊은 의미의 행복well-being을 연구하는 쪽으로 나아갔다. 그는 이 내용을 긍정적인 감정positive emotion, 몰입engagement, 인간관계relationships, 의미meaning와 성취 accomplishment로 구성된 페르마PERMA 모델로 요약했다. 페르마 모델은 셀리그만이 행복을 평가하는 방식이 되었다.

셀리그만에 따르면 이 요소들은 각각 행복에 도움이 되지만, 어느 것도 단독으로 행복을 정의하지는 않는다. 행복감, 경외감, 친절, 기쁨, 공감 등의 긍정적인 감정은 행복에 도움이 된다. 즐거움을 얻기 위해 어떤 활동에 전념하거나 몰두한 상태인 몰입도 마찬가지다. 긍정 심리학에서는 이런 상태를 '**플로**flow'라고 한다. 시간 가는 줄 모르고 어떤 일에 푹 빠져 있으면 그 사람은 '몰입 상태in the zone'에 있다고 할 수 있다. 그리고 행복해지려면 인간관계가 근본적으로 필요하다. 인간관계는 건강을 증진하며, 5장에서 알게 되었듯이 우리가 긍정적인 인간관계를 누린다면 신체 예산 균형도 개선되기 때문이다. 셀리그만은 건강한 인간관계가 삶의 의미와 목적을 찾고 성취감을 느끼게 하며 우리가 삶에서 무엇을 하느냐가 중요하다는 사실을 발견했다. 본질에 있어서 번성이란 행복well-being의 폭넓은 개념이며, 행복well-being은 일반적인 의미의 행복happiness뿐만 아니라 훨씬 더 많은 요소를 포함한다.

더욱 번성하는 삶을 살자

부모로서 행복한 순간을 추구하는 것뿐만 아니라 자녀들과 번성하고 건강하게 사는 방법을 찾아내는 것이 적절한 목표인 것 같다. 정해진 공식 같은 일을 겪거나 아이에게 특정 경험을 일부러 하게 해서는 이 목표를 달성할 수 없다. 아이의 생일 파티처럼 마법 같은 순간을 애써 만들려고 한 적이 있다면 내가 하려는 말이 무슨 뜻인지 아주 잘 알 것이다. 애써 그런 경험을 해주려는 욕구가 지나치다 보면 기대하는 바가 많아져서 즐거움보다 오히려 긴장과 스트레스를 더 많이 유발하기도 한다. 나는 딸의 생일기념 첫 번째 파자마 파티를 준비할 때 그걸 깨달았다. 딸아이는 파자마 파티 때 생겨난 강렬한 감정을 참지 못하고 열 명의 친한 친구들에게서 도망쳐 나와 눈물범벅이 되어 내 침실로 찾아왔었다. 우리가 최선을 다한 노력이 때로는 이렇게 역효과를 불러오기도 한다.

우리 아이들이 번성하도록 도와주려면 계획을 조금 덜 세우고 마음의 여유를 더 갖고 너무 열심히 육아에 전념할 필요가 없다는 걸 인정해야 한다. 때로는 아이들과 우리의 몸과 마음을 잘 보살피는 데 집중하여 각별한 보살핌을 받은 우리의 몸이 즐겁거나 안락한 순간을 자연스레 느끼는 그 순간을 적극적으로 즐기는 편이 더 나을 때도 있다.

어린 시절 기억에 대한 비공식적인 설문 조사 결과를 보면 사람들이 행복한 순간에는 만족, 기쁨, 안전하다는 느낌과 즉흥적인 행동이 매우 많이 나타났다. 비용이 많이 들고 일부러 꾸민 특별 행사를 언급한 사람은 아무도 없었다. 사람들은 자신이 안전감을 느끼고 차분했던 순간을 묘사했으며, 단순하고 심오한 일상 경험에 경외심을 품을 때가 많았다.

그 기억들에는 크나큰 감정만 담은 게 아니라 번성의 요소도 포함되어 있었고, 시간을 초월한다는 의미인 플로를 담고 있었다. 몇 가지 기억은 벌써 수십 년 전 일인데도 사람들이 이런 추억들을 소중히 하며 또 경외하듯 간직한다는 사실은 그 기억들에 특별한 의미가 있거나 조금은 새로웠다는 사실을 알려준다.

설문 조사에 나타난 기억들에는 공통된 특징이 또 있었다. 거의 모든 추억은 부모, 형제자매, 친척, 조부모, 친구들과 함께 시간을 보낸 인간관계 경험에 기반했다. 음식 냄새를 맡거나 맛보고 불꽃놀이를 구경하거나 잔디 감촉을 느끼거나 눈이나 비를 맞는 등 감각적인 측면도 있었다. 또한 가족 농장 모임, 여름 방학, 휴일, 빵을 굽거나 촛대 위의 초에 불을 붙이는 것 같은 정기적 의식처럼 예측할 수 있고 안전한 패턴의 기억도 많았다. 이것들은 모두 내가 이 책에서 설명한 회복탄력성을 기르는 데 도움이 되는 특징이다.

아이들과 진흙탕 목욕을 즐겼던 그날의 기억도 긍정적인 감정(기쁨, 즉흥적인 행동)과 플로(난 그때 시간 가는 줄 몰랐다) 그리고 의미 등 번성하는 삶의 측면이 있었다. 성취감도 느낄 수 있었는데, 그건 내가 워낙에 깔끔한 체하는 까다로운 엄마였으므로 그렇게 즉흥적이고 엉망진창인 순간에 나도 완전히 빠져들었다는 건 내가 그만큼 성장했다는 걸 나타냈다. '엄마도 같이 노는 순간'이 절정에 달했을 무렵 아이들과 나는

따스한 햇볕 아래 깔깔 웃고 맨발로 진흙탕 위를 뛰어다니며 번성의
순간을 누렸다.

무엇보다 중요한 것은 당신의 행복이다

———

이렇게 어린 시절의 이야기를 돌이켜 생각해보면 우리는 무엇을 배울
수 있을까? 먼저, 육아 스트레스를 없애야 한다는 중요성이다. 스트레
스를 받으면 몸의 신체 예산이 인출되는 데 비해 있는 모습 그대로 받
아들여지면 예금이 늘어난다. 앞부분에서 우리가 가장 좋아하는 어린
시절의 기억을 떠올려보라고 했을 때 그런 기억이 하나도 나지 않는다
면 당신만 그런 게 아니다. 설문 응답자 일부는 어린 시절에 긍정적인
기억이 전혀 없다고 했고, 다른 그룹은 긍정적인 기억이 하나만 있다고
했다. 당신도 그러하다면 이 책에 실린 메시지와 정보, 즉 새로운 경험
을 창조하는 힘이 당신을 위로해주기를 바란다.

심리학자로 일하면서 나는 사람들이 상상도 할 수 없을 만큼 끔찍
한 비극과 트라우마를 겪은 후 다시 재기한 사례를 무수히 많이 목격
했고, 치유하고 앞으로 나아가는 인간의 능력에 깊이 감동했다. 부모
가 되면 따르는 희생에 대해, 특히 전 세계를 휩쓴 코로나19 팬데믹 이
후 나는 더 현실적이 되긴 했지만, 그래도 계속 희망을 품고 있다.

또한 당신이 이 책을 읽고 부모로서 자기 자신에 대한 이해와 연민
이 더 깊어졌기를 바란다. 부모로서 자기 자신에 대해, 그리고 해야 한

다고 생각하는 일 혹은 다른 부모들이 하는 일이 아니라 당신이 정말로 해야 할 일을 하는 데 자신감을 좀 더 갖기를 바란다. 아이들에게 회복탄력성을 키워주는 상호작용을 하면 당신에게도 자양분이 될 것이다. **무엇보다 당신의 행복이 중요하다.**

그리고 가족들이 편안한 삶을 누리거나 위안을 받도록 다음의 제안을 실천해 당신과 당신의 아이들이 번성하도록 하라. 다음은 당신이 해야 할 일 목록이 아니라 당신의 가족과 아이, 당신만의 상황에 맞춰 바꿀 수 있는 여러 가지 제안이다.

인간관계를 최우선 순위에 놓아라

당신과 아이의 삶에서 다른 사람들이 얼마나 중요한지 깨달아라. 우리는 사회적 동물이다. 인간관계를 형성하고 키워나가는 일은 당신이 가진 것보다 에너지가 더 많이 필요할 것 같지만, 사랑하는 이들과 계속 연락하며 관계를 유지하면 장기적인 관점에서 성장을 도와주는 에너지를 받을 수 있다. 여러 사람과 안전하고 즐거우며 예측 가능한 인간관계를 정기적으로 경험하면 당신과 아이 모두에게 좋다. 당신 생각에 가족, 조부모, 이모와 삼촌 그리고 가까운 친구들이 아이들에게 긍정적이고 건강한 영향을 끼친다는 생각이 들면 그들도 끌어들여라. 부모, 형제자매 혹은 아주 가까운 친구와 싸웠거나 대하기 어렵다면 오래전 다친 상처를 치유하기 위해(건강한 한계 안에서) 할 수 있는 일을 하라. 인간관계와 유대감은 당신과 아이가 가진 최고의 동맹이기 때문이다.

몰입하라

'행복'만이 아니라 '몰입' 역시 번성하는 삶으로 이끄는 요인이라는 사실을 꼭 기억하라. 그러니 가끔은 단 몇 분이 될지라도 아이와 함께 시간 가는 줄 모르고 즐길 수 있는 일을 하라. 경계심을 내려놓고 규칙도 어겨보고 끝이 없는 해야 할 일 목록은 저편으로 치워두고 자연스럽게 아이가 하자는 대로 따라라. 그렇게 하면 아이와의 소중한 추억을 쌓을 수 있다. 당신이 몰입을 경험하기 전에는 절대 알 수 없다.

일상 경험에서 유대 관계를 쌓아라

아이와 유대 관계를 형성하려고 일부러 신경 써서 아이에게 새롭고 멋진 경험을 하게 할 필요는 없다. 식사 시간과 목욕처럼 일상 경험을 하면서 자연스럽게 편안함을 느낄 수 있다. 물론 식사 시간은 식사 계획 잡기, 식사 준비하기, 치우고 설거지하기 등의 일을 생각하면 귀찮은 집안일처럼 생각될 수 있다. 하지만 식사 시간은 아이에게 사랑을 베풀고 집중하며 아이와 함께 있는 당신이라는 존재와 함께 후각, 미각, 청각, 시각 등의 감각 경험을 하는 기회가 되어 아이는 즐겁다는 감정을 식사 시간과 연관 지을 수 있다. 먹기에만 집중하지 말고 아이와 함께 천천히 식사를 즐겨라. 괜찮다면 조용한 음악을 틀거나, 아이가 다 먹은 다음에 따로 먹지 말고 아이와 함께 피크닉을 가듯 자리를 깔고 바닥에 앉아 같이 먹어보라. 당신 앞에 앉은 아이의 모습을 바라보며 천천히 한 입씩 음미하라.

좀 더 큰 아이라면 그날 기억나는 것 한 가지 혹은 아이를 기분 좋게 하거나 불편하게 한 게 무엇이었는지 말해달라고 해서 그 두 가지 모두 똑같이 중요하다고 여기게 하여 그 경험을 심화하는 것을 고려해 보라. 이렇게 하면 당신이 아이의 긍정적인 감정뿐만 아니라 부정적인 감정에도 관심이 있으며 부정적인 감정도 긍정적인 감정만큼 중요하다는 걸 아이에게 알려줄 수 있다. 아이가 말하기 싫어해도 괜찮다. 아이 곁에서 마음을 열고 기다려라. 아이가 비난받을 걱정 없이 부모와 한 공간에 같이 있는 것만으로도 강력한 효과가 있으며 굳이 말을 해야 할 필요는 없다.

가끔은 재미있고 안전하게 아이를 깜짝 놀라게 하라

인간은 어떤 일이 일어날지 미리 아는 걸 매우 좋아하지만, 신기한 것을 더 많이 기억한다. 그러니 당신이 준비되어 있다면 아이를 재미있게 해줘라. 아이의 테디베어 인형에 받침대를 세워 한 손에 사과를 든 모양을 만든 뒤 아침에 아이가 그걸 발견하는 모습을 지켜보라. 신기하다! "네 곰 인형은 지난밤에 뭘 했을까?" 팬케이크 반죽에 녹색 식용 색소를 섞어 구운 후 미소를 지으며 여섯 살 된 아이에게 내놓고 아이의 얼굴에 나타나는 반응을 지켜보라(당연히 여기에도 개인차가 있으므로 만일 아이가 얼굴을 찌푸리거나 그런 장난에 넘어가지 않는다면 그때야말로 아이에게 애정을 쏟으며 다정하게 공동 조절을 할 시간이다!). 아이들은 세상을 각자 다르게 인식한다는 사실을 존중하고, 아이가 안심하며 즐겁게 받아들이는 신기한 요소를 더해주는 걸 기억하라.

편안함을 주는 요소를 증가시켜라

지금까지 살펴본 바와 같이 서로에게 위안이 되어주고 유대감을 쌓으면 편안함을 느끼게 된다. 따뜻한 담요를 두르고 있거나, 맛있는 수프를 먹거나, 타닥타닥 타오르는 모닥불 옆에 앉아 있거나, 하늘을 나는 비행기나 구름이 여러 모양을 만들며 흘러가는 걸 인도나 옥상에 누워 바라보는 것이든 어떤 상황이 당신의 아이와 가족에게 쾌적하고 편안하게 느껴지는지 알아내야 한다. 그 느낌은 안전과 유대감에서 오는 것이므로 때가 되면 당신은 알 수 있다. 기회는 널려 있으며, 몇 시간씩 걸릴 필요 없이 몇 분이나 몇 초 만에 그 기회를 잡을 수도 있다.

어떻게 하면 바쁘고 일정이 꽉 찬 부모들이 이 일을 할 수 있을까? 아이에게 주의를 기울이며 함께 있어주면 가능하다. 아이를 키우느라 정신없이 바쁜데 그렇게까지 하기에는 어렵고 불가능하다고 생각되면(나도 내 아이들이 어렸을 때 불가능하다고 생각한 적이 많았다) 그렇게 하지 않아도 괜찮다. 자신을 따뜻하게 배려하는 자기 연민은 우리의 동맹이자 모든 부모가 겪는 자기 회의감을 완화해주는 포근하고 따뜻한 담요 같은 존재다. 매일 매 순간 우리는 가지고 있는 자원으로 모두 최선을 다해야 한다. 그걸로 충분하다.

우리의 삶은 인간관계에서 시작하여 인간관계로 끝난다. 아이에게 가장 위안이 되는 건 사랑을 베푸는 차분한 부모다. 아이의 신체 안전감을 증대시켜주는 건 부모와 양육자다. 우리는 아이가 안전을 느끼는 방식으로 아이의 신체와 두뇌에 맞춰 키워야 한다. 우리는 이 지식을 활용하여 아이들이 도전 지대를 통과하도록 도와주고, 새로운 힘을 얻어 자기가 원하는 방식대로 자기 조절과 자립심을 키울 수 있다는 걸 보여주는 근간과 존재감을 제공해야 한다.

부모인 우리는 영웅들이 떠나는 여정에 나섰다. 이 여정은 매우 위험하므로 믿기 어려울 정도로 힘들고 스트레스가 많다. 하지만 자신이 부족하다고 느낄 때 따뜻이 연민하여 중심을 잃지 않으면 당신 자신과 아이들에게 포근하고 편안한 담요를 마련해줄 수 있을 것이다. 당신이 가족과 함께 따뜻한 시간을 보내고 유대감을 형성하며 평생 행복하기를 진심으로 바란다.

용어 해설

- **감정 입자도**Emotional Granularity: 특정 감정 경험과 지각을 섬세하거나 거칠게 구성하는 능력을 칭한다.

- **내수용감각**Interoception: 신체 장기, 조직, 호르몬과 면역 체계로부터 정보를 제공하는 내부 감각.

- **내수용감각 지각력**Interoceptive Awareness: 몸속 깊은 곳에서 나오는 감각을 인지하거나 인식할 때를 말한다.

- **녹색 경로**Green Pathway: 자율신경계 부교감신경계의 배쪽 미주신경경로 ventral vagal pathway를 말하는 용어. 다미주신경 이론의 사회 참여 시스템 social engagement system으로도 알려져 있다.

- **다미주신경 이론**Polyvagal Theory: 1994년 스티븐 포지스가 처음 소개한 이 이론은 포유류의 자율신경계 진화가 사회적 행동과 관련이 있다고 설명한다. 이 이론의 주요 전제는 인간에게 안전이 필요하며, 인간

의 생물학적 특징은 우리를 안전하게 지키고 보호하도록 자리 잡고 있다는 것이다.

- **신경지**Neuroception: 안전과 위협의 무의식적인 감지라는 뜻으로 스티븐 포지스가 고안했다(안전 시스템 혹은 안전 감지 시스템 참조).

- **신체 예산**Body Budget: 리사 펠드먼 배럿이 고안했으며, 뇌가 몸속 에너지 자원을 배분하는 방식에 대한 은유. 과학 용어로는 알로스타시스 allostasis라고 한다.

- **안전 감지 시스템**Safety Detection System: 신경지를 간단히 표현한 용어.

- **자율신경계**Autonomic Nervous System, ANS: 우리의 의지와 관계없이 신체의 내부 장기를 조절하는 신경계의 한 부분이다. 자율신경계는 교감신경계와 부교감신경계로 나뉜다.

- **적색 경로**Red Pathway: 자율신경계의 교감 경로, 즉 투쟁 혹은 도피 반응 경로를 칭한다.

- **청색 경로**Blue Pathway: 자율신경계 부교감신경계의 등쪽 미주신경경로 dorsal vagal pathway를 칭한다.

- **플랫폼**Platfrom: 두뇌-신체 연결, 즉 우리 몸의 생리학적 상태의 약칭. 우리는 '몸' 혹은 '뇌' 하나만으로 존재하지 않는다. 우리는 두 가지가 항상 같이 있어야 한다. 플랫폼은 자율신경계 상태에 영향을 받는다.

아이의 진짜 마음도 모르고 혼내고 말았다

서툰 말과 떼 속에 가려진 0-7세 행동 신호 읽는 법

초판 1쇄 발행 2022년 9월 1일

지은이 모나 델라후크 옮긴이 서은경

발행인 이재진 단행본사업본부장 신동해
편집장 조한나 책임편집 김동화
디자인 형태와내용사이 교정·교열 남은영
마케팅 최혜진 이인국 홍보 최새롬 반여진 정지연
국제업무 김은정 제작 정석훈

브랜드 웅진지식하우스 주소 경기도 파주시 회동길 20
문의전화 031-956-7355(편집) 031-956-7089(마케팅)

홈페이지 www.wjbooks.co.kr
페이스북 www.facebook.com/wjbook
포스트 post.naver.com/wj_booking

발행처 ㈜웅진씽크빅
출판신고 1980년 3월 29일 제406-2007-000046호

한국어판 출판권 ⓒ 웅진씽크빅, 2022
ISBN 978-89-01-26355-7 03590